国际获奖建筑设计竞赛作品集

《国际获奖建筑设计竞赛作品集》编辑组 编　常文心 译

辽宁科学技术出版社
沈阳

图书在版编目 (CIP) 数据

国际获奖建筑设计竞赛作品集 /《国际获奖建筑设计竞赛作品集》编辑组编；常文心译 . — 沈阳：辽宁科学技术出版社，2017.6
ISBN 978-7-5591-0193-8

Ⅰ . ①国… Ⅱ . ①国… ②常… Ⅲ . ①建筑设计 – 作品集 – 世界 – 现代 Ⅳ . ① TU206

中国版本图书馆 CIP 数据核字 (2017) 第 072902 号

出版发行：辽宁科学技术出版社
　　　　　（地址：沈阳市和平区十一纬路 25 号　邮编：110003）
印 刷 者：辽宁新华印务有限公司
经 销 者：各地新华书店
幅面尺寸：225mm×295mm
印　　张：52
插　　页：4
字　　数：200 千字
出版时间：2017 年 6 月第 1 版
印刷时间：2017 年 6 月第 1 次印刷
责任编辑：李　红
封面设计：李　莹
版式设计：李　莹
责任校对：周　文

书　　号：ISBN 978-7-5591-0193-8
定　　价：368.00 元

编辑电话：024-23280367
邮购热线：024-23284502
E–mail: 1207014086@qq.com
http://www.lnkj.com.cn

目录
Contents

设计师索引
Architects Index

Commercia

l & Office

商业及办公

司法大楼

西班牙 马德里

Garduño Arquitectos建筑事务所

建筑的最外层，犹如眼睑，对眼球起到了保护和湿润作用。折叠的表面轻松打造了一个结构性薄膜系统，扮演遮光与承重的双重角色。独特的几何型图案源自对功能以及建筑程序的分析。此外，该建筑还设有两个地下室，作为停车场以及纵向交通核心，将员工稳妥地输送到工作区域。建筑的外立面层次感强烈，对自然光线进行有效遮挡，并对建筑提供良好的支撑，同时对建筑的可持续设计理念进行完美诠释。

↑│全景图
→│前厅

项目信息　　竞赛名称：律政司建设国际比赛，参赛时间：2007年，竞赛规模：国际竞赛，竞赛所获名次：候选，主办方：司法园区，客户：司法园区，项目占地面积：13,006平方米

↑ | 外部景观
↓ | 剖面图

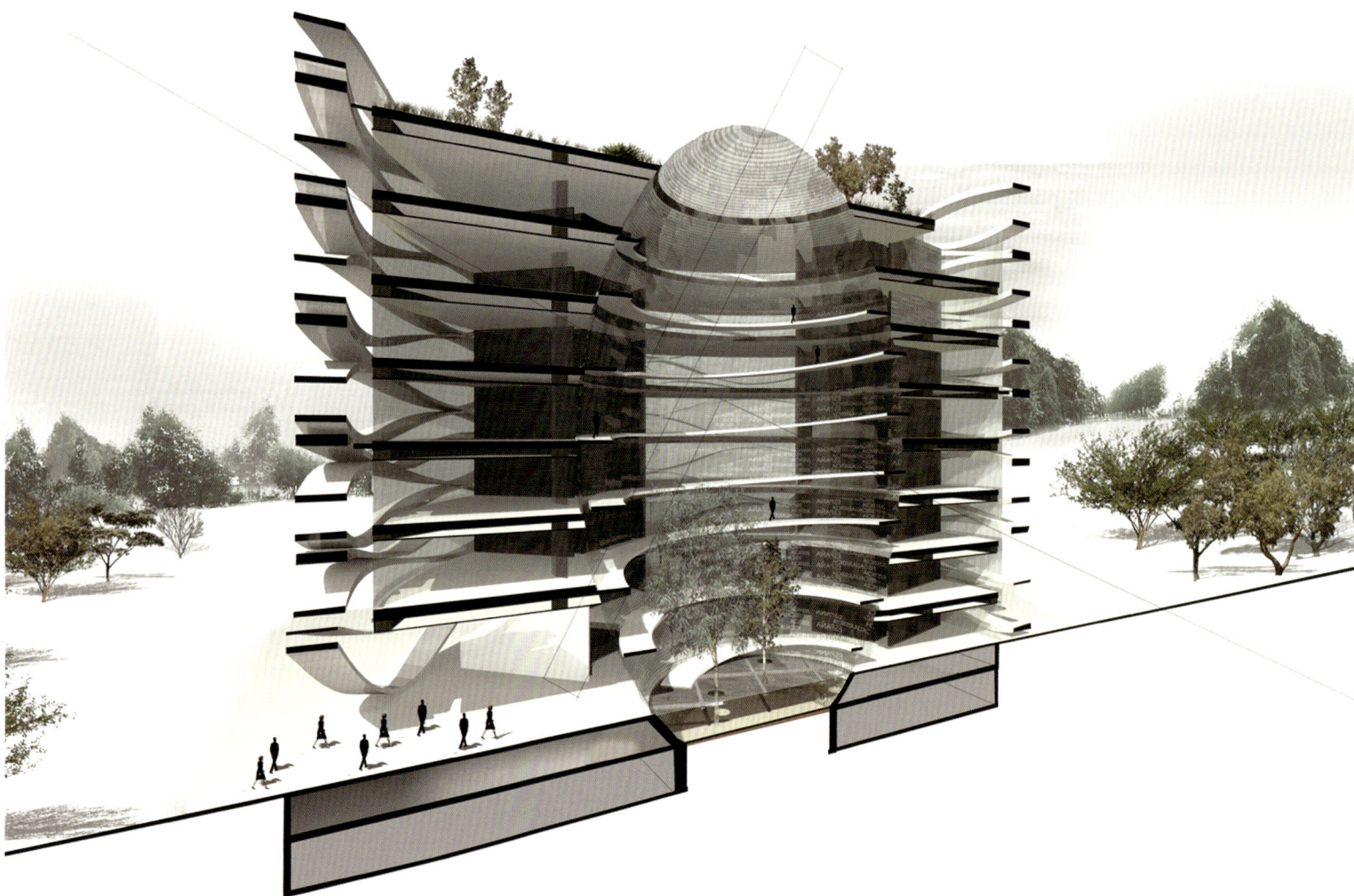

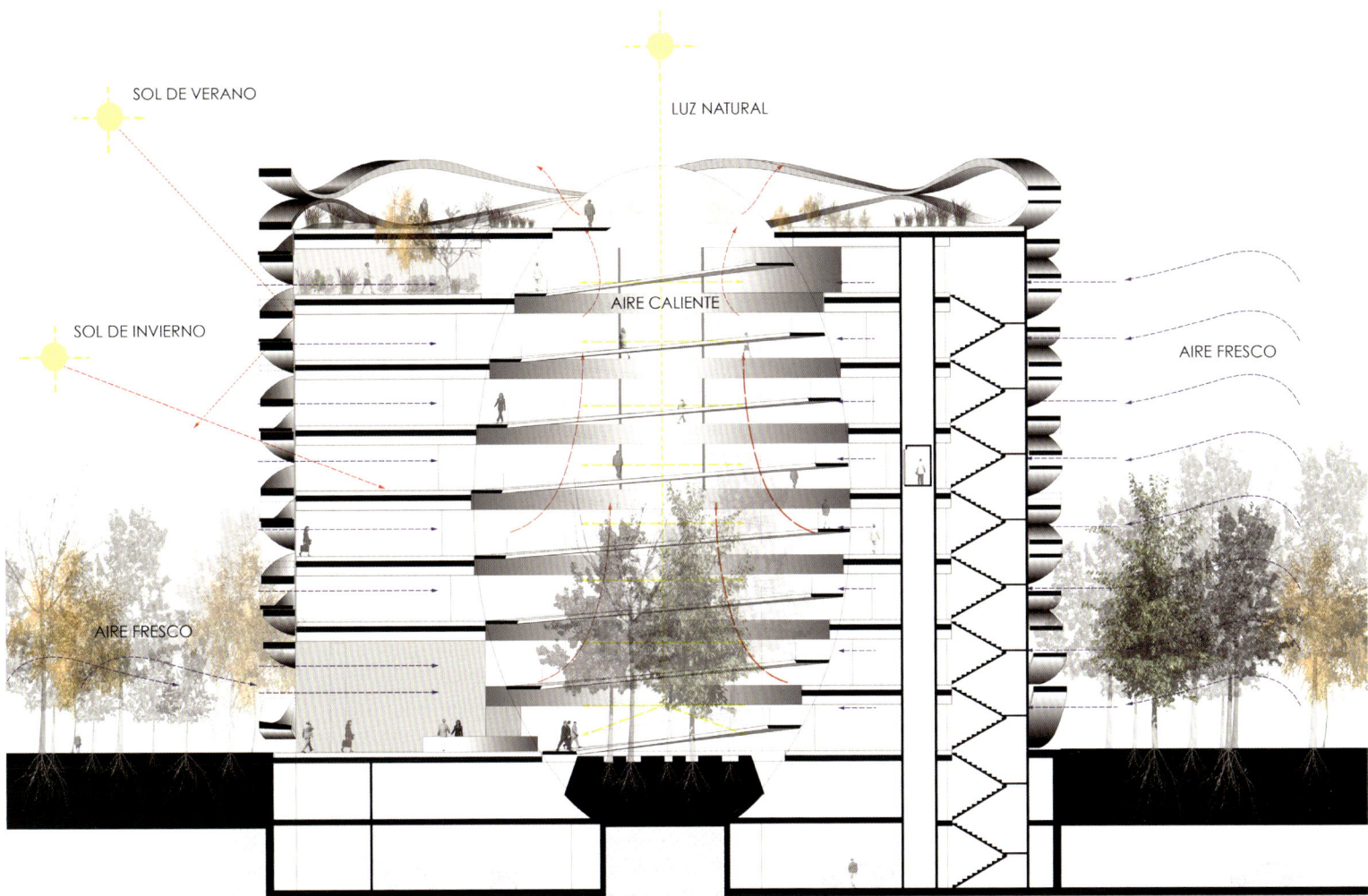

SOL DE VERANO

LUZ NATURAL

SOL DE INVIERNO

AIRE CALIENTE

AIRE FRESCO

AIRE FRESCO

↑ | 剖面图
→ | 建筑模型

米拉马雷商务中心

克罗地亚 萨格勒布

3LHD工作室

该建筑坐落于Miramarska和Bednjanska两条街道的交叉口——北面是铁路周边的古典城市街区；南面是充满现代风格的公共建筑。项目要求建筑具备一体化的结构，能够将这两个冲突的城市概念统一在一起。该商务中心结合以上元素，营造了两座风格各异的楼体，一座高20层，一座高5层，与周围建筑完美融合。两座建筑中半开放式的中庭与周围公共步行道路紧密相连。地下层作为仓库，一楼设有商店、酒吧和餐馆。办公空间占地2万平方米，建筑顶部有着很好的观景视角。

↑ | Bednjanska大街建筑侧面图
→ | Miramarska大街建筑侧面图

项目信息

参赛时间：2009年，竞赛规模：国际竞赛，竞赛所获名次：一等奖，主办方：萨格勒布建筑协会，客户：Miramare centar d.o.o 集团，项目占地面积：4,037平方米，3D设计：弗雷亚

← ｜ 两大楼之间的半开放式中庭
↓ ｜ 中庭内部景致

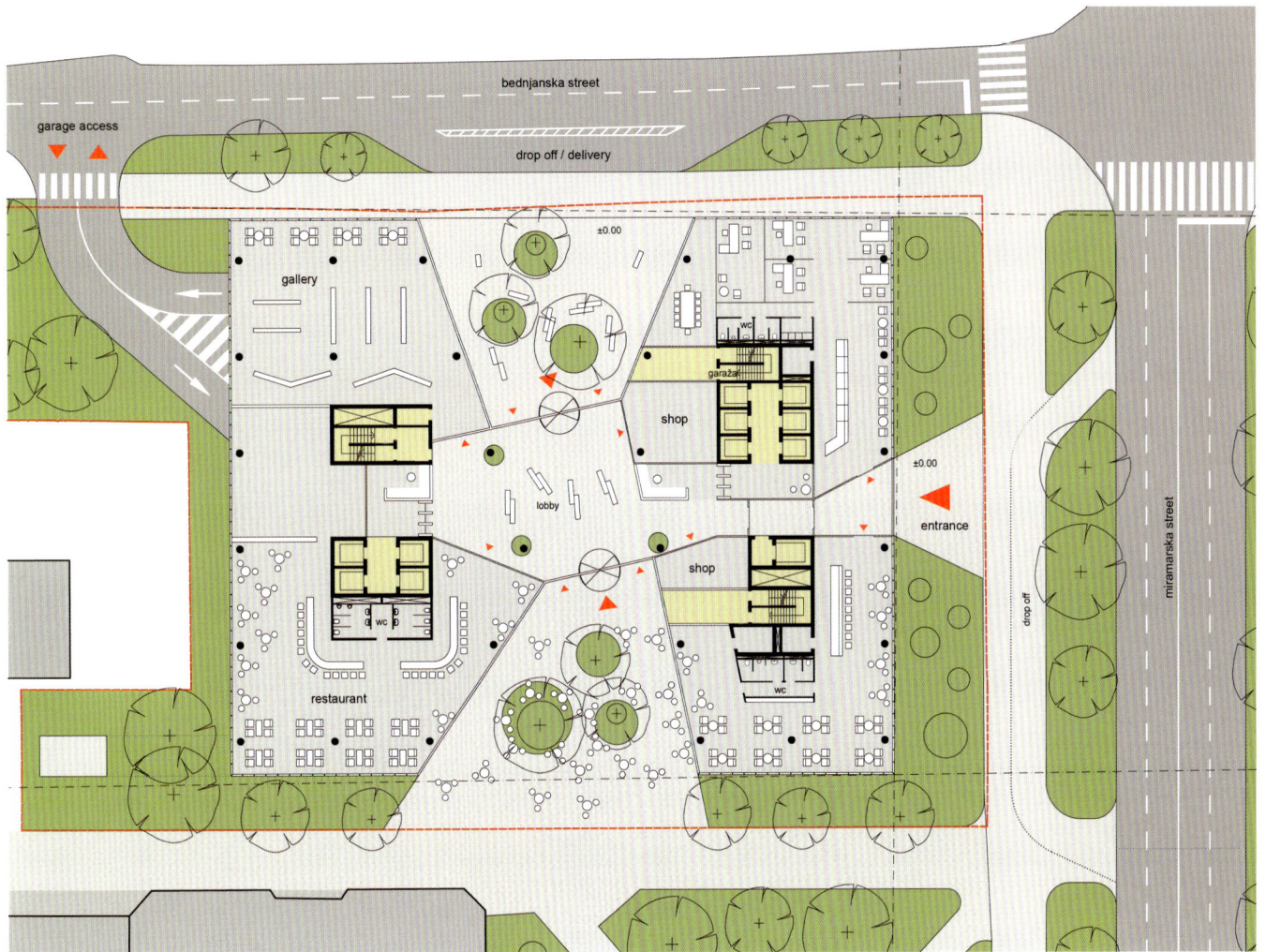

bednjanska street

garage access

drop off / delivery

gallery

±0.00

wc

garaža

shop

±0.00

entrance

lobby

wc

shop

drop off

miramarska street

wc

restaurant

↑ ｜总平面图
→ ｜剖面图

20 — installations
19 — restaurant
18
17
16
15
14
13
12
11
10
9
8
7
6
5 — offices
4
4 — offices
3
3
2
2
offices — lobby
1
1
shops — 0 — 0 — public space
garage — -1
-2
-3
-4

雪铁龙专营店翻新

法国 巴黎

罗曼·瓦尔特/ Desuniques建筑事务所

汽车专营店如何表达动感这一含义？如何做到环保？如何适应不同文化背景的需求？

动感：在展厅内部，成排展示的车队渲染出了汽车动感的特性。

环保：伸缩式天花板设计能够灵活控制室内温度，别具匠心。产自加拿大的通风井有效地调节着室内空气，玻璃屋顶中的光电系统可以发电。

统一性和特性：雪铁龙公司崇尚将世界各地专营店和当地文化进行融合。在展示中心内设有一个自由区域可以根据不同地域的独特需要，举办文化活动、展示雪铁龙玩具、进行商业表演等。

↑ | Desuniques建筑事务所概念设计：自由空间

↗ | Desuniques建筑事务所概念设计：璨光行迹

→ | Desuniques建筑事务所概念设计：汽车展

项目信息

竞赛名称：国际项目大奖赛，参赛时间：2008年，项目完成时间：2008年，竞赛规模：国内竞赛，竞赛所获名次：获奖项目，主办方：法国，巴黎，客户：雪铁龙集团，项目占地面积：方案1，1400平方米；方案2，2600平方米；方案3，4400平方米，摄影师：罗曼·瓦尔特/ Desuniques建筑事务所

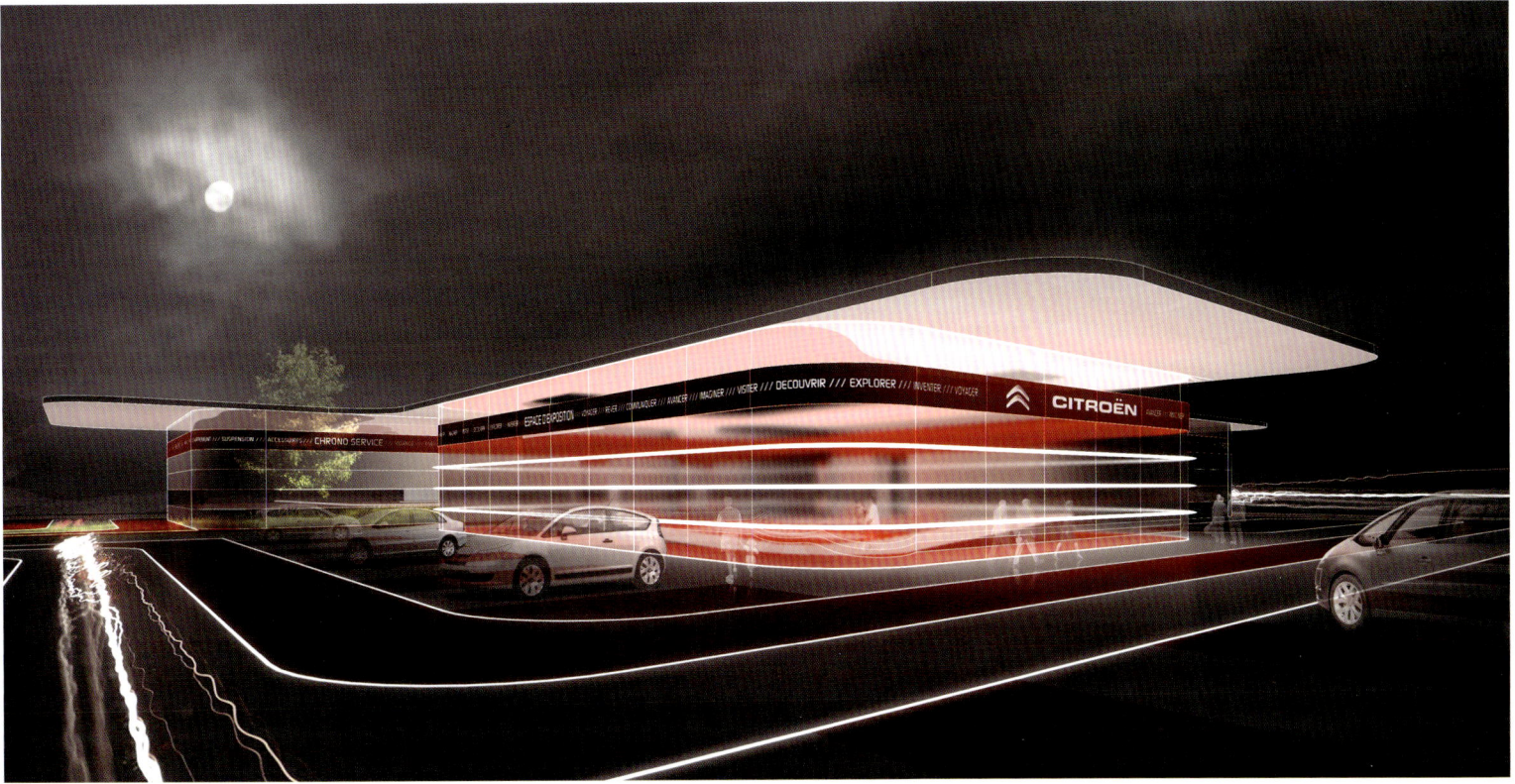

↑｜Landor设计事务所最终方案：展示厅内部景致
←｜Landor设计事务所最终方案：实况
↓｜Landor设计事务所最终方案：建筑外部景致
→｜Landor设计事务所最终方案：造型简约的室内天花板与办公桌
↘｜Landor设计事务所最终方案：展示厅全景

环抱空间
瑞典 斯德哥尔摩

克杰林·卡明斯基

摩比商业中心毗邻瑞典首都斯德哥尔摩市，始建于20世纪60年代。经过多年的扩建和改造之后，现迫切需要重新塑造一个崭新的形象。该项目根据城市的规模和周围基础设施环境，巧妙打造了格状高层建筑，将原有摩比商业中心中不连贯的区域进行有效衔接。各区域间的独特处理令整个商业中心更加美观、人性化。建筑材料涉及镜面玻璃、植被墙、透明玻璃、太阳能集热器、纤维水泥板等。新高层大厦以办公和商业空间为主要特色。大厦外观同样采用了格状构造，确保与商业中心的其他区域和谐、统一。

↑ | 广场与车站

项目信息

竞赛名称：环抱空间设计竞赛，参赛时间：2008年，竞赛规模：国际竞赛，竞赛所获名次：一等奖，主办方：丹德吕德市，客户：Diligentia集团，项目占地面积：85,000平方米，摄影师：桑德罗·德拉戈

↑｜俯瞰新高层大厦和改造后的购物中心
→｜概念图解
↓｜概念图解

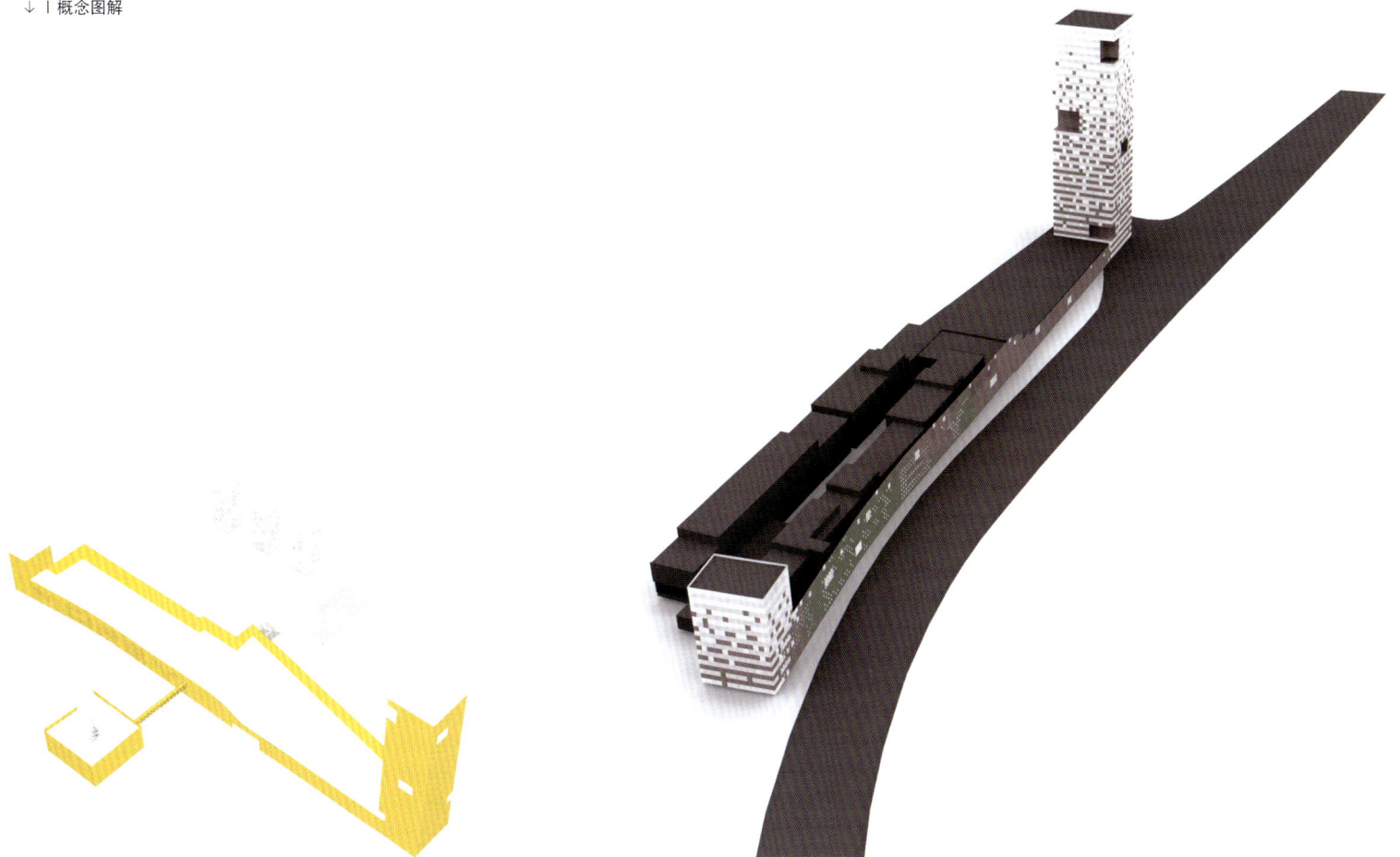

↑｜夜幕下的购物中心与车流
↓｜概念图解

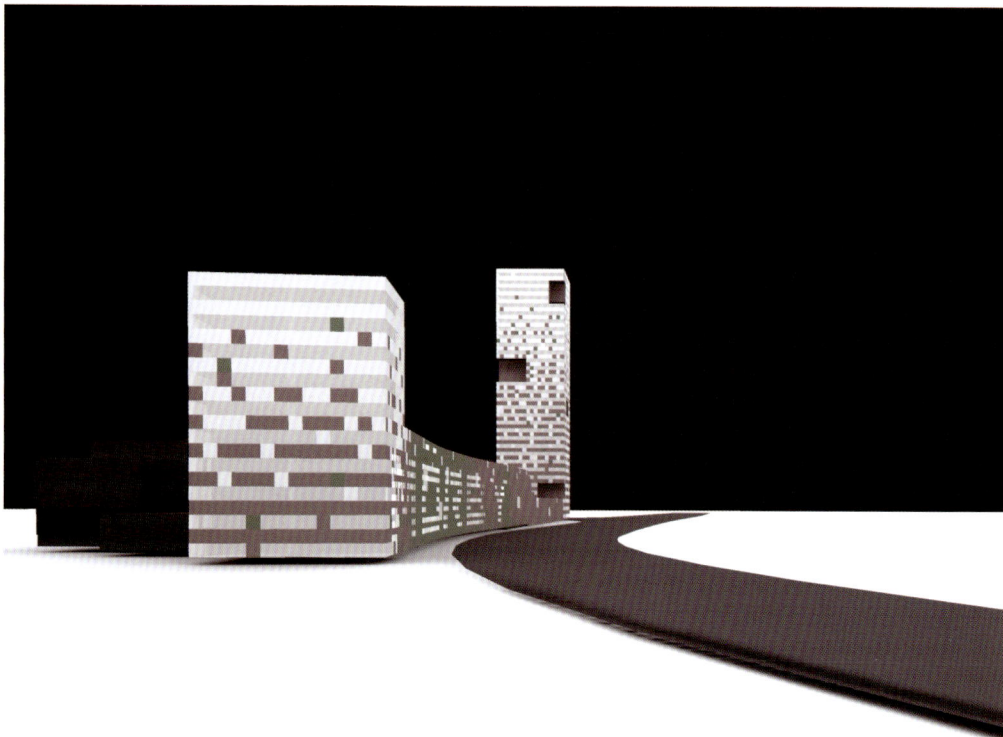

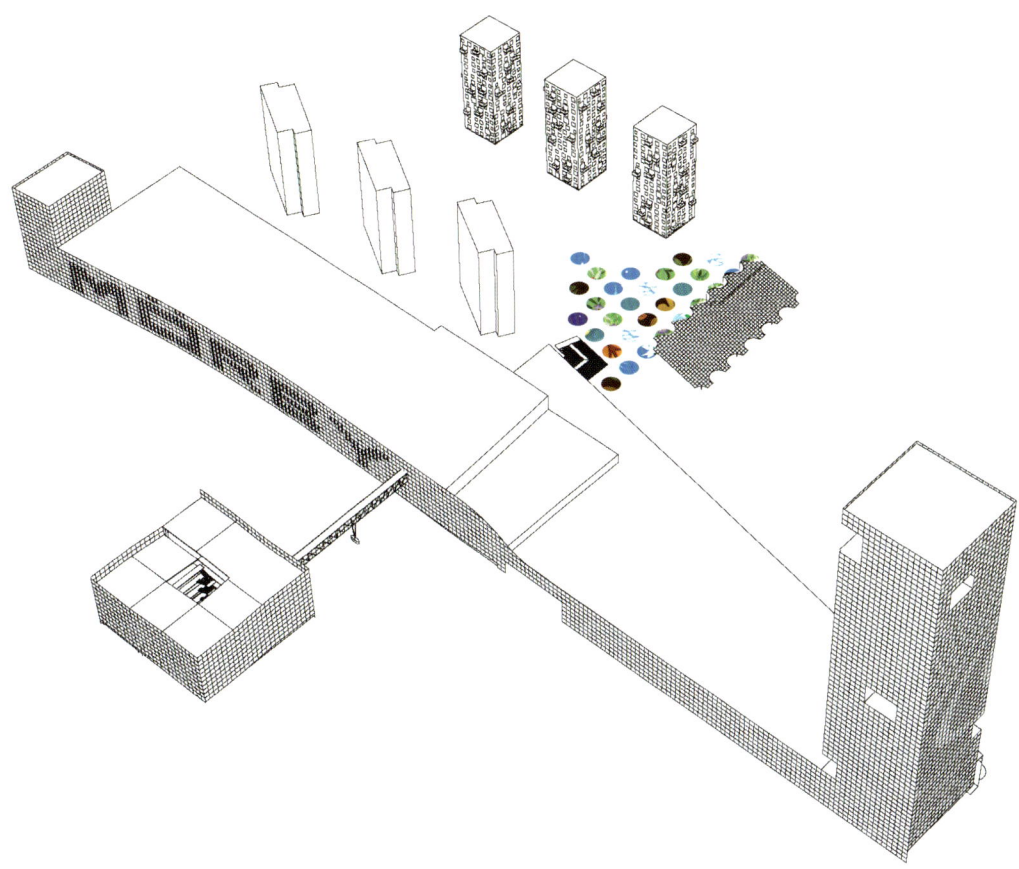

↑ | 概念图解
↓ | 中心内各区间衔接自然

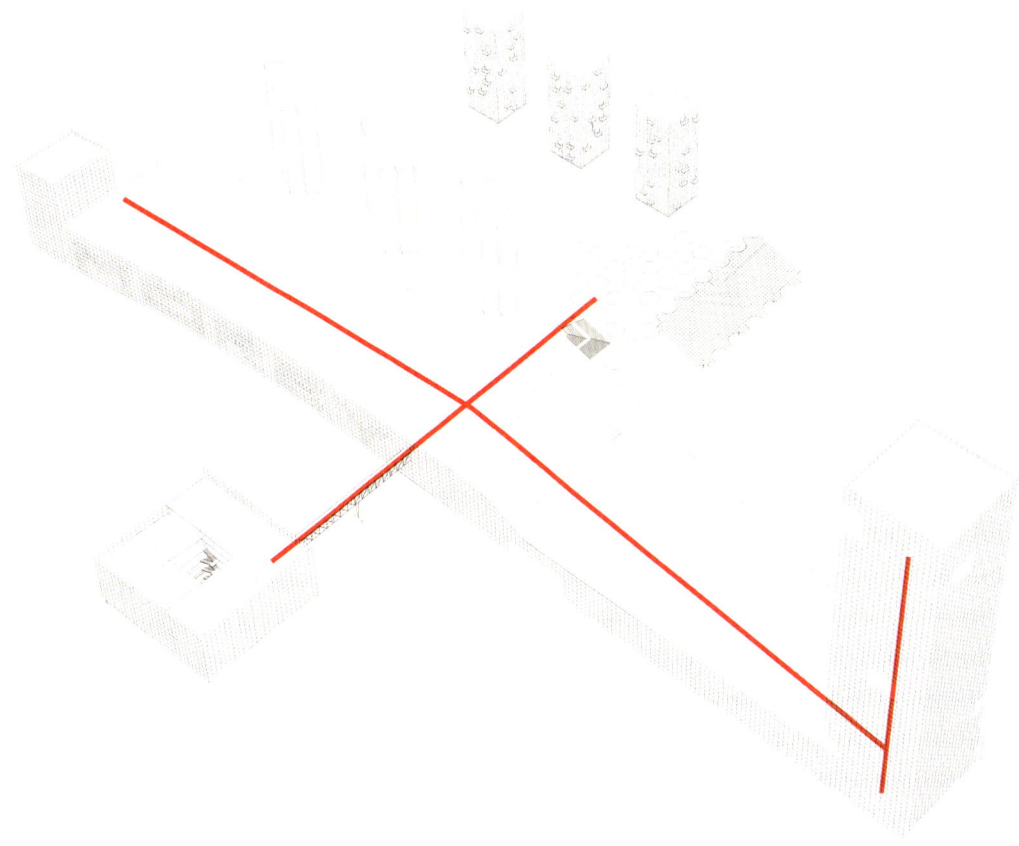

最高法院
西班牙 马德里
forster + partners工作室

上诉厅是一栋六层的鼓状大楼，外立面呈波浪形。一个与建筑外观风格一致的中庭贯穿整个大楼，玻璃天花板令空间充满通透之感。宽敞的入口处配有周密的安全过滤系统。一楼的水池依据西班牙建筑中水景的传统方法设计，在阳光的折射下，波光粼粼，形成生动的视觉效果，同时确保室内清爽、湿润。一、二层共有33个审判室，每两个、三个房间之间由通道连接，形成刑事法庭、民事法庭、商务法庭，布局合理清晰。审判室楼上设有大型会议室。

↑｜模型图
→｜一层浅水池

竞赛名称：马德里法院初步建设计划竞赛，参赛时间：2006年，项目完成时间：2010年，竞赛所获名次：一等奖，主办方：马德里法院，客户：马德里法院，摄影师：奈杰尔·杨/ Forster + Partners工作室，模型摄影师：理查德·戴维斯，透视图与施工图设计：Forster + Partners工作室

↑ | 模型图
← | 项目航摄照片。一、二层空间设有审判室，分为刑事法庭、民事法庭、商务法庭三部分

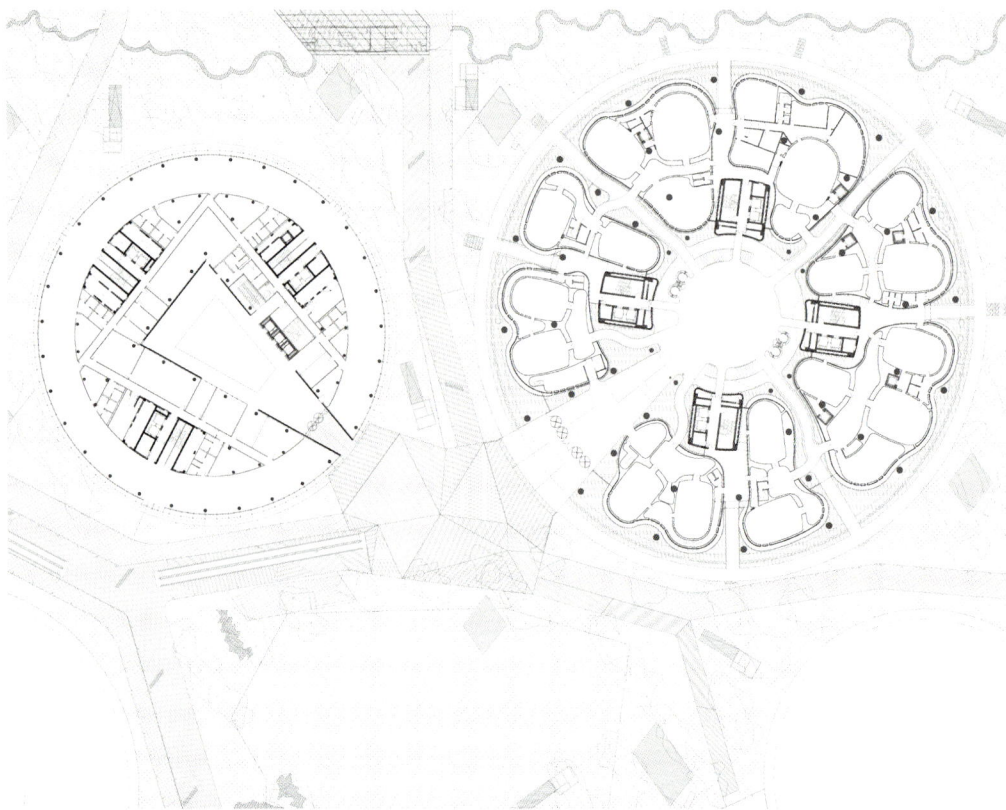

↑｜审判室内部
↓｜剖面图

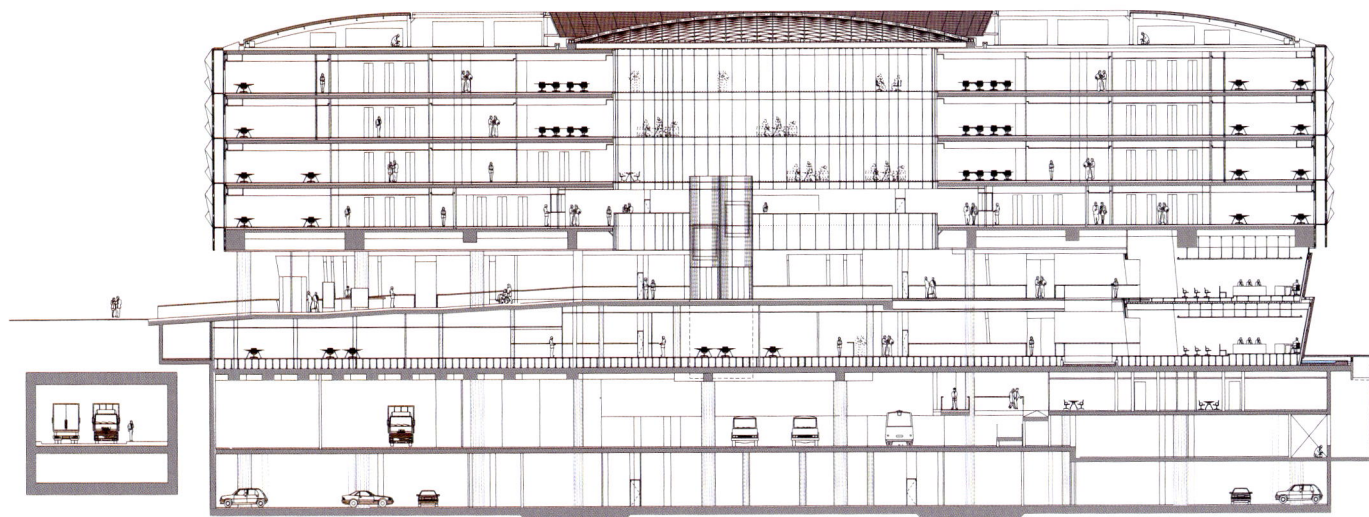

沃尔萨尔滨水项目

英国 沃尔萨尔

Garduño建筑事务所

本次开放式设计竞赛旨在为英国沃尔萨尔滨水项目二期工程寻求最佳设计方案。建筑巧妙地将精致的几何型外观与周围环境以及特殊的地理位置相结合，打造出不拘一格的特色空间。三个综合性建筑通过天井及坡道的巧妙设计自然衔接，相互衬托。不同楼层之间通过绿化区的过渡形成一个大型多功能中庭。建筑周围的岩石雕刻成功地将若隐若现的自然光线转化成彩色雾霭，为徜徉于此的游客提供非凡的视觉享受。

↑｜外景
→｜全景
↓｜剖面图

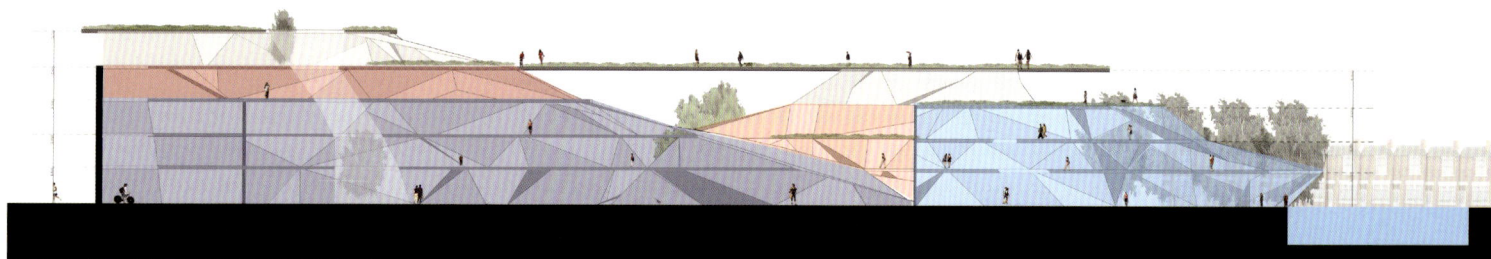

项目信息

竞赛名称：英国沃尔萨尔滨水项目设计竞赛，参赛时间：2008年，竞赛规模：国际竞赛，主办方：都市印象公司，客户：都市印象公司，项目占地面积：59,996平方米

↑↑ | 正立面图
↑ | 外景
← | 外景

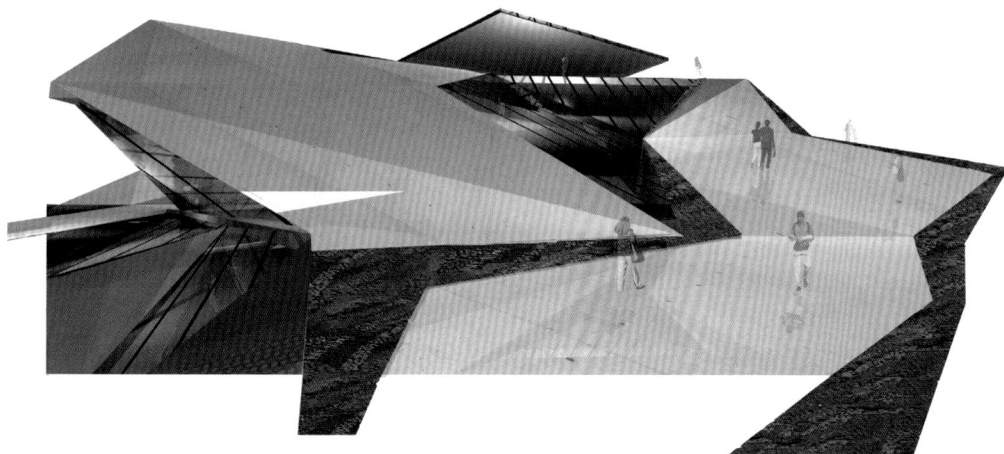

↑ | 内景
→ | 蓝图

汉堡斯皮尔格集团总部

德国 汉堡

Henning Larsen建筑事务所

该项目为两个U形建筑，其精致的外观仿佛两艘航行的帆船，十分引人瞩目。建筑包括两个广场，一个与Brooktorkai大街遥遥相望，另一个与滨江大道紧密相连。室内良好的自然通风设计巧妙地摆脱了空调的烦恼，屋顶上的太阳能装置则令整个建筑更为环保、节能。该项目将于2010年竣工，与同时期建成的新音乐厅一起为汉堡打造明媚的城市风景。

↑｜建筑夜景
→｜外景

项目信息

竞赛名称：汉堡斯皮尔格集团总部设计竞赛，参赛时间：2007年，竞赛规模：国际竞赛，竞赛所获名次：一等奖，主办方：德国ABG公司/斯皮尔格集团，客户：斯皮尔格集团，项目占地面积：5,000平方米

↑｜内景
↓｜剖面图

ERICUSGRABEN

↑ ｜剖面图
→ ｜模型

圣·埃蒂安办公建筑

法国 圣·埃蒂安

Manuelle Gautrand 建筑工作室

该行政中心集多种公共服务于一体，深刻体现了圣·埃蒂安日新月异的变化。建筑位于火车站附近，该地区经过重建再次焕发出勃勃生机。设计师通过大型入口、悬臂等精心设计成功打造了一个连续的办公空间，活泼生动，具有较强的灵活性。使用者可以根据实际情况随意调整空间。"阿兹特克蛇"式的设置分别从横向与纵向两个角度将空间无限延伸。三个大型入口交错分布，方便人们的进出。

↑丨东北部格鲁纳大街侧面图

项目信息

竞赛名称：圣·埃蒂安"La Citedes Affaires"建筑设计竞赛，参赛时间：2007年，项目完成时间：2010年，竞赛规模：国内竞赛，竞赛所获名次：一等奖，主办方：圣·埃蒂安市与Cogedim Altarea公司，客户：Cogedim Altarea公司，项目占地面积：25,000平方米

↑ | 东北部格鲁纳大街侧面图
→ | 建筑模型，比例尺为1：200

↑｜建筑西南部侧面图
←｜平面图

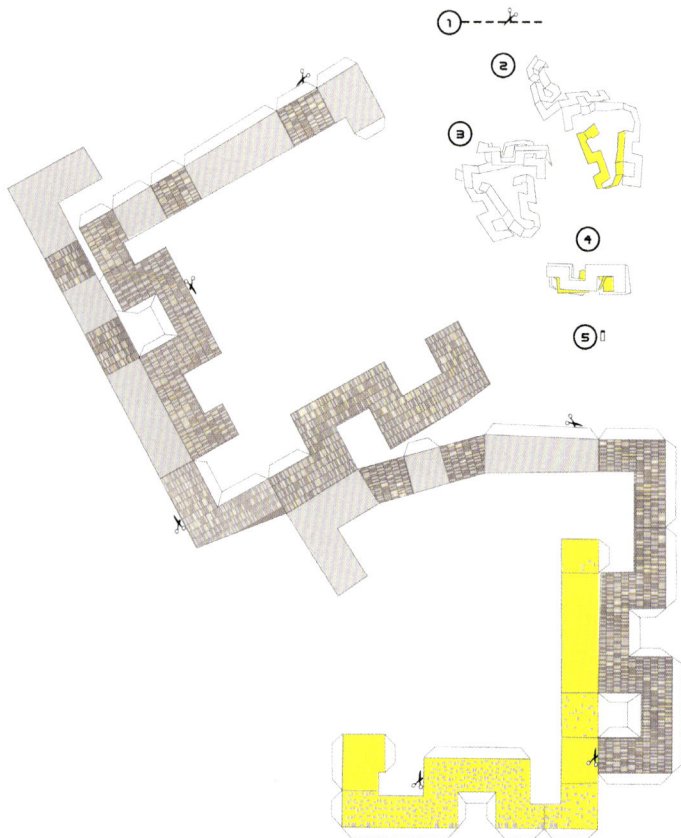

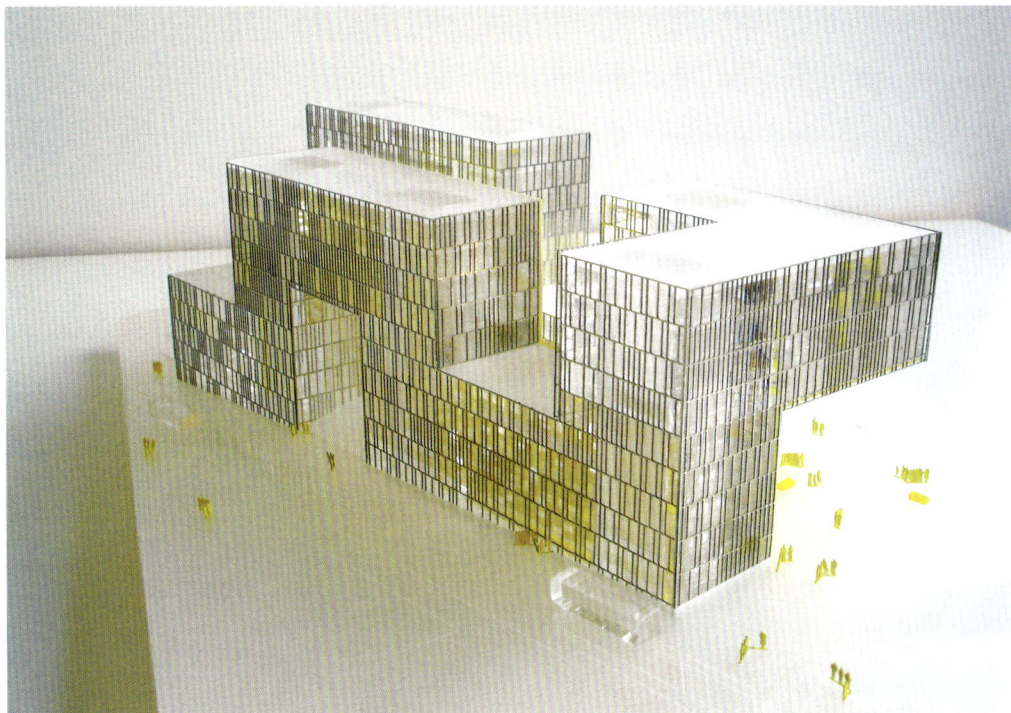

↑｜建筑模型，比例尺为1：500
→｜建筑模型，比例尺为1：200
↓｜一层规划

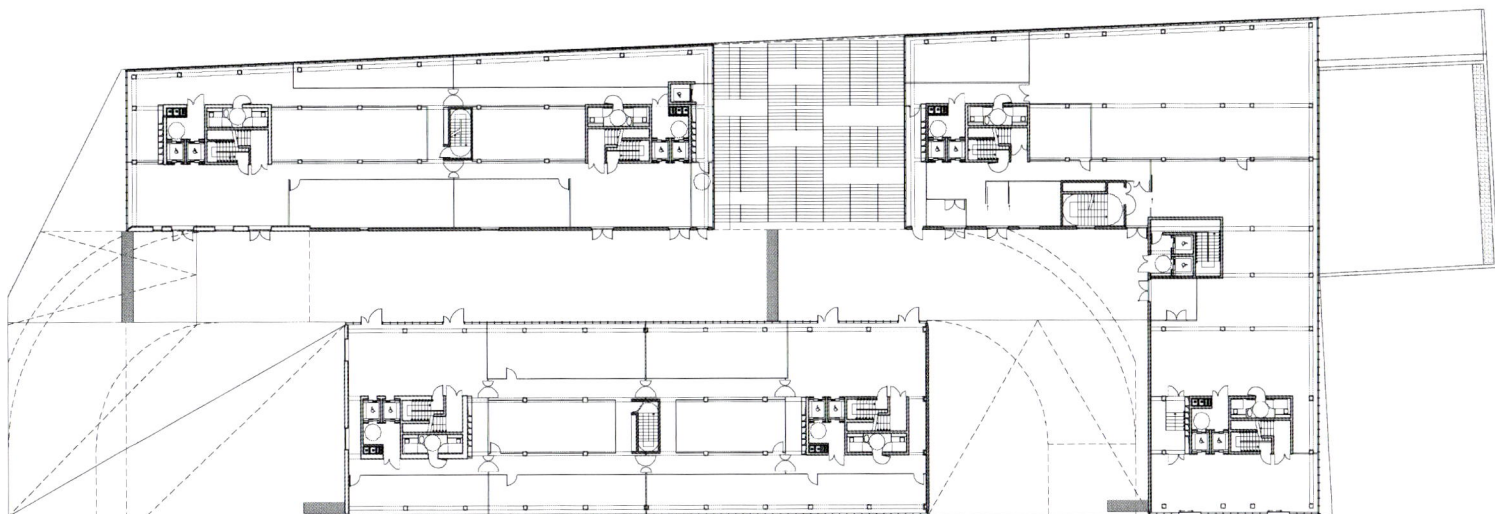

Porta Nuova展厅

意大利 米兰

Studio Piuarch 建筑工作室

两个造型各异的建筑外立面形成鲜明对比。北面，大型透明玻璃面为所在的步行街和Porta Nuova花园营造出时尚灵动的氛围。南面与Via Don Luigi Sturzo交接，弧形外观覆以防晒系统，垂直式叶片设计能够有效调节空间内部光线。整个建筑高约140米，彩色玻璃窗令建筑富于变化，充满层次之感。精致的天花板设计彰显空间的简洁、独特。

↑ | 全视图

项目信息

竞赛名称：米兰加里波第共和区新建筑设计大赛，参赛时间：2006年，竞赛规模：国际竞赛，竞赛所获名次：一等奖，主办方：汉斯公司，客户：汉斯公司，项目占地面积：14,500平方米

↑｜南部景致
→｜建筑模型

↑ | 鸟瞰图
← | 俯视图

↑｜北部中央广场一瞥
↓｜五楼平面图

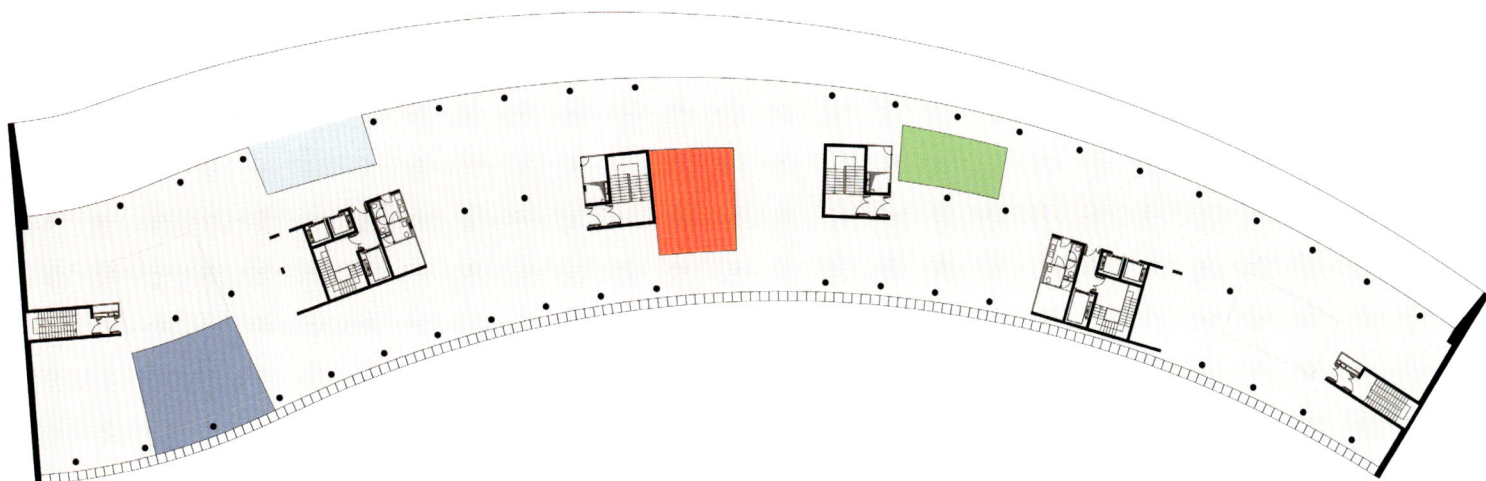

迂回广场

挪威

OFIS arhitekti建筑事务所

办公室分布于双塔及较低的桥楼里。在较高的桥楼里布置有游泳池及健身馆。公共入口是自入口广场到玻璃通道的区域，中央门房也在此处。另有两个入口可直接进入双塔，不过只对特别访客及管理人员开放。这两栋楼为独立结构拥有各自的入口及垂直通道，他们在不同的层有连接：在拱门的顶层通过游泳池连接，在较低的桥楼通过咖啡厅和较低的游泳池连接，而在底层则通过接待处的公共空间联通。楼内的空间可以灵活布置并且设计可以根据不同的使用要求进行转换。商业区位于底层，背靠Via dell Eletricita广场面向街道和中央花园的后部，两层。餐厅也位于底层，一边朝向入口广场，另一边朝向中央花园。

竞赛名称：威尼斯尔盖拉商务综合大厦，参赛时间：2007年，竞赛所获名次：一等奖，主办方：意大利，威尼斯尔盖拉迁回广场

↑ | 效果图
↓ | 模型

↑ | 模型
← | 效果图

↑ | 平面图
→ | 立面图

EAST ELEVATION

NORTH ELEVATION

WEST ELEVATION

SOUTH ELEVATION

探戈大厦

丹麦 霍尔斯特布罗

C. F. Moller Architects建筑事务所

项目旨在通过创建两个70米高的综合性建筑与霍尔斯大会堂一同为该城市打造新型地标。建筑共20层，其中办公和公寓空间共占据9,000平方米，霍尔斯市正厅则将2,500平方米的空间用来进行霍尔斯大会堂的扩建。该项目的建立有利于集中行使公共服务职能，同时提供健康中心、办公以及新型住宅空间。

↑ | 临街侧面图

竞赛名称：霍尔斯特布罗市Skolegade地区招标竞赛，参赛时间：2007年，竞赛规模：国际竞赛，竞赛所获名次：一等奖，主办方：霍尔斯特布罗市，客户：霍尔斯特布罗和Nordicom Properties公司，项目占地面积：9,000平方米，摄影师：C. F. Moller Architects建筑事务所

↑ ｜临街侧面图
→ ｜公共区与私人空间图解

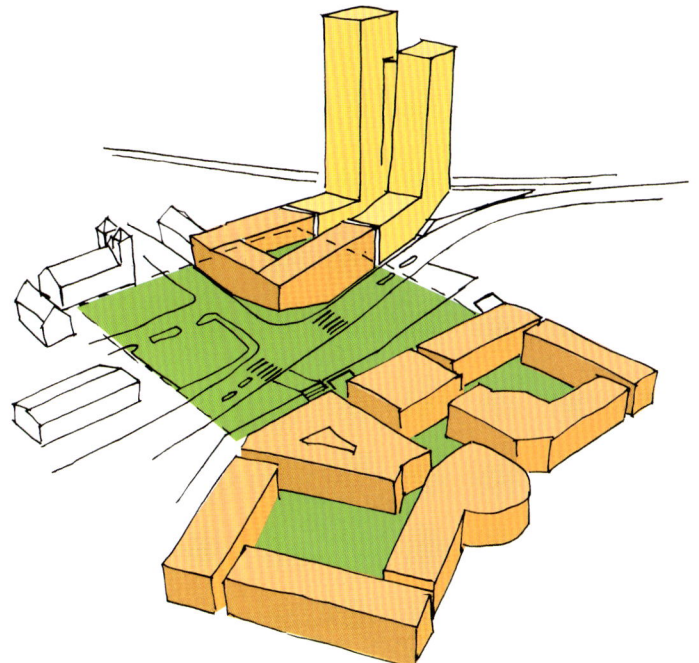

↑｜公共广场夜景
←｜总设计图

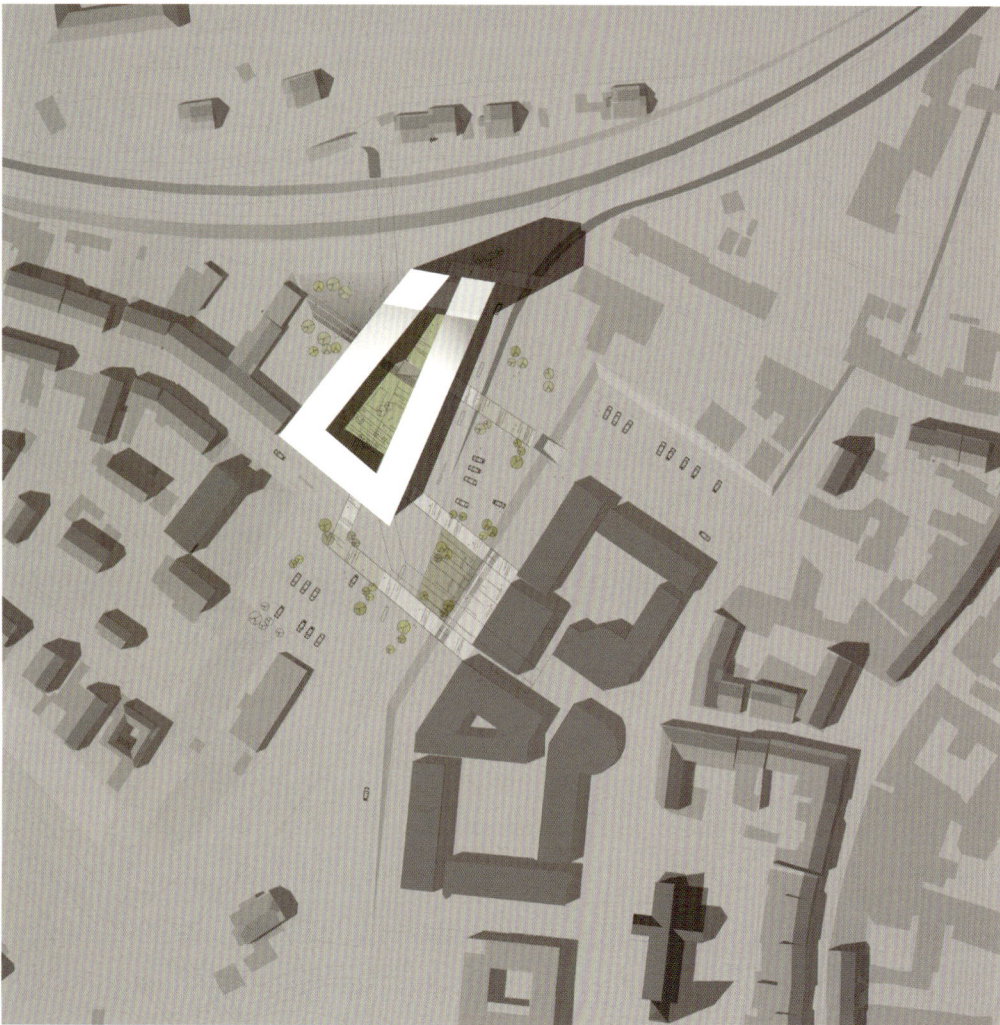

↑ | 剖面图
→ | 概念模型

构筑

阿拉伯联合酋长国 迪拜

国际建筑发展中心

设计的第一步是确定一个集视觉性和建设性于一体的框架结构。该框架不仅能够影响建筑的外观，同时对内部　　↑ | 建筑外景
空间布局也起着决定性作用。在整个设计过程中，每一个独立的建筑元素和景观皆自然衔接，恰到好处。优雅
浪漫的城市垂直式花园设计为整个建筑注入了勃勃生机。匠心独运的外观以及幕墙设计颇耐人寻味。

竞赛名称：VillaModa豪华酒店，参赛时间：2008年，竞赛规模：国际竞赛，竞赛所获名次：二等奖，主办方：科威特Villamoda公司，客户：科威特Villamoda公司，项目占地面积：70,000平方米，摄影师：桑德罗·德拉戈

↑｜垂直式花园内景
→｜室内景致

↑ | 停车场外景
← | 框架结构

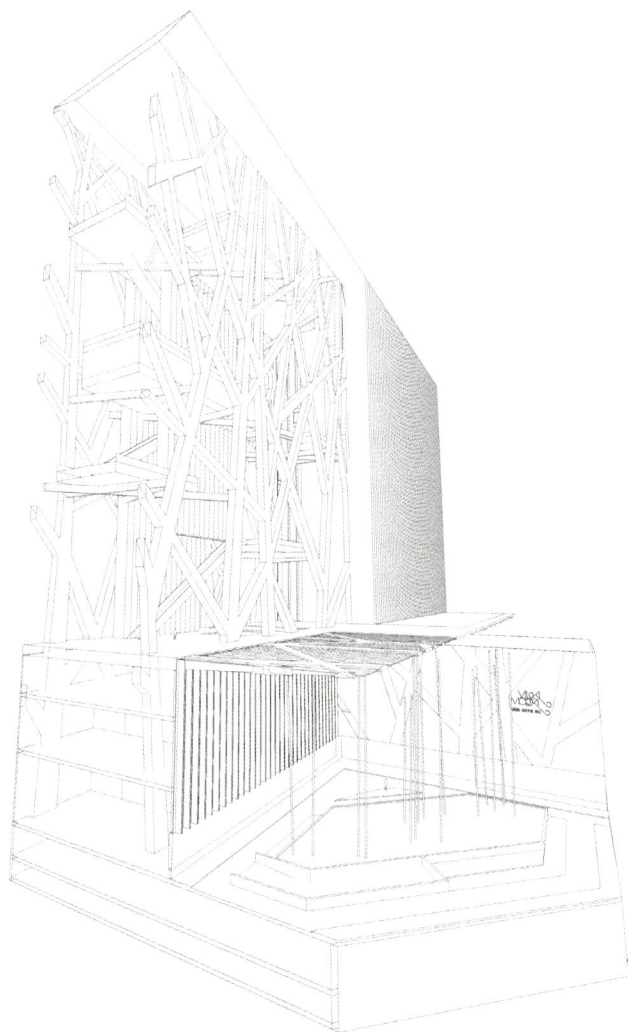

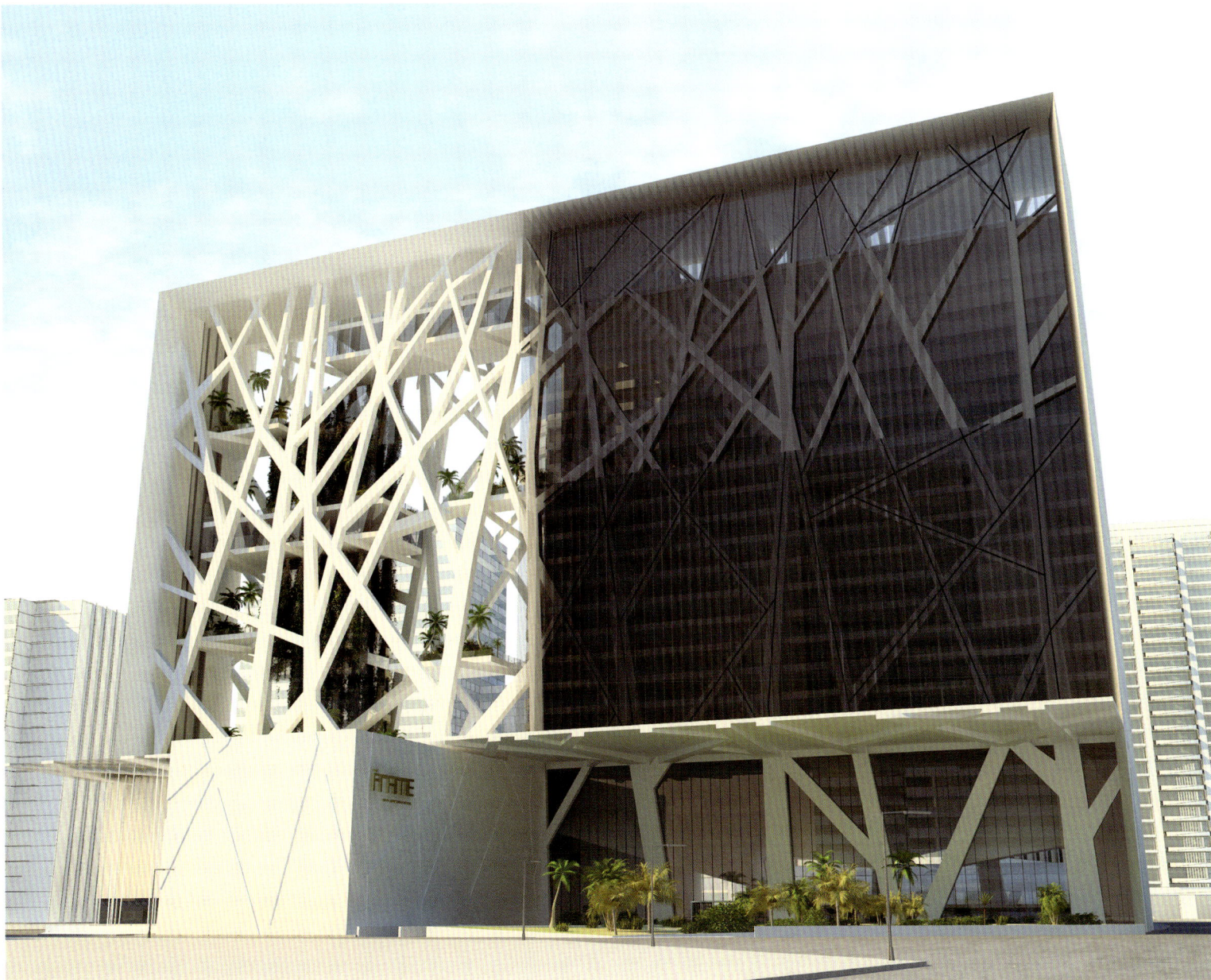

↑ | 外景
→ | 平面图

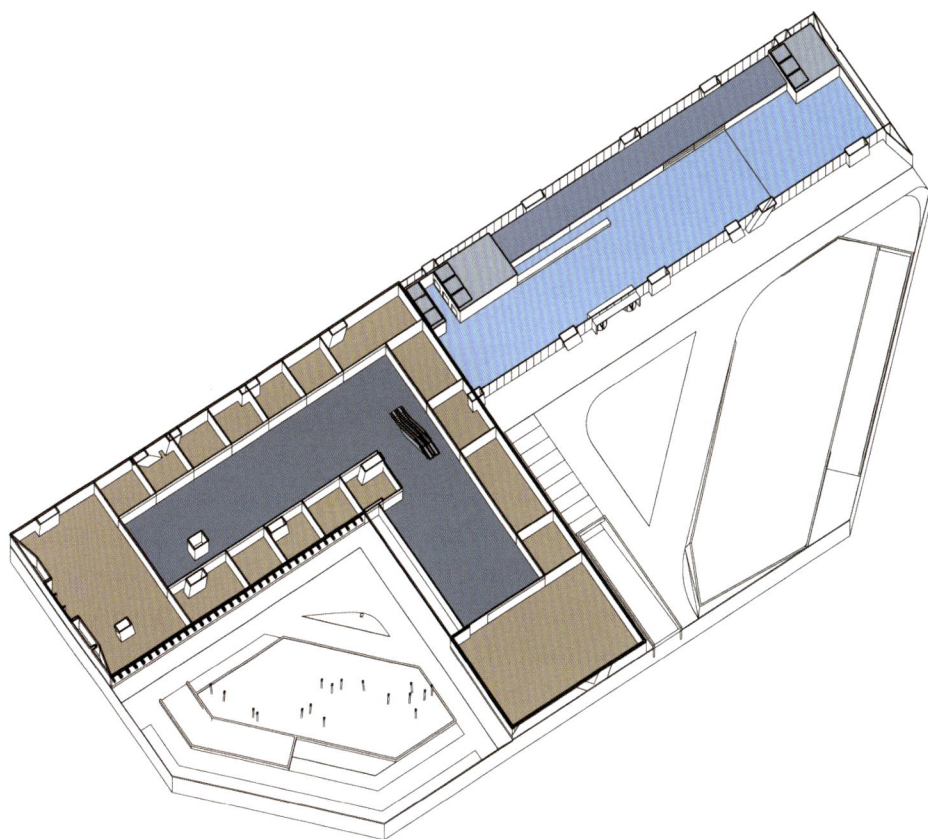

威尔逊城市中心

萨拉热窝 波黑

米莱乌建筑事务所

威尔逊城市中心是萨拉热窝城一个崭新的开发区域，其凭借优越的地理位置为城市打造出独特的水景办公空间、现代零售区和娱乐中心。该地区的设计目标是打造一个全新的集居住、工作、娱乐、消费于一体的综合性地带，实现地区经济的多样化发展，从而为萨拉热窝市区增添一道独特的风景。广场作为整个地区的中心为人们营造最佳的休闲场所。周末热闹的购物景象取代了工作日里单调、紧张的氛围。同时，规划中还涉及了滨水小径的设计。

↑ | 航测图
→ | 水景与建筑巧妙融合

竞赛名称：波斯尼亚和黑塞哥维那萨拉热窝——威尔逊城市中心，参赛时间：2008年，竞赛规模：国际竞赛，竞赛所获名次：获奖作品，主办方：克罗地亚萨格勒布TriGr á nit发展公司，客户：克罗地亚萨格勒布TriGr á nit发展公司

↑ | 店面立视图
↓ | 滨水步行道旁绿树成荫

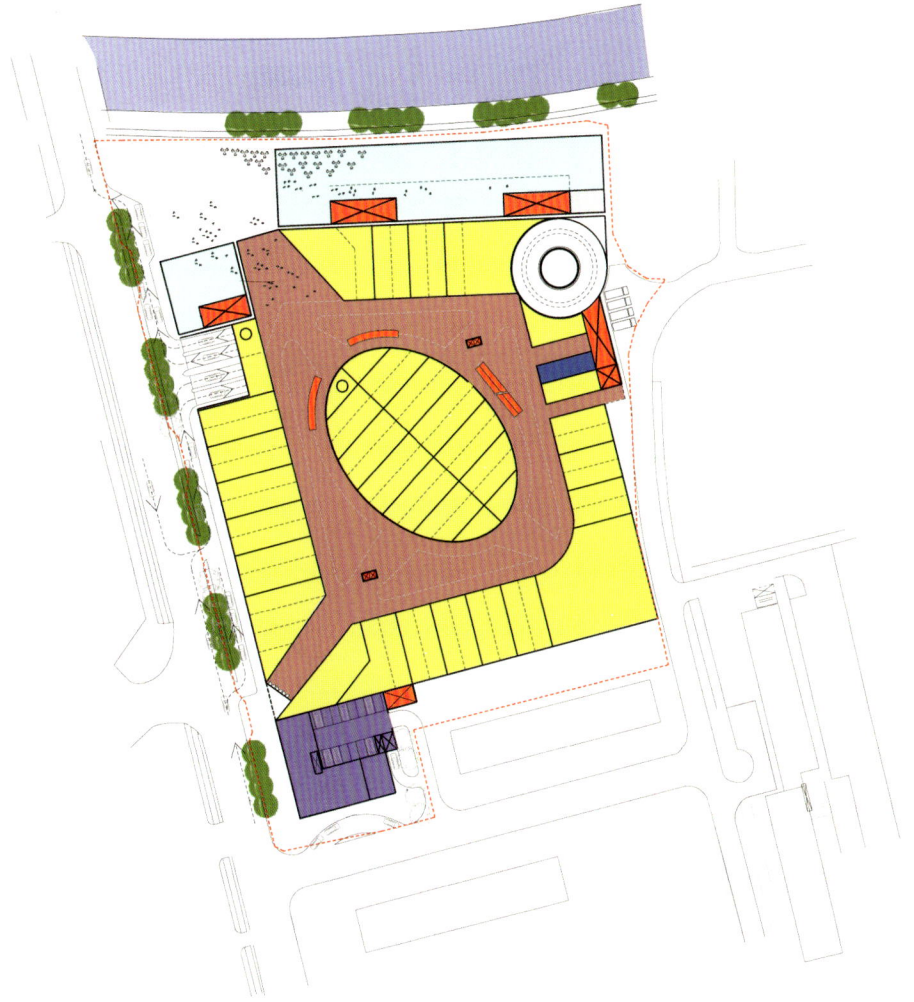

↑ | 平面图
↓ | 立体图

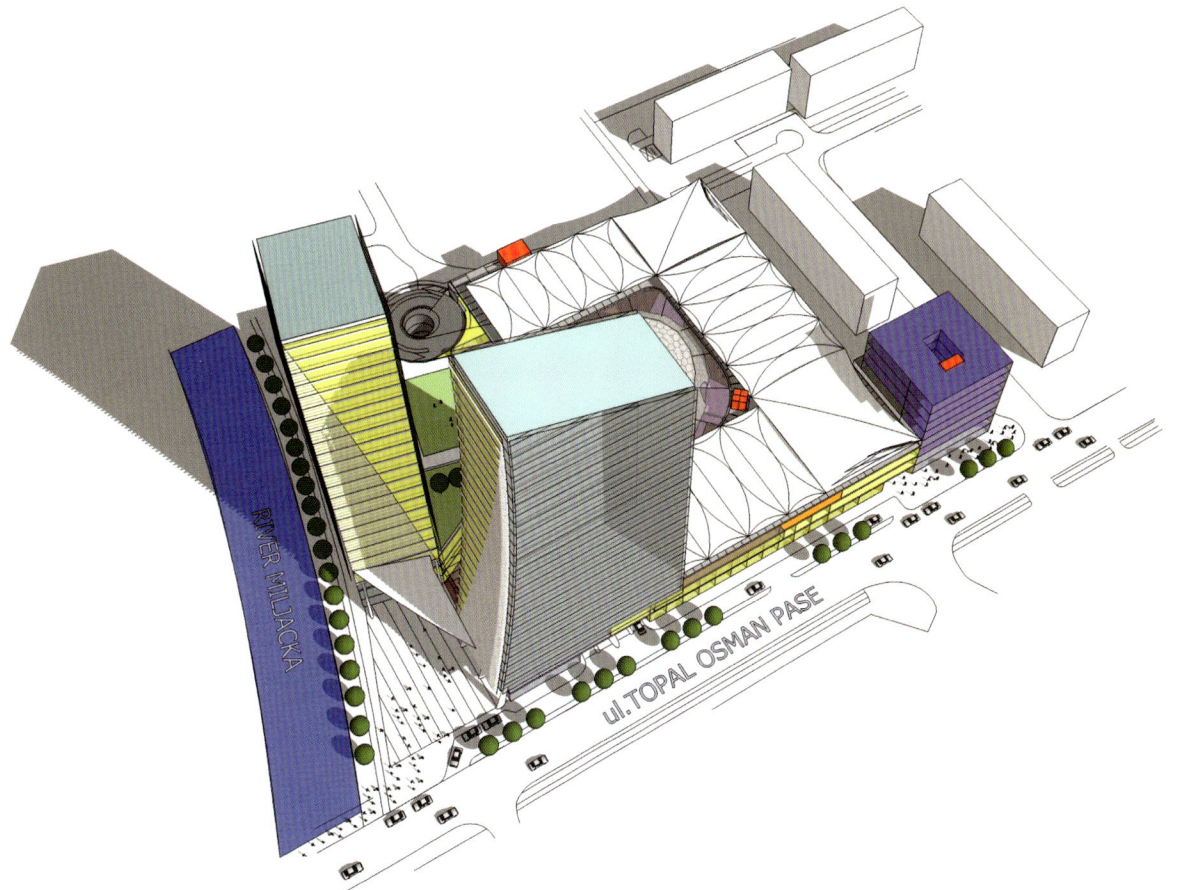

Zuidkas商业办公空间

荷兰 阿姆斯特丹

保罗·德·瑞特建筑设计事务所

节能、可循环利用、耐用、舒适是整个建筑的建设主旨。玻璃外观下，住宅、办公、学校、停车场、零售店、餐馆、公园和沼气发电厂有机地结合在一起，有效地减少二氧化碳排放量、提高能源效率，营造出健康绿色空间。智能化设计能够促进能源与二氧化碳之间的置换，同时将废气转化成热量和能量，节省能源的同时降低废气排放量，为人们提供健康、愉快的居住环境。

↑｜智能大厦

↗｜外景

→｜各区间衔接自然

项目信息　竞赛名称：生态办公建筑设计大赛，参赛时间：2008年，竞赛规模：五方出资，主办方：政府建设局，客户：政府建设局，项目占地面积：11,000平方米

← | 办公、住宅、休闲区有机地结合在一起,减少二氧化碳排放量
↓ | 智能化建筑有效吸收二氧化碳

→ | 智能化建筑实现能源自给
↓ | 剖面图

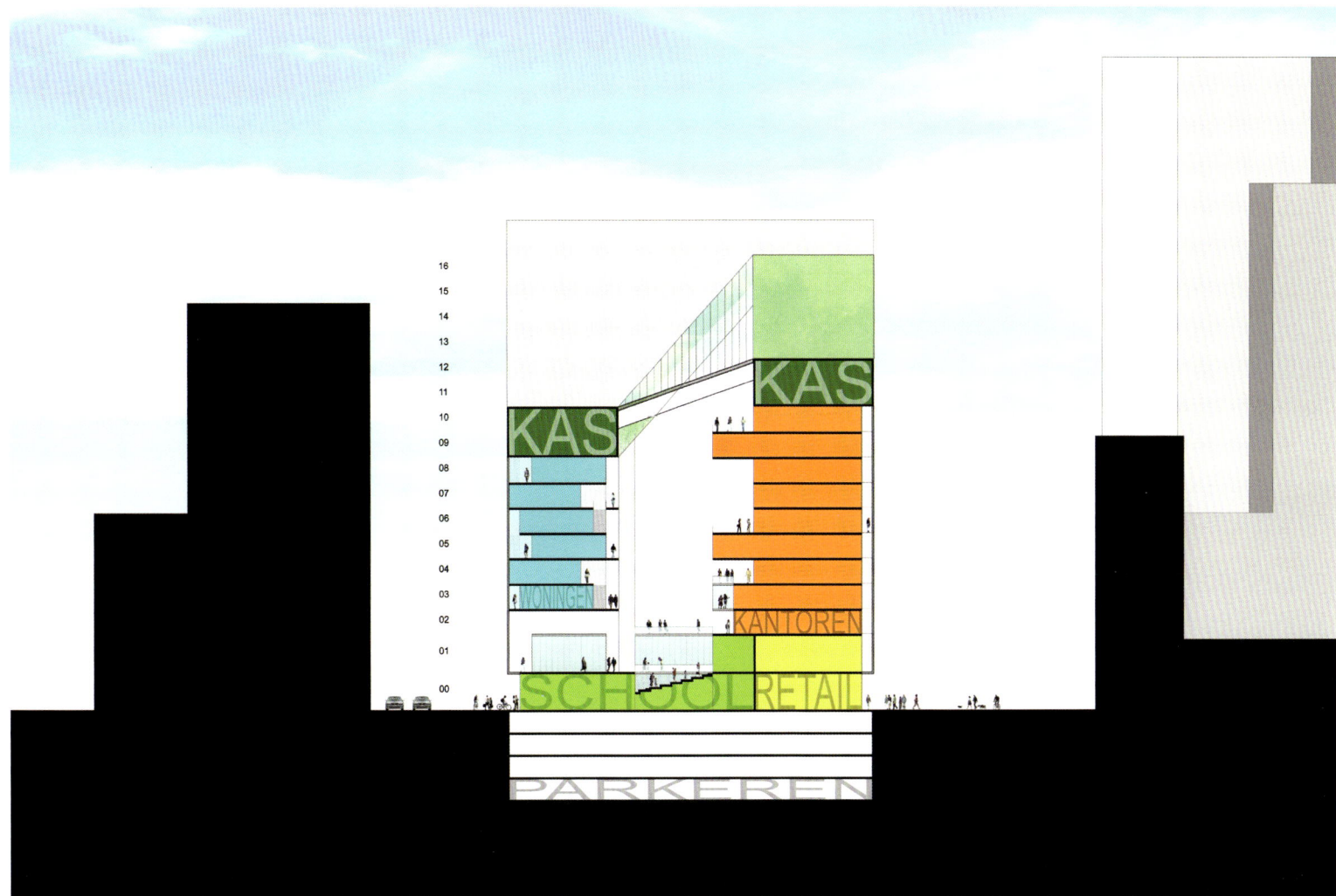

Con

综合建筑

nplex

阿布扎比女子俱乐部

阿拉伯联合酋长国 阿布扎比

Tony Owen Partners UPA Planning工作室

占地50,000平方米的女子俱乐部坐落于阿布扎比海滨城市，为阿联酋妇女提供文化、娱乐和教育服务。建筑包括会议厅、客房、多功能礼堂、室内和室外健身中心、游泳池和温泉水疗中心、妇女保健中心、教育中心以及儿童托管中心和娱乐中心。项目的开发包括三个阶段。花瓣形建筑的设计灵感来自伊斯兰教的传统面料和图案的折叠样式，设计师巧妙地将传统的伊斯兰装饰系列，诸如美甲饰品、珠宝和织物图案有机结合在一起，构思细腻巧妙。

↑ | 石墙航测图
↓ | "L系统"骨架外墙正立面图

参赛时间：2008年，项目完成时间：2010年，竞赛规模：国际竞赛，主办方：阿布扎比发展部，客户：阿布扎比女子俱乐部，项目占地面积：25,000平方米

↑｜中央假日空间中的双层花边屋顶

↓｜剖面图

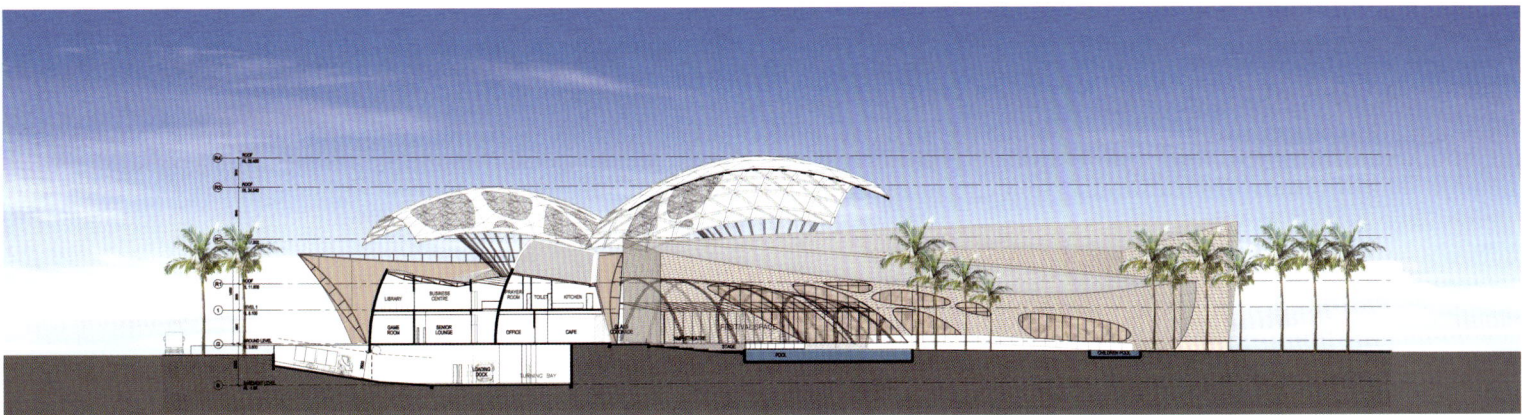

↑ ｜女子俱乐部正立面图
↓ ｜大厅

↓｜女子俱乐部正立面图
↓↓｜夜色中的女子俱乐部

北京万豪世纪中心

中国 北京

MRY建筑事务所/约翰·卢布，詹姆斯·玛丽·奥康纳，哈利勒·杜兰

凭借其优越的地理位置，万豪世纪中心将成为国会大厦与外交区之间的转折点，对北京日新月异的发展进行完美诠释。垂直式办公大楼和水平式酒店设计形成鲜明对比。酒店布局随着楼层的升高而相应变化，与建筑的横向纹理外观相统一；而写字楼则大胆运用了石材和玻璃材料，对比鲜明。建筑与景观中注重曲直线条的结合之美。

↑｜位于北京三环路的双子办公大厦成为该地区的新地标
→｜大厦的外观设计源自对园林奇石的参考

项目信息

竞赛名称：北京万豪世纪中心设计竞赛，参赛时间：2007年，竞赛规模：国际竞赛，竞赛所获名次：一等奖，主办方：北京现代亚太房地产有限公司，客户：北京现代亚太房地产有限公司，项目占地面积：272,713平方米，数字设计：Shimahara Illustration设计工作室，模型设计：Model Concepts设计工作室，模型摄影：吉姆·赛门斯，数字渲染：Shimahara Illustration设计工作室

↑｜中高层酒店建筑中央设有宽敞、豪华的中庭，营造出温馨、怡人的氛围

←｜一层平面图：公园式开放广场为人们提供良好的聚集场所

↗｜石材和玻璃材料的综合运用有效加强了空间的稳固性和通透性

→｜建筑的设计注重与周边环境的融合，旨在为用户打造便利、舒适的环境

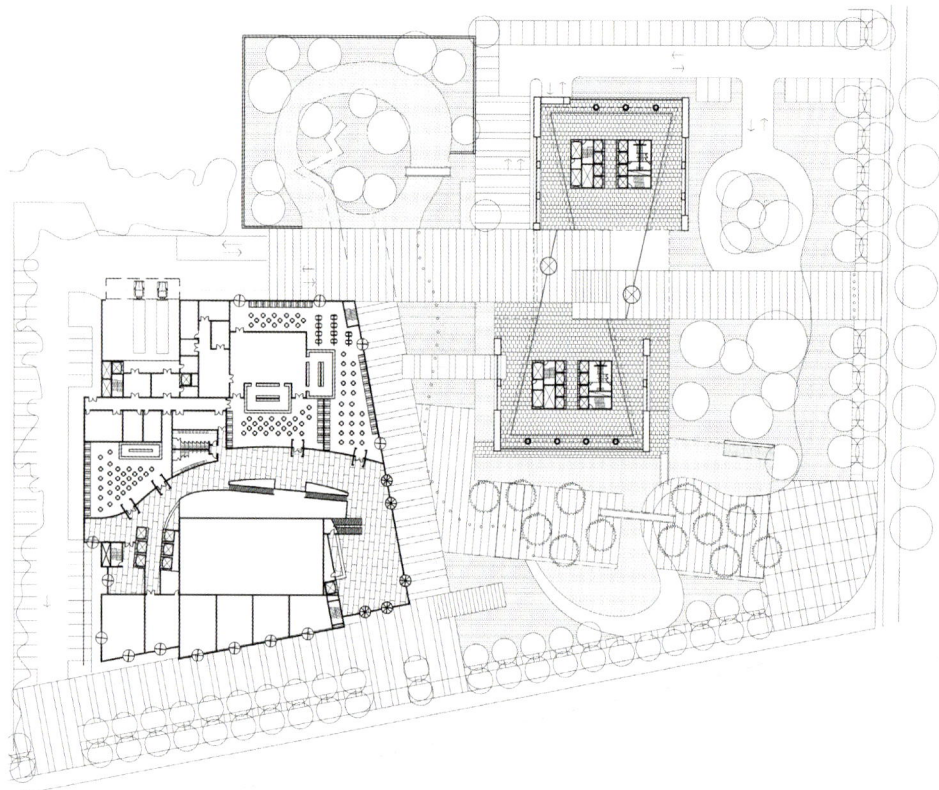

超群大厦

阿拉伯联合酋长国 阿布扎比
Laboratory for Visionary建筑工作室

设计师通过对自然生态的独道见解，巧妙地运用先进的电脑科技，成功打造了这一明亮、高效、优雅的摩天建筑。建筑充分注重细节部分设计，每个部分在打造独特的建筑结构过程中皆发挥着不可忽视的作用。同时，建筑采用全新环保材料，旨在为人们提供自然健康的工作空间。此外，传统的建筑幕墙容易受到外部环境的影响，该项目通过独特的设计增强其对环境的适应能力。

↑｜夜景
→｜建筑与水中的倒影相映成趣

综合建筑

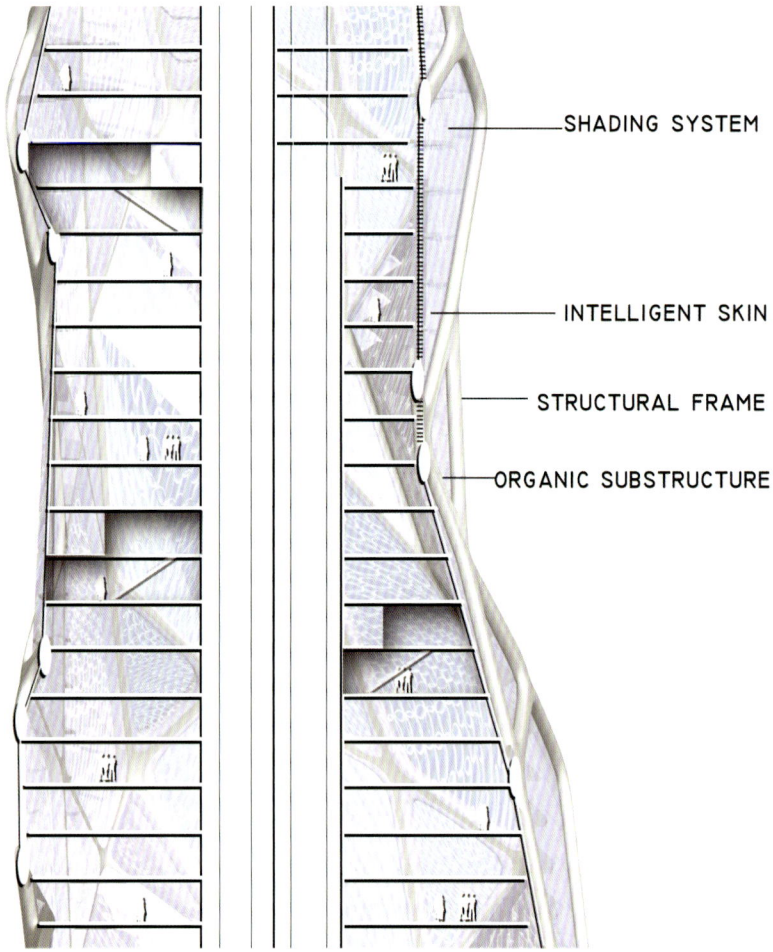

SHADING SYSTEM

INTELLIGENT SKIN

STRUCTURAL FRAME

ORGANIC SUBSTRUCTURE

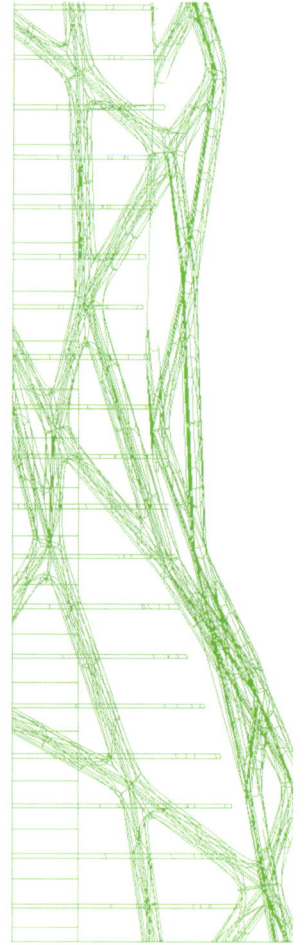

↑ | 剖面图
← | 一楼平面图

Public Space

Information

Reception

Cafe

Relaxation

Relaxing

Public Space

Public Space

↑｜外立面设计细节
↓｜结构原理

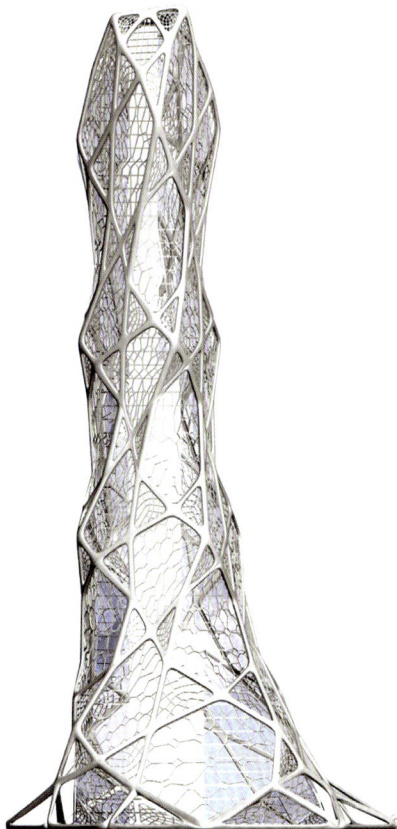

BUILDING SKIN

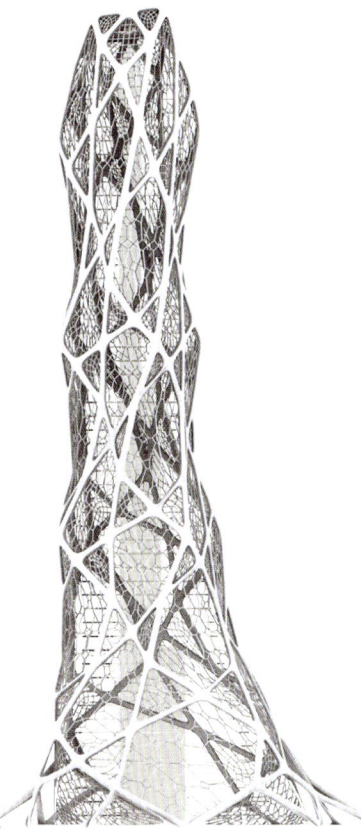

SUBSTRUCTURE

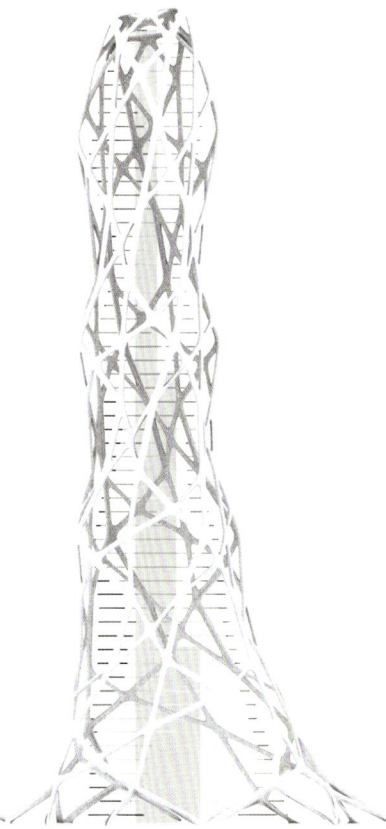

EXOSKELETON STRUCTURE

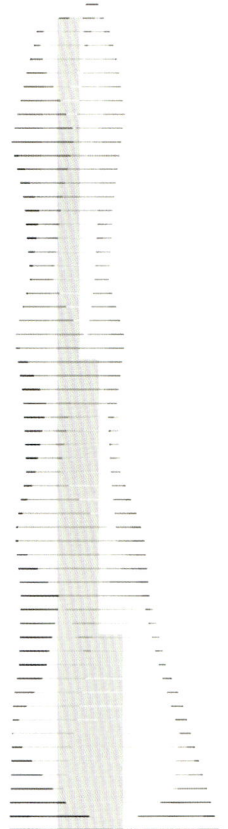

SLABS AND CORE

滨海大厦

阿拉伯联合酋长国 阿布扎比

Laboratory for Visionary 建筑事务所

建筑以钻石为设计灵感。通过闪烁的光线、清晰的几何形外观、优雅时尚的气息营造出新颖独特的空间。建筑共8层，错落有致，充满层次之感。外观采用瓷砖设计。大厅、一楼以及走廊铺设的白色大理石地板为整个空间增添高雅、洁净之美。电梯前廊中的天花板采用背光式设计。门和墙壁上皆覆以不锈钢或镀铬合金，营造空间的干练简洁之感。电梯中的两端则覆以柔和的阿尔坎塔拉复合材料。天花板和地面的色彩选用和谐统一，使二者相映成趣。停车场入口与建筑的主入口相通，其中墙面和廊柱均以白色为基调，与黑色的车道形成鲜明的视觉对比。

↑ | 从阿布扎比码头遥看建筑

→ | 临街的建筑侧面，丰富的色彩和图案令建筑分外引人注目

竞赛名称：阿布扎比综合高层建筑竞赛，参赛时间：2008年，竞赛规模：国际竞赛，主办方：PNYG GULF集团，客户：PNYG GULF集团，项目占地面积：32,000平方米

↑｜从滨海路遥看建筑，蔚蓝的天空下，建筑在海面上投下清晰的倒影

←｜夜色中一颗璀璨的明珠，由电脑控制的室内照明设备令夜间的建筑犹如一座灯塔

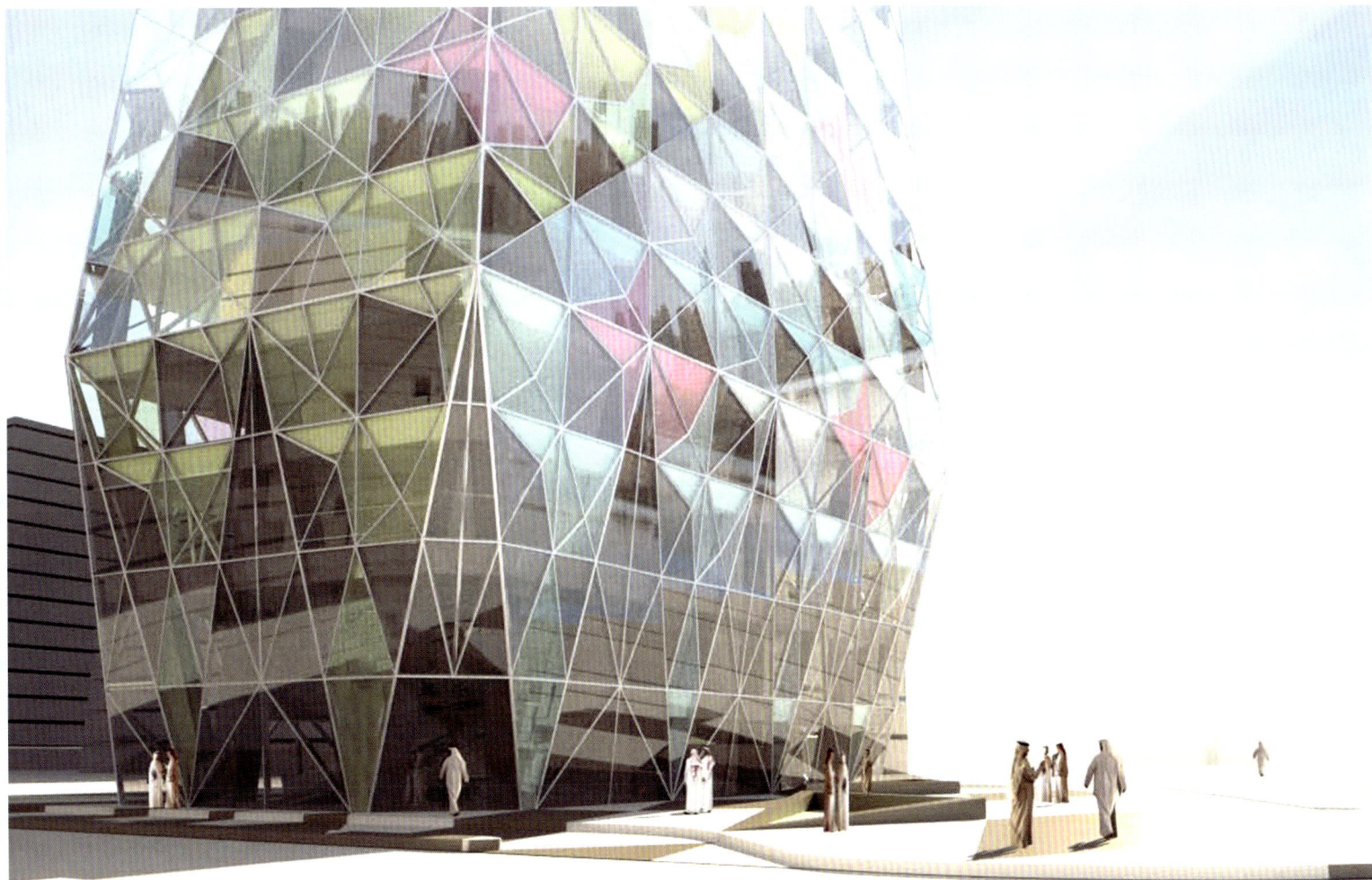

↑ | 参数化设计令建筑的立面图案富于变化
→ | 利用有限的占地面积打造了丰富的智能化空间

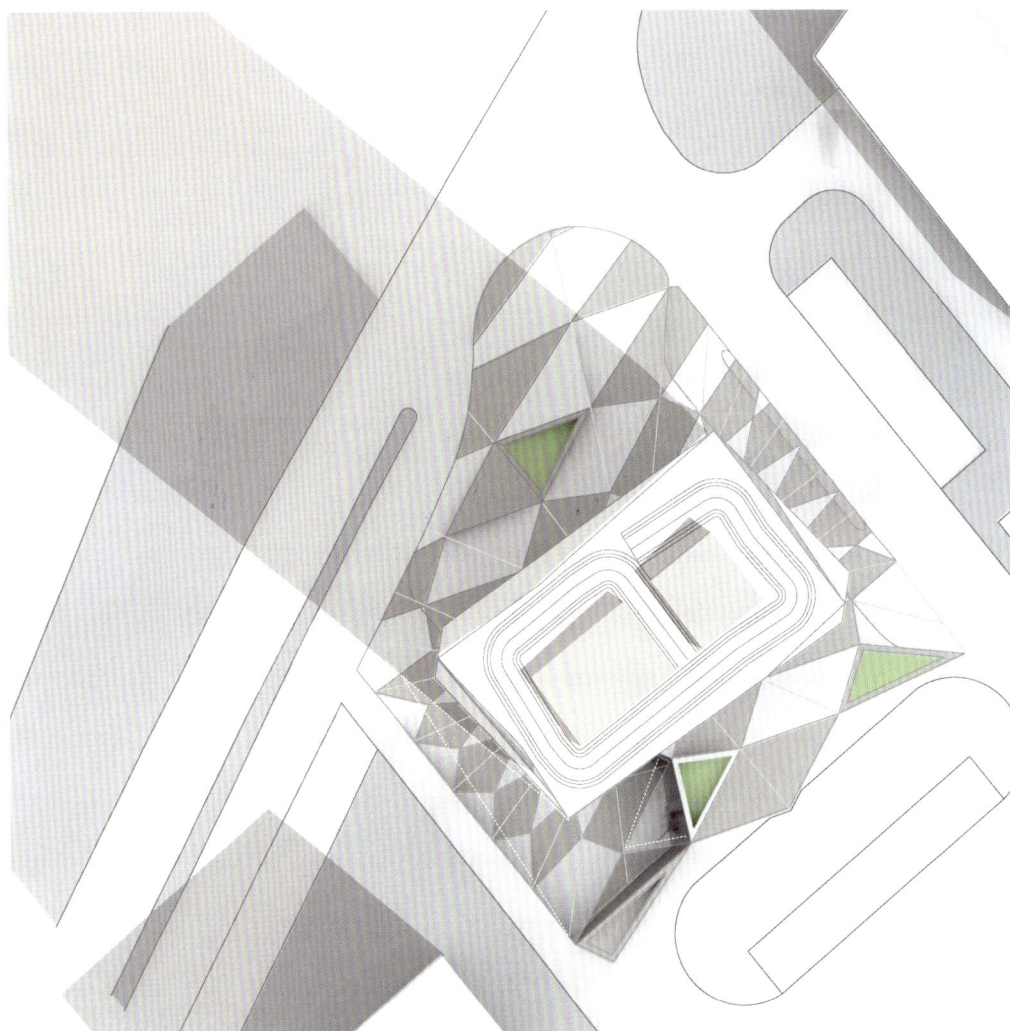

Efizia大厦

墨西哥 墨西哥城

胡安·卡洛斯·鲍姆加特纳

Efizia大厦采用双层外墙设计，不锈钢网在有效吸收外部热量的同时又能够为建筑提供有效遮挡，减少了对空调的使用，从而达到节约能源的效果。此外，该建筑还利用灰水再生系统、再生材料，建造了绿色屋顶，与蔚蓝天空形成强烈的视觉冲击。超过10%的原材料皆来自当地，经济实用。室内油漆、地毯背衬、塑料和木材防腐剂中仅运用了极少部分挥发性有机化合物。

↑｜临街的Efizia大厦
→｜夜色中的Efizia大厦

竞赛名称：MIPIM及英国《建筑评论》"未来项目"建筑竞赛，参赛时间：2009年，竞赛规模：国际竞赛，主办方：《建筑评论》，客户：DIMX，项目占地面积：170,000平方米

← | 临街的Efizia大厦草图
↓ | 正立面效果图

↑ ｜双层外观设计
↗ ｜正立面3D效果图
→ ｜第二层悬浮式结构效果图

"假山"建筑群

中国 北海

MAD建筑事务所

占地430,000平方米的"假山"建筑群位于北海的一条狭长海滨区域，是集住宅、办公和酒店空间于一体的综合性建筑空间。项目由高层、长形的塔楼和低层板楼组成，MAD architects建筑事务所采用了大胆而美观的假山造型，并在建筑的结构上面开洞，空间、海滨景观以及采光都能通过这些开洞渗透进城市之中。设计本身既保证了建筑的密度，又形成了这座城市的新地标。

↑ | 建筑夜景
→ | 建筑日景

项目信息　　竞赛名称："假山"住宅公寓设计竞赛，参赛时间：2008年，竞赛规模：国际竞赛，竞赛所获名次：一等奖，主办方：北海发展中心，基地面积：109,203平方米，建筑面积：492,369平方米

↑ ｜夜色中的建筑全景
↗ ｜建筑日景
→ ｜俯视图
↓ ｜绿化屋顶

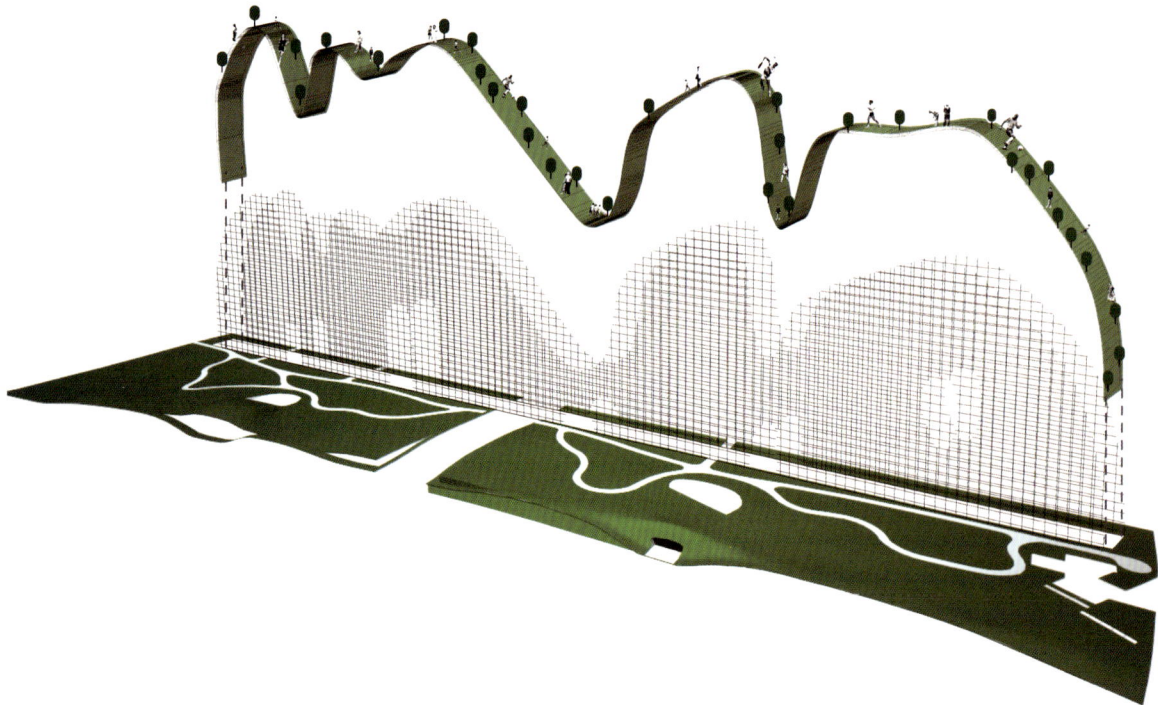

滨海部落

韩国 釜山

GDS建筑事务所，GDSK设计事务所

为更好地遵循"群居，人性化，私密性"的设计理念，该项目分为三个不同的地区：西部滨海部落，东部滨海部落，中央部落。西部滨海部落作为典型的度假公寓，设有露台、公共广场，能够将壮美的海云台海景尽收眼底。与西部滨海部落相似，东部滨海部落也是一个度假公寓，毗邻海云台新城，除露台和广场之外，还可眺望优美的宋钟湾海景。中央部落的设立为当地居民和周围社区提供了一个真正意义上的集工作、生活和休闲于一体的社会发展新模式。

↑ | 广场

项目信息　　竞赛名称：无异议国际竞赛，竞赛所获名次：一等奖，主办方：釜山国际建筑文化节委员会，客户：釜山国际建筑文化节委员会，项目占地面积：469,529平方米，摄影师：桑德罗·德拉戈

↑｜美妙的海边景致
↓｜宋钟湾

↑｜住宅区
↓｜购物中心剖面图

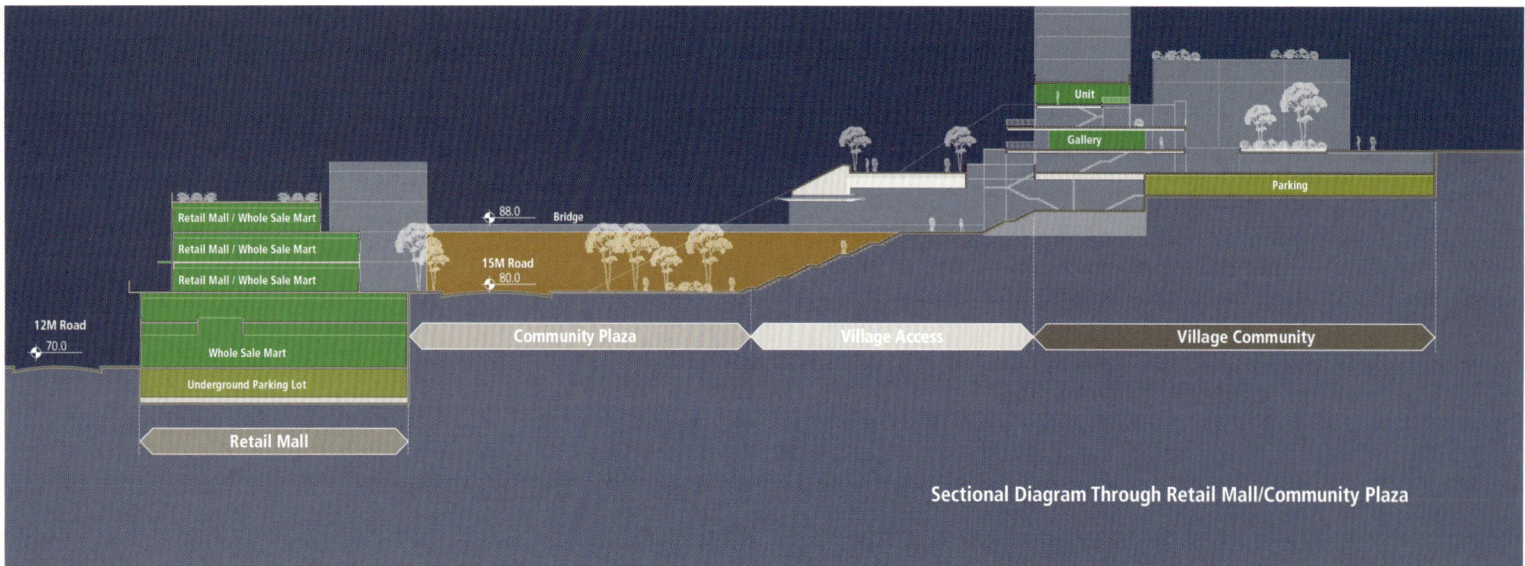

Unit

Gallery

Parking

Retail Mall / Whole Sale Mart

Retail Mall / Whole Sale Mart

88.0　Bridge

Retail Mall / Whole Sale Mart

15M Road
80.0

12M Road
70.0

Whole Sale Mart

Underground Parking Lot

Community Plaza

Village Access

Village Community

Retail Mall

Sectional Diagram Through Retail Mall/Community Plaza

↑ | 中央广场
→ | 总平面图

摩天塔

荷兰 阿姆斯特丹

SeARCH建筑事务所

这座大楼要求具有非凡的魅力、国际水准、大都市的气派、引领潮流、令人耳目一新。设计师认为在一块狭长的地上，比起圆形或其他随性的形状，建成方形的大楼最适当。项目地点并无特别之处，大楼在高度上与其周围的摩天大楼相比也不出众。大楼的双层外表有利于吸收阳光，同时也起到缓冲减震的作用，开关门窗都更加安全。因此这座大楼可以说是实现了可持续发展概念，使里面的工作人员和入住的旅客都感到舒适方便。大楼的特殊设计能够减轻风力负荷，降低空调系统的损耗。

↑ | 公园景致
↓ | 空中酒吧
→ | Overhoeks滨水区

项目信息　　竞赛名称：2008年荷兰阿姆斯特丹高层建筑竞赛，参赛时间：2008年，竞赛所获名次：二等奖，主办方：Ymere 与ING房地产开发部

↑｜旋转餐厅
←｜楼层细节
↓｜剖面图
→｜观景台

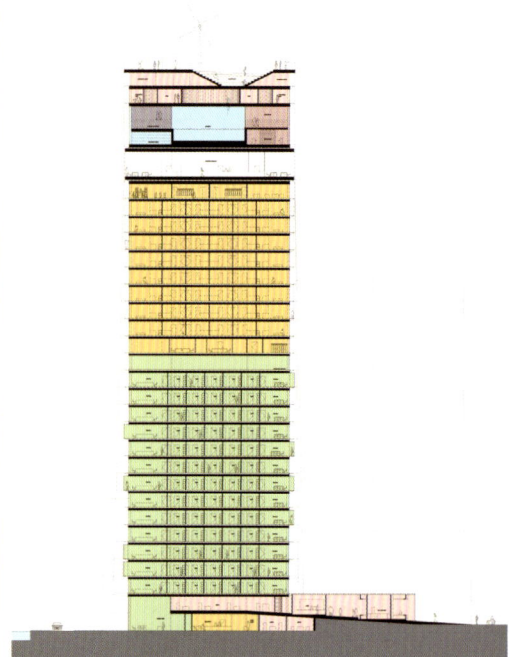

塔林市政厅

爱沙尼亚 塔林

BIG设计事务所/雅各布·兰格

廉政和民主是政府机构设立的基本要求。该建筑将这一理念诠释得淋漓尽致。位于公共服务区上方的诸多部门之间形成了一个多孔式天棚，吸收自然光线的同时，打造内部空间若隐若现的视觉效果。特殊的天井和庭院设计将办公区域完美呈现于公众面前，彰显政府工作的透明化。同时，办公区的工作人员亦能够窥见外部空间，时刻鞭策自己树立良好的人民公仆形象。

↑｜公共绿地广场（BIG-Bjarke Ingels集团提供设计）
→｜鸟瞰图（BIG-Bjarke Ingels集团提供设计）

项目信息

竞赛名称：塔林新市政厅国际设计竞赛，参赛时间：2009年，竞赛规模：国际竞赛，竞赛所获名次：一等奖，主办方：塔林市城市规划处，客户：塔林市城市规划处，项目占地面积：28,000平方米

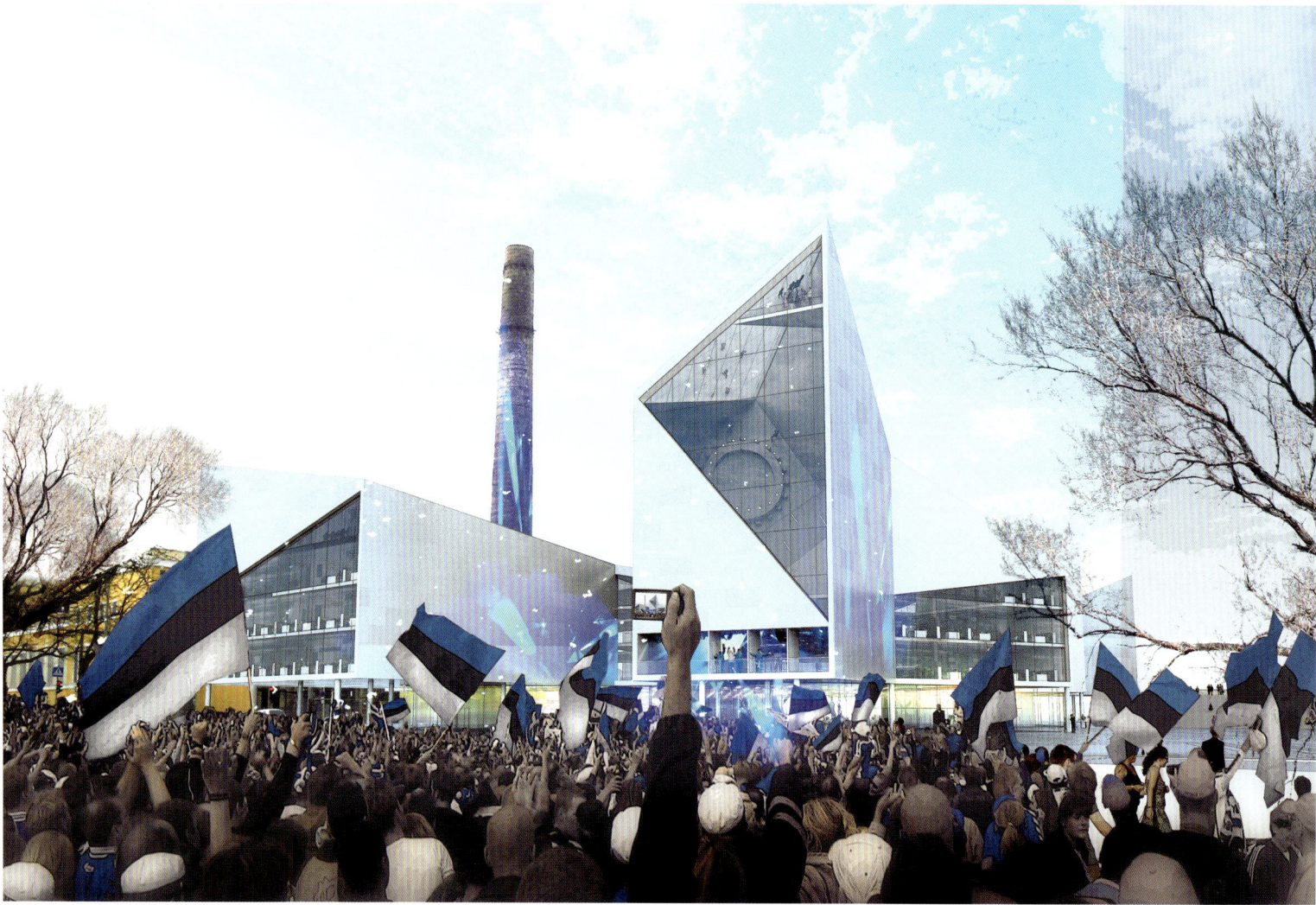

↑ | 公共广场一瞥（BIG-Bjarke Ingels集团提供设计）
← | 总平面图（BIG-Bjarke Ingels集团提供设计）

↑｜模型俯瞰图（BIG-Bjarke Ingels集团提供设计）
→｜TAT广场（BIG-Bjarke Ingels集团提供设计）

吻

沙特阿拉伯王国 吉达

国际建筑发展中心

该项目为大型综合性办公建筑，占地175,000平方米，设计目标旨在通过提供丰富的园林空间、购物中心、世界一流的出租办公空间、水疗设施以及餐厅，为吉达城市打造出备受瞩目的入口地标。建筑外观新颖独特，结构精巧细致、布局合理；采用世界上最大的发光二极管外观处理，拥有超凡的照明效果；先进的智能化建筑设计能够加强室内空气流通。巨型结构外观（100米×140米）经特殊设计，富于变化灵动之感。

↑ | 西侧绿洲花园景致

项目信息

竞赛名称：联合办公建筑，竞赛规模：国际竞赛，竞赛所获名次：一等奖，主办方：沙特阿拉伯王国联合贸易中心，客户：沙特阿拉伯王国联合贸易中心，项目占地面积：180,000平方米

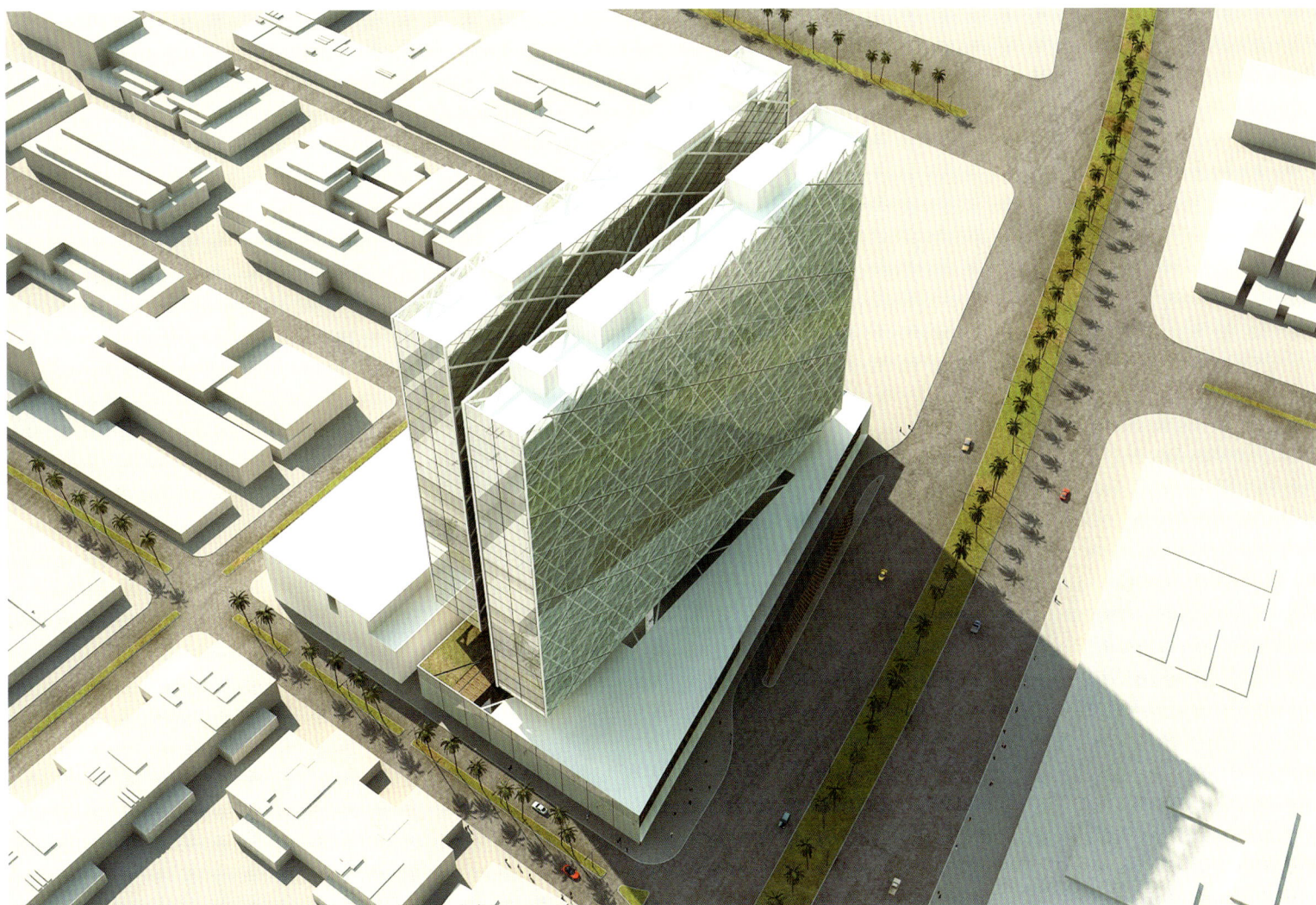

↑｜建筑西南端帝王大街俯视图
→｜建筑东侧草图

A

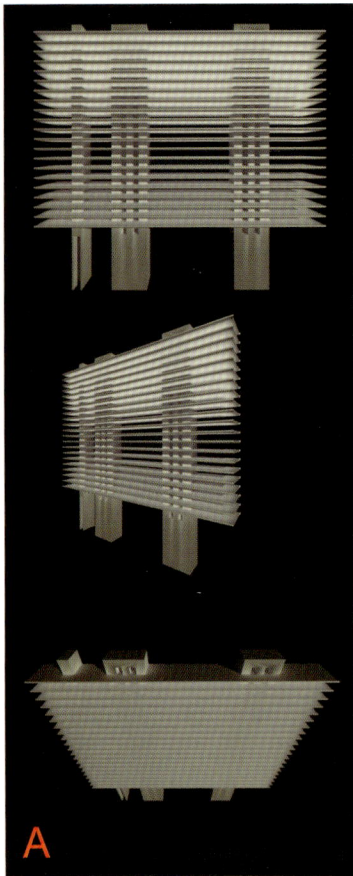

MAIN STRUCTURAL LOADS:
TRANSFER FLOORS
VERTICAL CORES

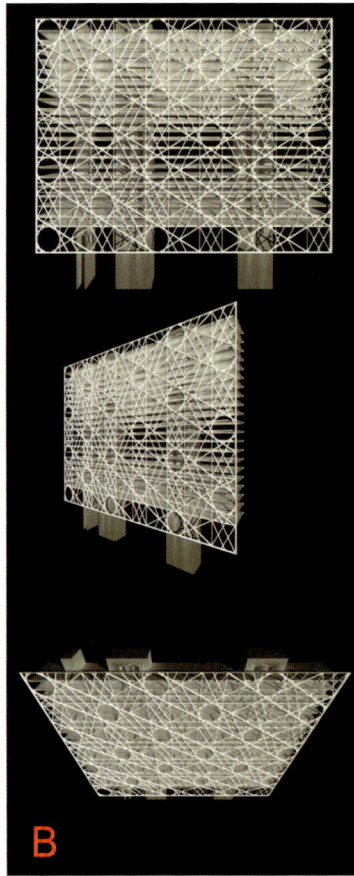

B

SECONDARY STRUCTURAL LOADS:
STEEL STRUCTURAL FAÇADE

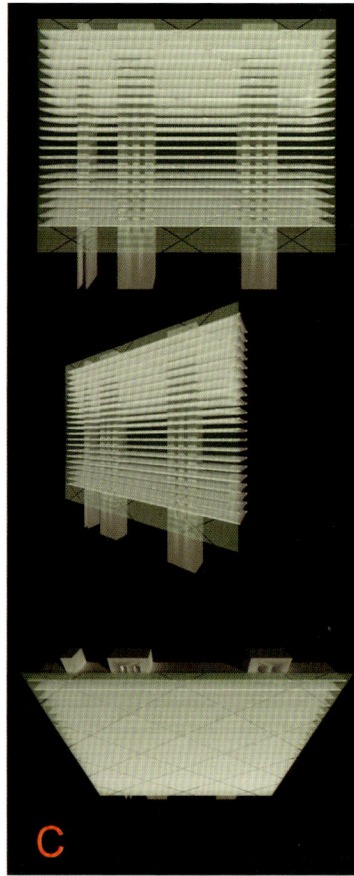

C

PASSIVE SOLAR CONTROL:
HORIZONTAL LED SCREEN ELEMENTS

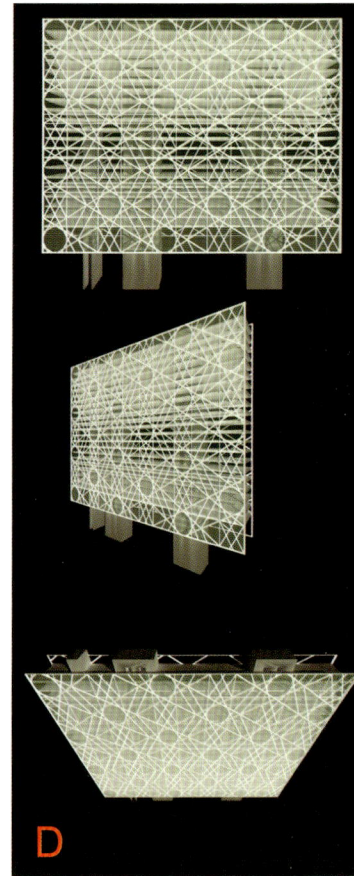

D

COMPOSITION:
MAIN STRUCTURE
SECONDARY STRUCTURE
LED SCREEN ELEMENTS
CLADDING MODULES

↑ | 外立面细节
↓ | 大厅内部景致

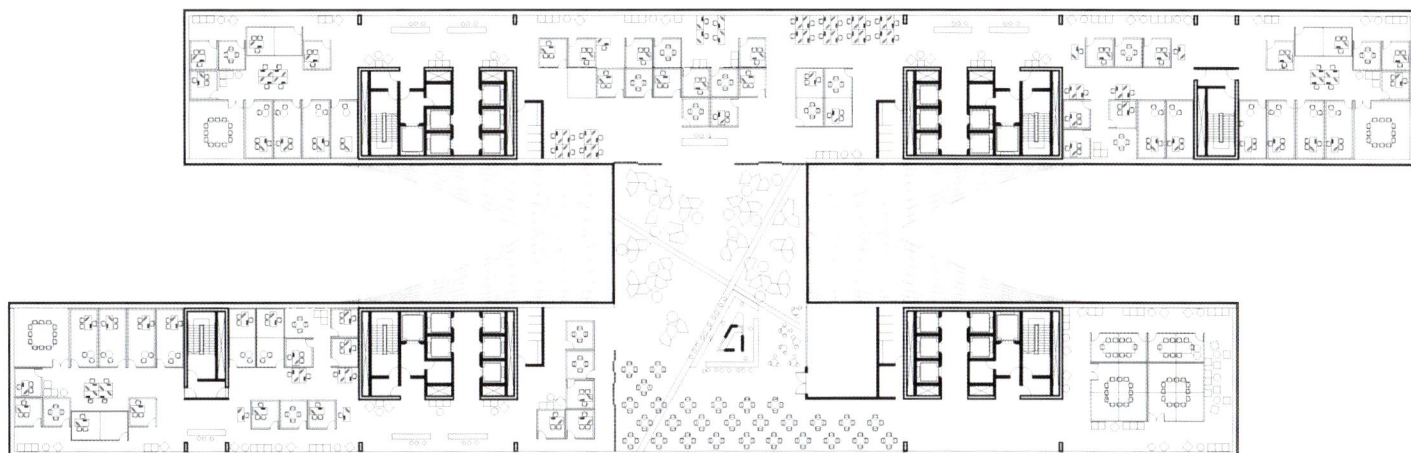

↑｜第十一层为商务中心
↓｜商务中心内部

123商务大厦

克罗地亚 萨格勒布

3LHD建筑事务所

坐落在克罗地亚萨格勒布市的123商务大厦目前是克罗地亚最高建筑，位于卢布尔雅那大街和赛尔斯卡大街交汇处的西南角上。考虑到建筑周围缺少足够公共空间的特点，设计师成功打造了一个集现代、高雅、天然、淳朴于一体的商务空间。建筑处于繁华的商业街上，其独特的魅力令整个城市的形象焕然一新。

↑｜123商务大厦俯瞰图
→｜夜色中的123商务大厦

项目信息　参赛时间：2006年，竞赛规模：邀请赛，竞赛所获名次：一等奖，主办方：萨格勒布市，客户：Consultants Group d.o.o.集团，项目占地面积：3,689平方米，3D：鲍里斯·戈雷塔

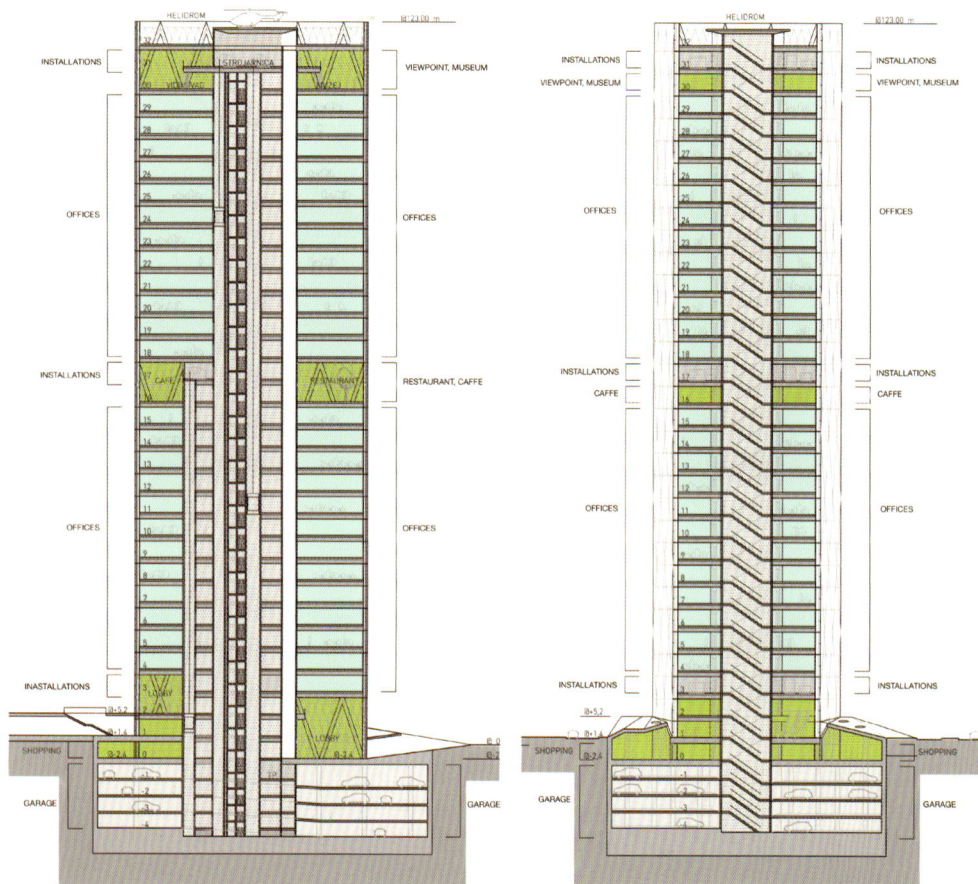

↖↑ | 从卢布尔雅那大街和赛尔斯卡大街遥看123商务大厦
← | 剖面图

↗ ｜从卢布尔雅那大街西侧遥看123商务大厦
→ ｜一层空间

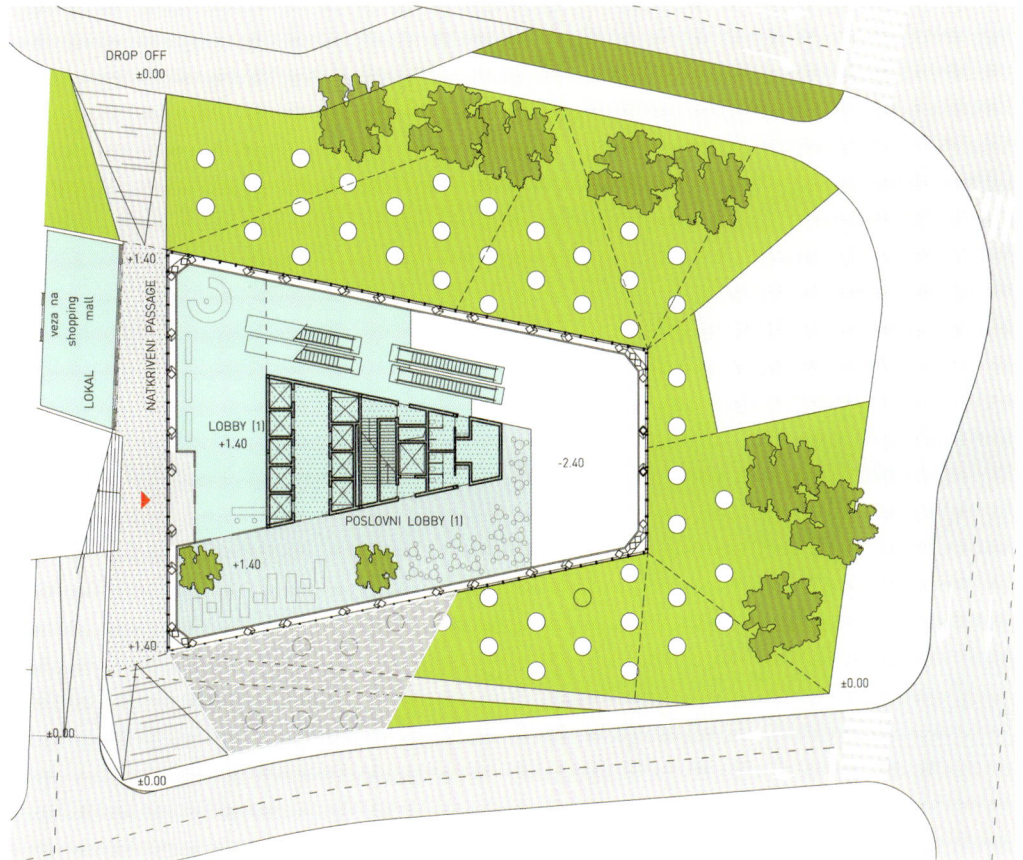

倒置摩天大厦

美国 纽约

亚历山德罗·戈登，曼努埃拉·皮里奥

该摩天大楼的设计理念是打造一个新颖的城市景观性建筑，通过对建筑自身的张力和当地环境特征的思考，创建一个能够与周围城市环境进行互动的地标性建筑。为更好地促进大楼内部流通，建筑打破了公共区域设于一楼的传统平面布局，将内连结大厅及其旁边的办公区设于整个大楼的顶层。不同楼层间的天桥花园扮演公共绿地和过渡地带的双重角色。

↑｜哈德逊庭院景致
→｜34号大街景致

↑｜布里奇花园
←｜总设计图

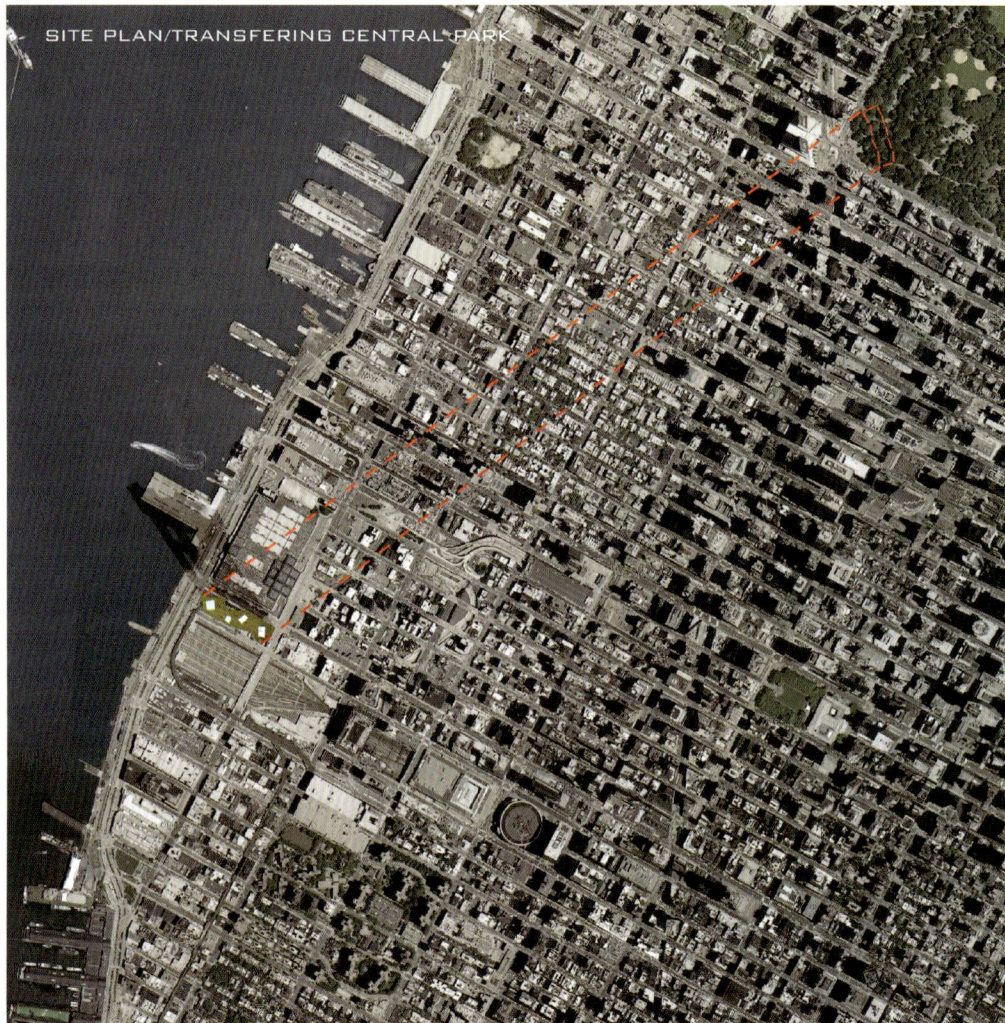

SITE PLAN/TRANSFERING CENTRAL PARK

↑ | 夜景
↓ | 剖面图

Culture

& Sports

文化体育

迈阿密三等奖城市建筑

美国 迈阿密

阿尔曼·巴赫拉姆
唐尼·邓肯森
阿伯莱瓦·埃蒂克
布莱恩·托宾
詹姆斯·怀特

博物馆是呈现历史文化的载体。该设计的目的是将移民的历史文化引入博物馆之中，呈现该地区特有的文化及社会特色。文化公共区主要承办各种公共文化活动以及定期展览。通过艺术、舞蹈、贸易等形式为传统的博物馆增添些许活力。如果说保存、珍藏是博物馆运作的传统原则，那么，码头博物馆呈现的则是模仿的人工制品，而且短暂不具备耐久性。与传统的博物馆不同，该展区是展品在正式展览之前的临时存放地。

↑ | 展示区
→ | 街面景致

项目信息　竞赛名称：2009迈阿密城市建筑大赛，参赛时间：2009年，竞赛规模：国际竞赛，竞赛所获名次：三等奖，主办方：Arquitectum建筑竞赛，客户：Arquitectum机构，项目占地面积：2,000平方米，摄影师：阿尔曼·巴赫拉姆，唐尼·邓肯森

↑ | 文化公共区
← | 散步长廊

↑ ｜平面图
↓ ｜报告厅一瞥

莱利斯塔德安哥拉剧院

荷兰 莱利斯塔德

UN Studio设计工作室

生动、浪漫是安哥拉剧院的特色。该建筑是莱利斯塔德市城市规划重点项目之一，是战后荷兰新城市剧院建设中的典范。内外墙壁的立体式设计令整个舞台富于变化，营造出亦真亦幻的空间效果。内外空间的色彩和谐搭配，相得益彰。楼梯扶手仿佛一条粉红丝带在一楼大厅的主楼梯与墙壁和天花板之间不断蜿蜒攀升。建筑以红色为基调，热情奔放。宽敞的舞台能够满足大型演出的需要。马蹄形包厢和精致的吸音板设计将整个礼堂烘托得分外生动。

↑ | 安哥拉剧院外立面

项目信息

项目完成时间：2007年，竞赛规模：国际竞赛，竞赛所获名次：2007年莱利斯塔德提名奖，2007年吉普洛克奖，2007年迈阿密双年展奖，美国双年展奖，主办方：莱利斯塔德市，客户：莱利斯塔德市，项目占地面积：7,000平方米，摄影师：克里斯蒂安·里克特，本·凡·伯克尔，照片摄影：科奥斯·布鲁克尔

↑ | 安哥拉剧院演播大厅内部
→ | 安哥拉剧院外部覆以铝和玻璃材料，四面不规则形状设
计，十分引人注目

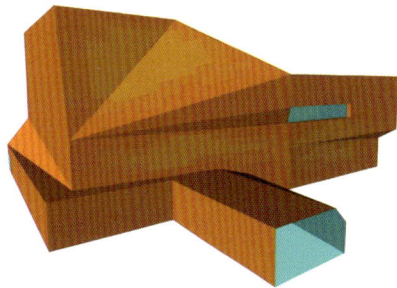

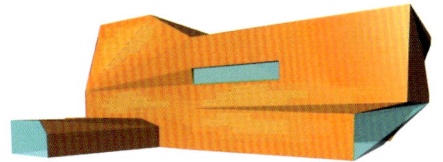

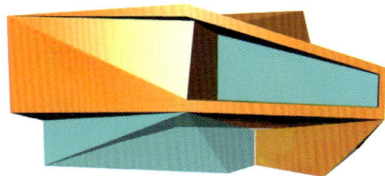

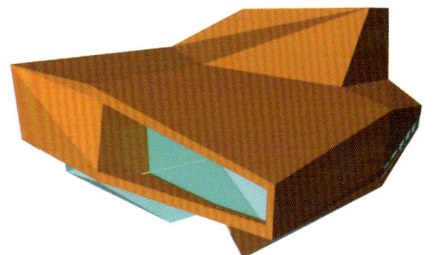

↑｜安哥拉剧院多向立面
←｜安哥拉剧院的外层采用薄钢板，波纹铝片和铝网材料，并以橙色和黄色为主色

↗｜粉红色的主楼梯栏杆柔如一条蜿蜒的飘带
→｜剧场中设有753个席位，簇绒尼龙软垫设计能够有效改
善空间的音效，包厢呈马蹄形设计

北极文化中心

挪威 哈默菲斯特

柏林SMAQ工作室/ 萨宾娜·默勒
安德斯·昆德鲁

MOVABLE EXIBITION PANELS

活泼、灵动的北极文化中心被哈默菲斯特市中心、哈默菲斯特港口和沙滩紧紧环抱。富有浓郁地方特色的文化中心，巧妙的利用了当地的资源，同时有效保护了当地的环境。建筑南向，与市府广场、北极文化港口地区联合打造出活力四射的公共区。造型独特的门廊将步行区有效延伸，与其他公共区域相通。主入口面向港口路，景色幽美，十分引人注目。

↑｜入口大厅与展示区
→｜从码头遥看整个建筑

竞赛名称:挪威哈默菲斯特北极文化中心国际竞赛,参赛时间:2007年,项目完成时间:2007年,竞赛规模:国际竞赛,竞赛所获名次:提名奖,主办方:挪威,哈默菲斯特,客户:哈默菲斯特城和Næringsinvest AS公司,项目占地面积:3,500平方米,摄影师:SMAQ工作室

项目信息

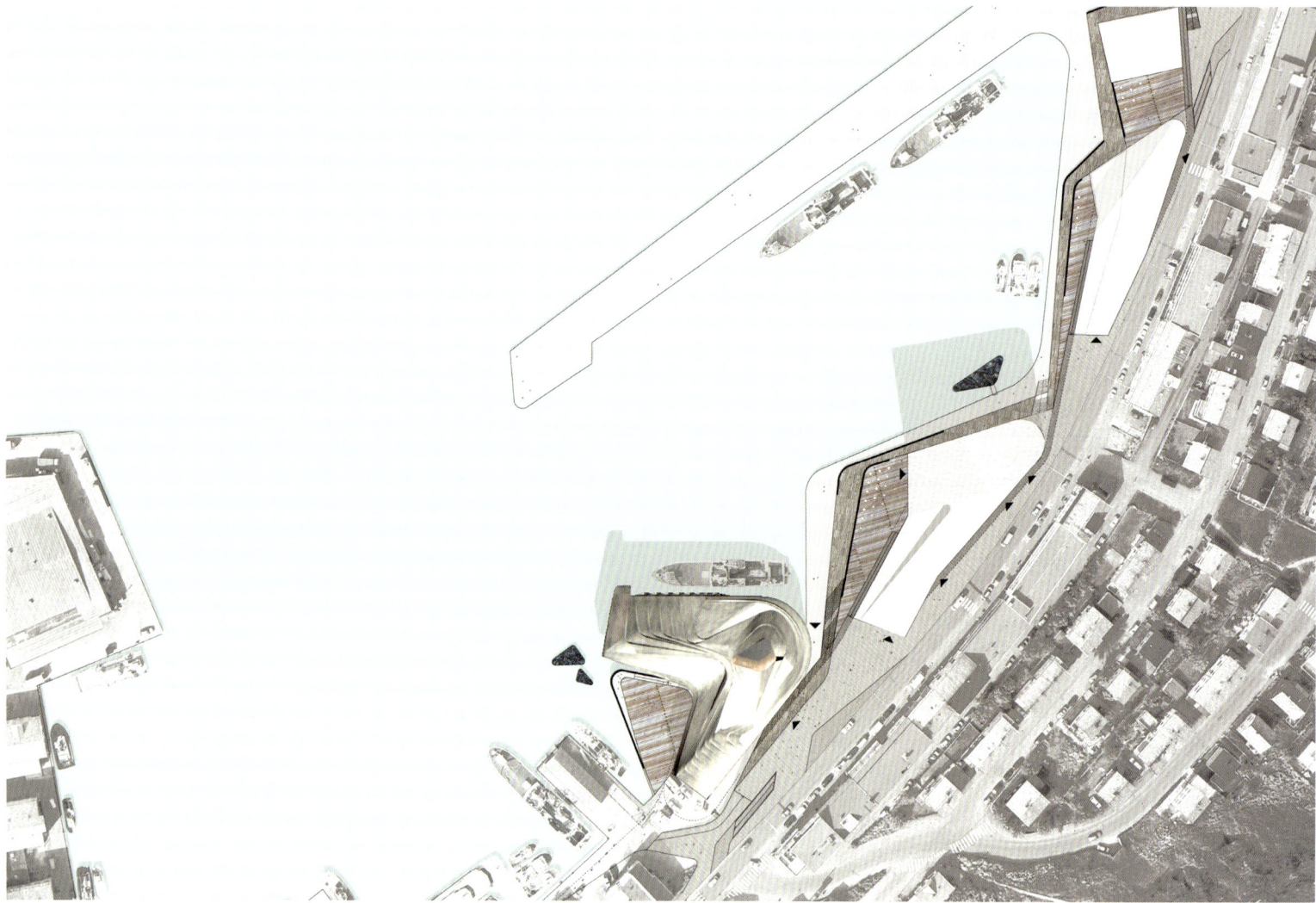

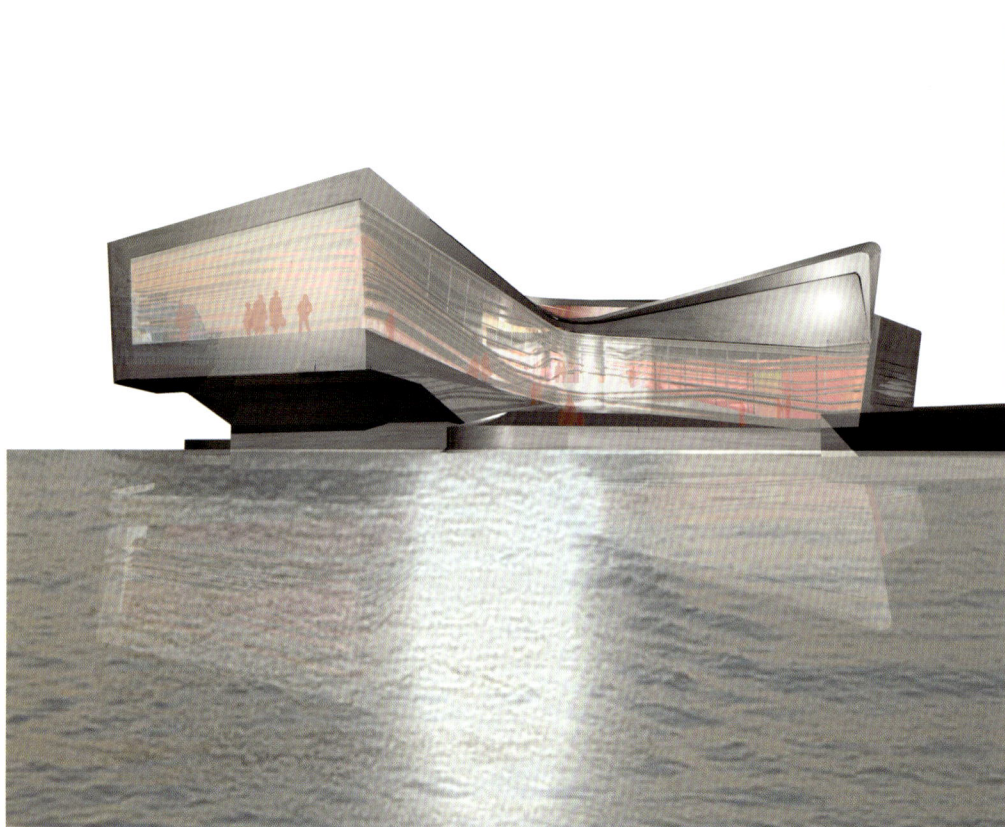

↑｜总设计图
←｜舞蹈学院大厅

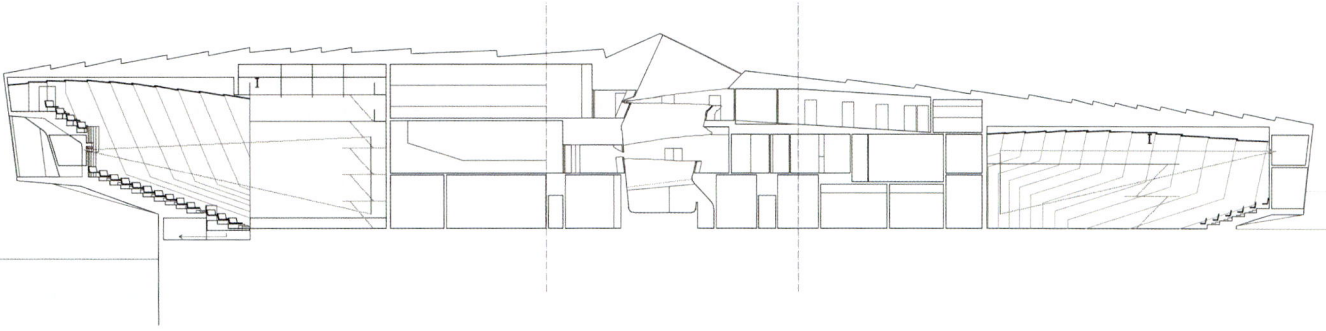

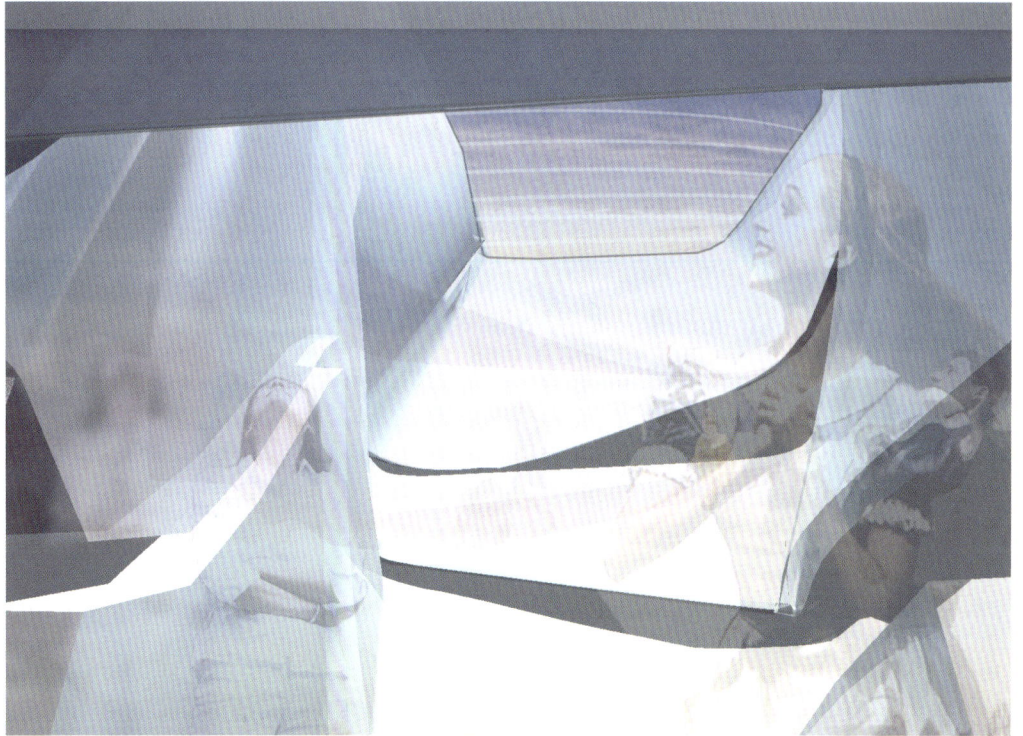

↑↑ | 剖面图
↑ | 海边景致
↓ | 入口

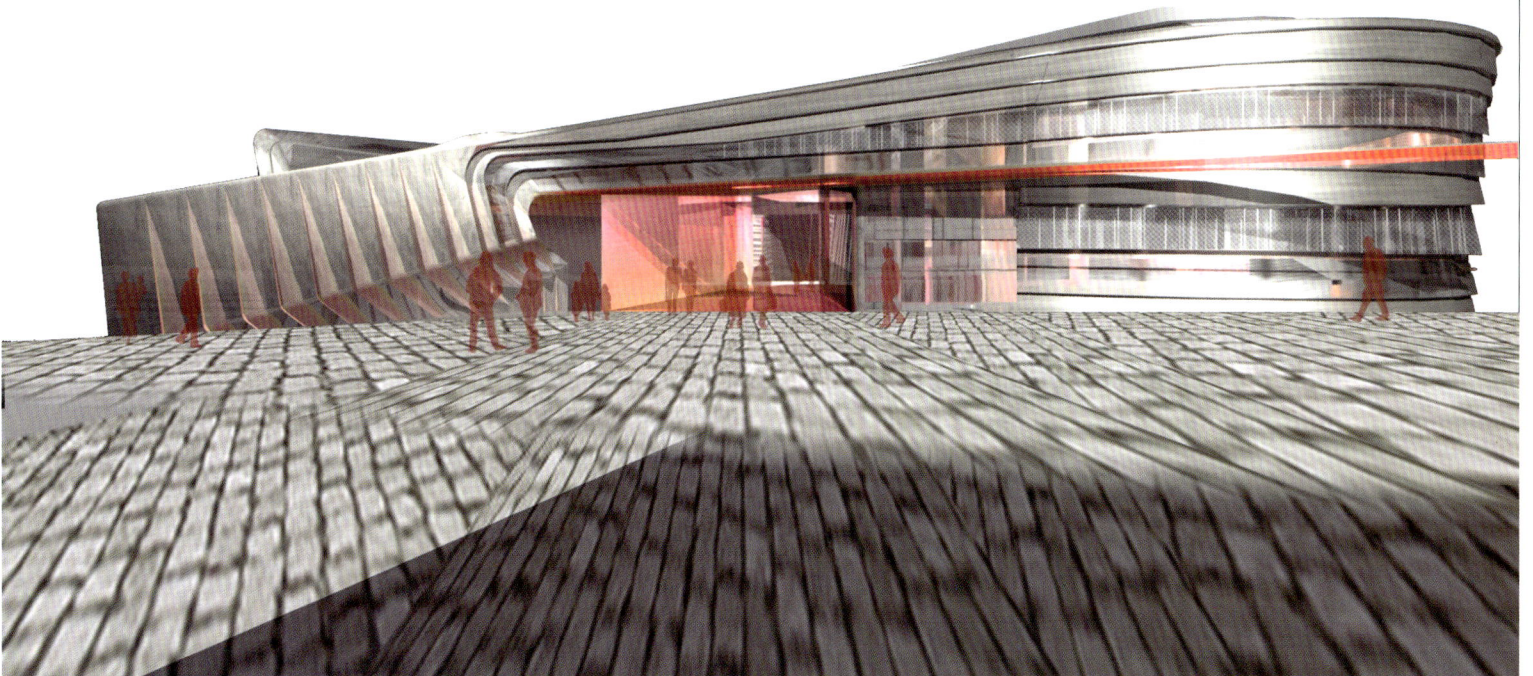

英国海陆空三军纪念碑

英国 斯塔福德郡

Chris Dyson建筑工作室

简单、独特、具有一定的象征意义是该项目的设计理念。设计师在千禧大道的尽头，泰晤士河弯道附近精心打造了6米高的椭圆冢，庄严肃穆，营造出神秘之感。游客沿着刻有牺牲者名字的纪念墙，在潺潺溪流的指引下，即可来到地下展室。展室中不锈钢和煅烧玻璃质地光柱令整个空间增添简洁、庄严气息。廊柱对面的小型走廊与入口处的设计风格类似，引导游客从地下展室回到一楼入口。

↑ | 参赛模型
↗ | 室内玻璃廊柱
→ | 建筑效果图

项目信息

竞赛名称：英国海陆空三军纪念碑设计项目，参赛时间：2006年，竞赛所获名次：决赛候选人，主办方：英国皇家军团，千年委员会，国家纪念植物园，摄影师：克里斯·艾克莫

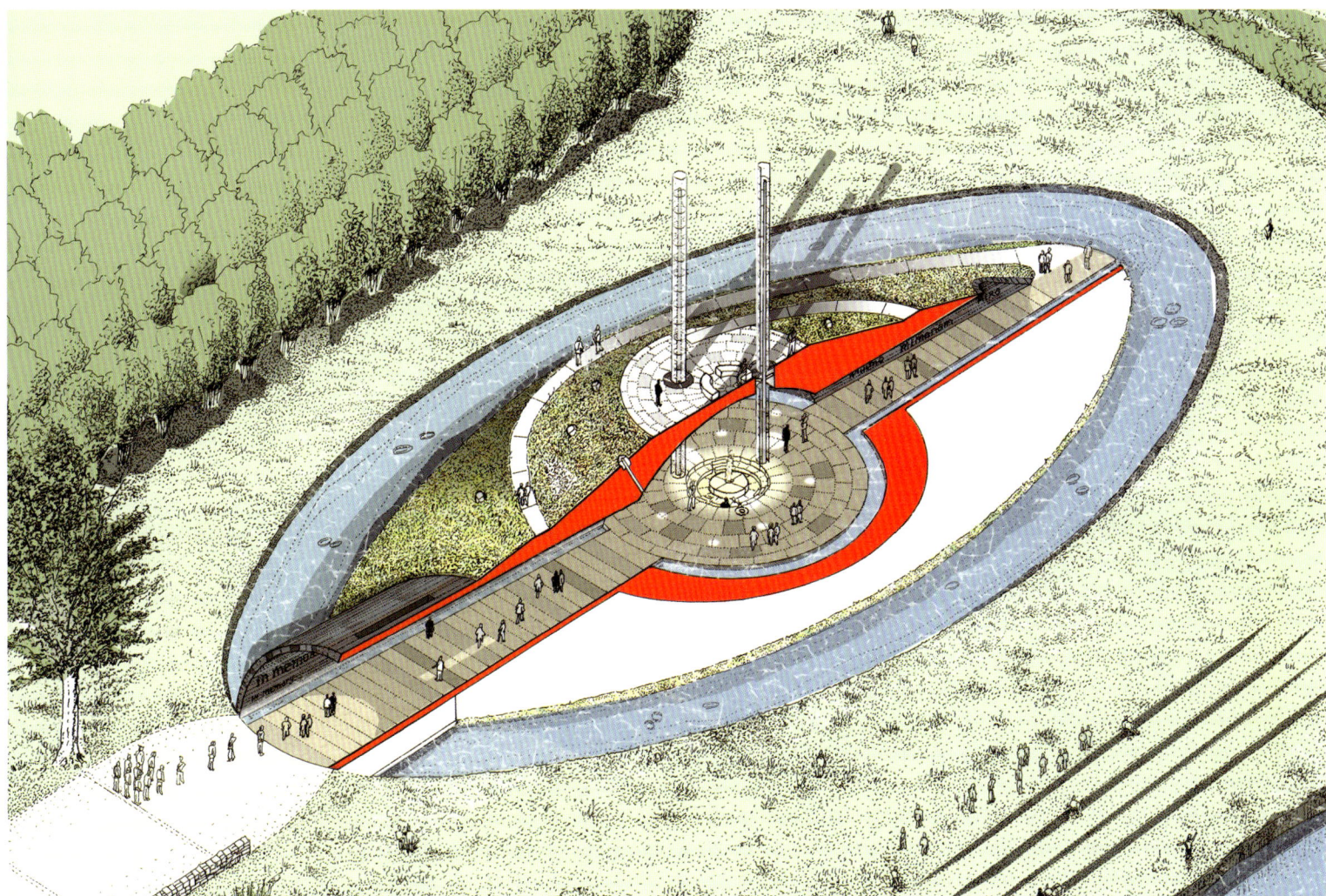

↑ | 竞赛模型——与周边景观自然融合
↓ | 建筑与千禧大道周围景致巧妙融为一体

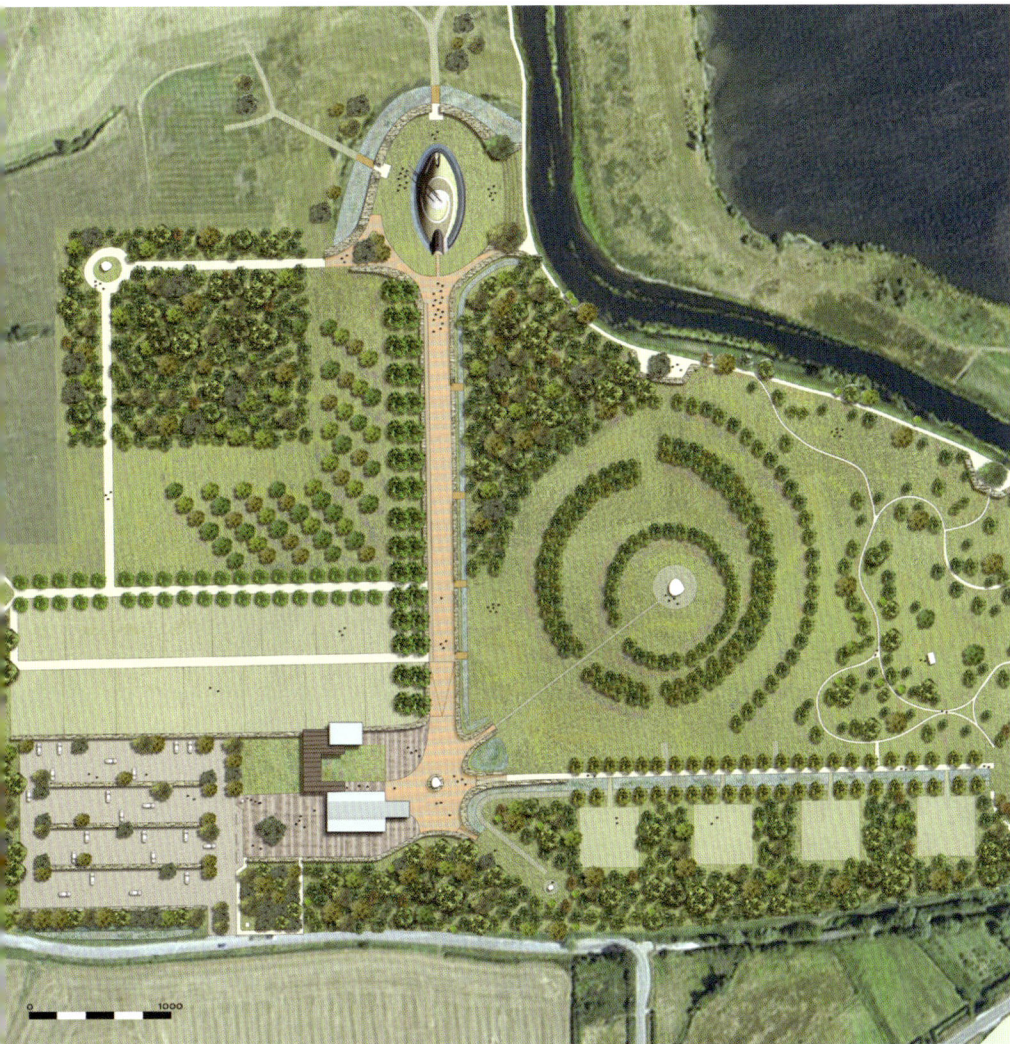

艺术与文化博物馆

黎巴嫩 贝鲁特

Arkhenspaces建筑工作室

该项目建于贝鲁特城的多个地标性建筑之间。参观者进入到博物馆中首先会来到一个建于地下11米的公共区域。顺沿而行，气温也逐渐变得凉爽起来，直到一个巨大的喷泉映入人们的眼帘。喷泉附近设有自助餐厅——与信息大厅一起作为公共区域的延伸部分，人们于此可以品茶、聊天，享受独特的休闲氛围。同时，一层的部分公共区域纵横交错，参观者可以分别从不同的入口进入到地下。建筑的设计理念秉承以一个固定的设计元素为核心，同时保证其他建筑元素与其和谐统一。建筑的顶层金色圆顶下方设有电影库。

↑ | 公共区入口
↗ | 正视图
→ | 后视图

项目信息　竞赛名称：国际建筑师协会竞赛，参赛时间：2009年，竞赛规模：国际竞赛，竞赛所获名次：提名奖，主办方：黎巴嫩文化部长塔里克·米特里先生，项目占地面积：16,000平方米，摄影师：Arkhenspaces建筑工作室

West elevation

↑ ｜西侧立面图
← ｜剖面图

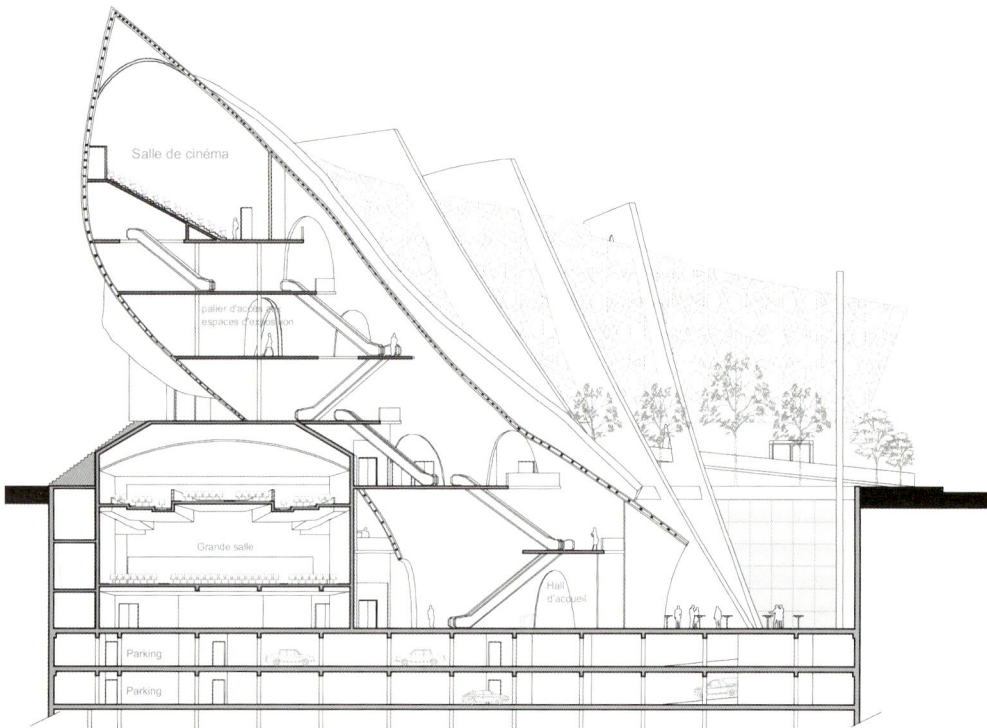

Salle de cinéma

palier d'accès
espaces d'exposition

Grande salle

Hall d'accueil

Parking

Parking

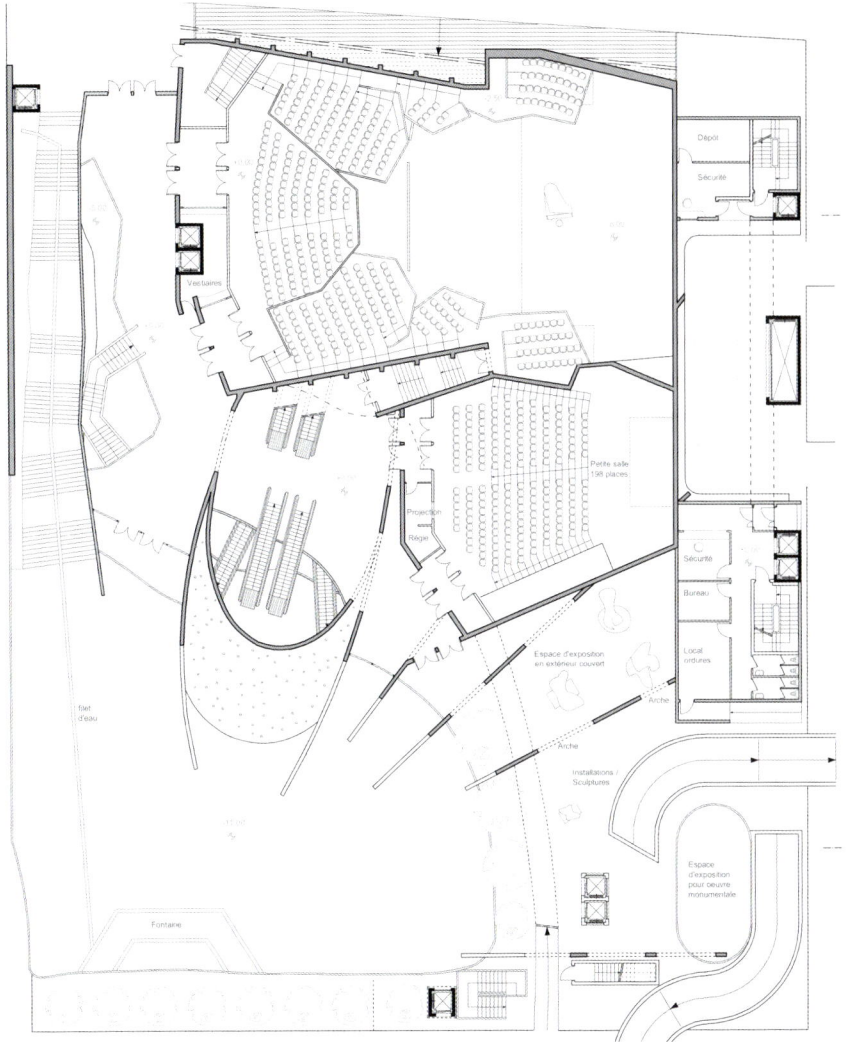

→ ｜平面图
↓ ｜航测图

蓝色星球

丹麦 哥本哈根

亚历山德罗·奥西尼

"蓝色星球"是欧洲北部最大的水族馆之一，位于哥本哈根的海陆空主要干道之上。受水滴形态的启发，项目的设计意在打造一个水滴状的不规则外观，实现脱颖而出的视觉效果。内部空间中，一个大型中庭纵贯整个建筑，水平两端均设有冷水水族馆和热带海洋生物水族馆。拾级而上，中庭上方形成了一个大型"中央广场"，游客站在此处，可以将美丽水景尽收眼底，同时，这里作为水下之旅的第一站，将带给游客非凡的视觉体验。

↑｜"蓝色星球"的有机形态设计仿佛一簇簇海洋生物

竞赛名称：专业国际竞赛，参赛时间：2008年，竞赛规模：国际竞赛，竞赛所获名次：二等奖，客户：Bygningsfonden Den蓝色星球，摄影师：Schmidt Hammer Lassen建筑事务所

↑｜水族馆大厅将室内景观与室外海景巧妙衔接
→｜参观者置身于"水景"之中

↑ | 水族馆附近交通便利
↓ | 水族馆入口

↑｜平面图
↓｜剖面图

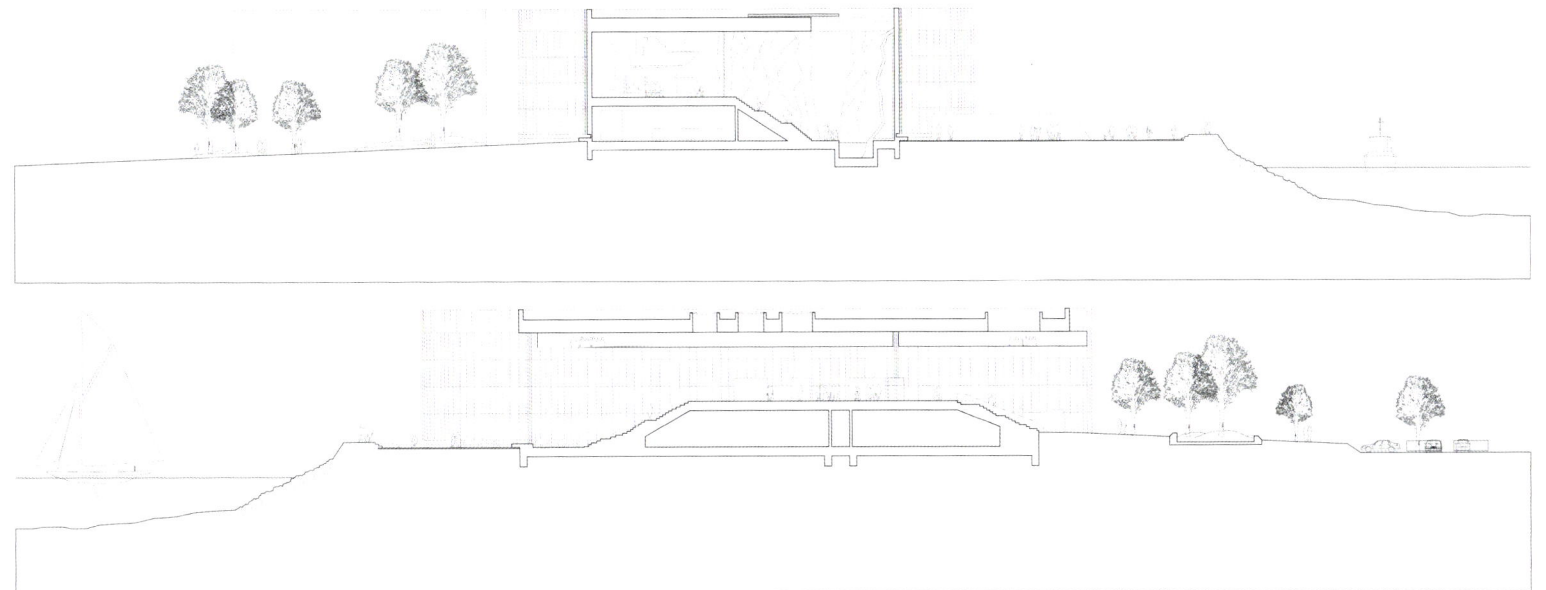

巴塞罗那诺坎普体育场

西班牙 巴塞罗那

Foster+Partners工作室

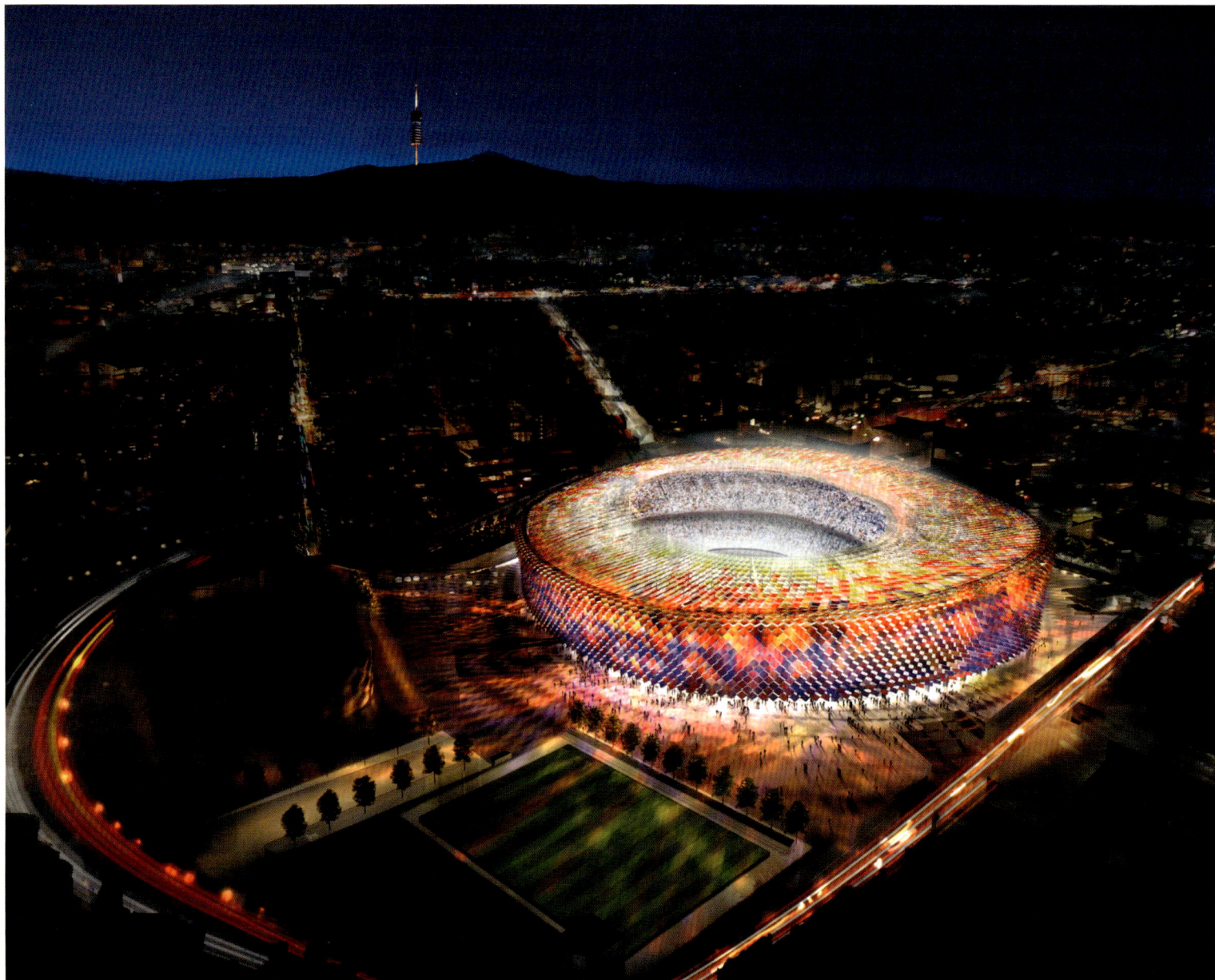

该体育场以其独特的外观和巧妙的外部结构获得了世界的瞩目。外观采用混合色聚碳酸酯板和彩色玻璃嵌板设计，营造出如梦如幻的时尚气息。夜幕降临之后，建筑表面的内置灯瞬间将空间转变成光怪陆离的世界，带领球迷尽情享受比赛的乐趣。同时，彩色玻璃面板中镶嵌的大型液晶显示器以及特殊照明设备可以实时将现场实况呈现到建筑的外墙之上，将场内欢腾的气氛传达到室外。

↑ | 夜色中的体育场

项目信息

竞赛名称：巴塞罗那诺坎普体育场设计竞赛，参赛时间：2007年，项目完成时间：2011年，竞赛所获名次：一等奖，主办方：巴塞罗那足球俱乐部，客户：巴塞罗那足球俱乐部，项目占地面积：180,000平方米，摄影师：奈杰尔·杨/ Foster+Partners工作室，模型摄影：理查德·戴维斯，3D效果图及绘图设计：Foster+Partners工作室

↑｜体育场马赛克立面透视图
↓｜室内广场——右侧展现城市景观，左侧为体育场

↑｜场内图
↓｜剖面图

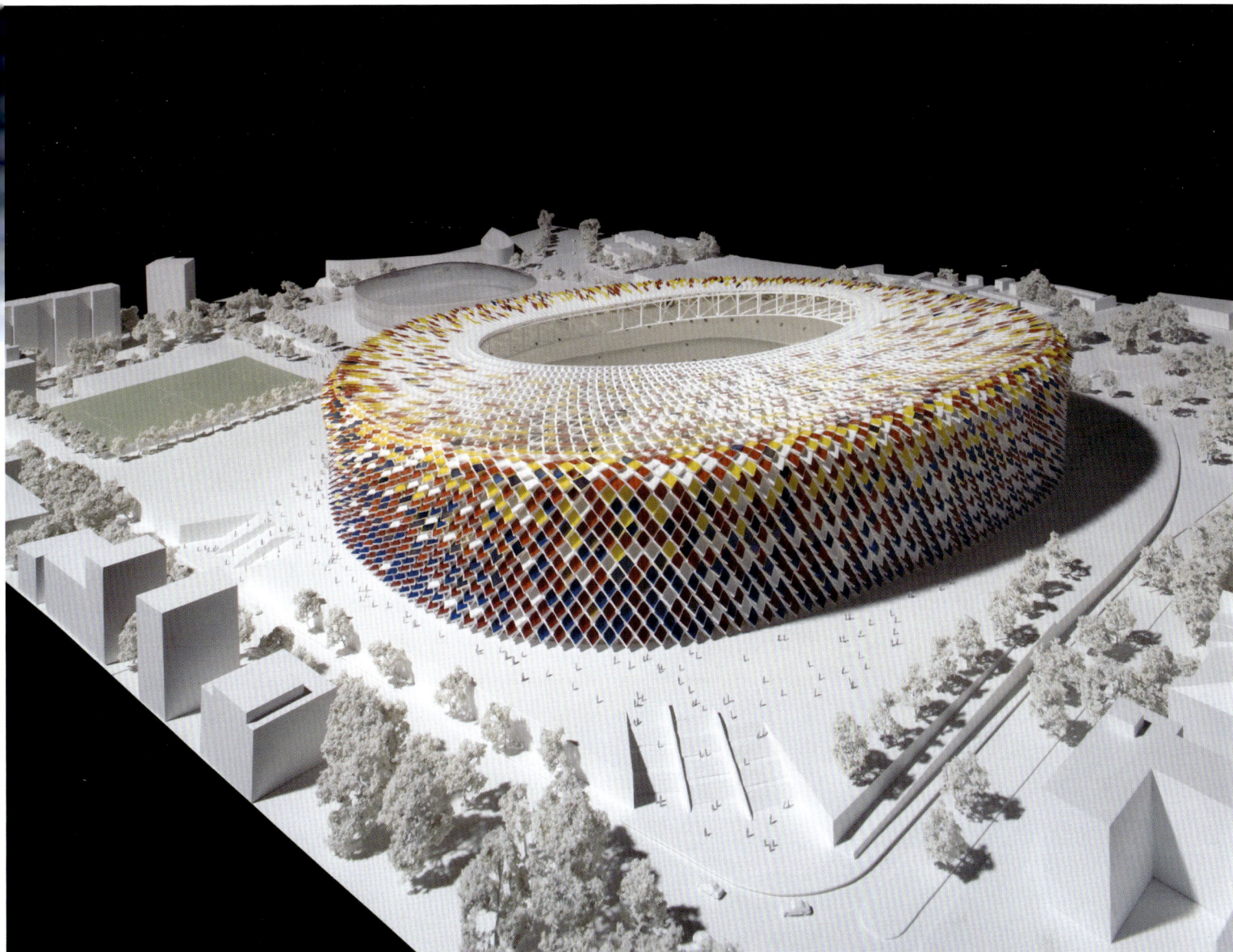

↑ ｜模型
→ ｜效果图

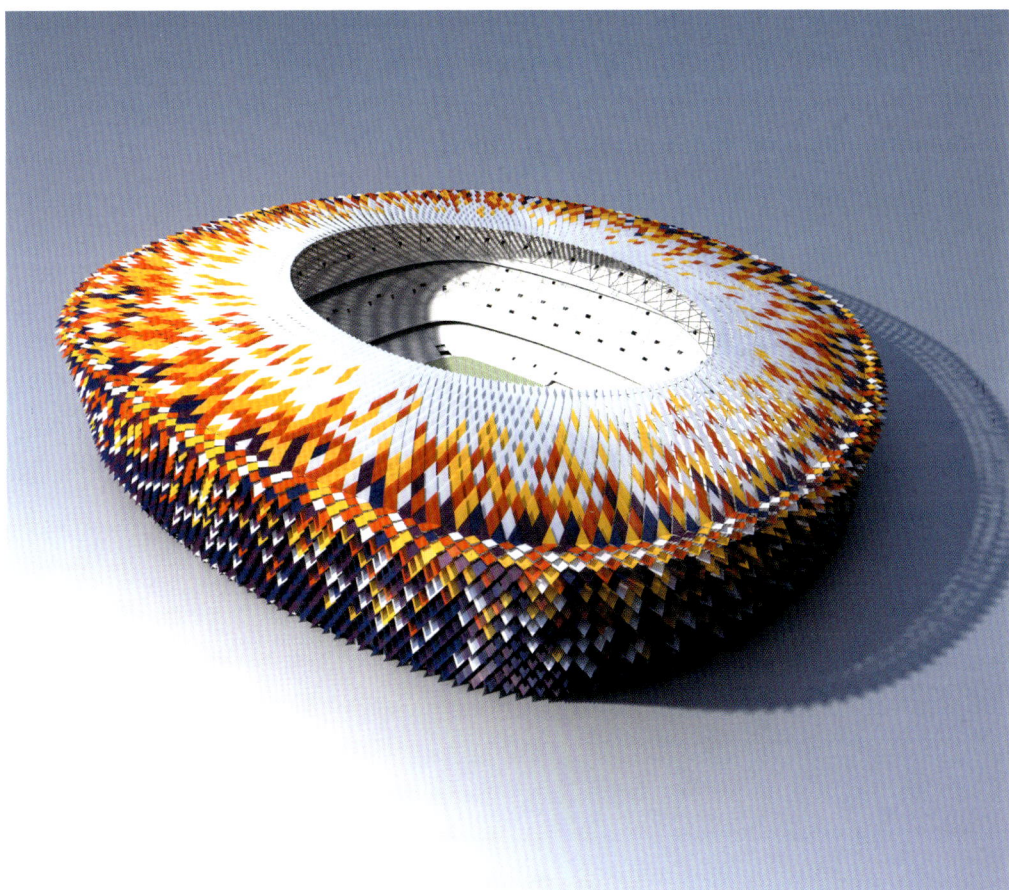

扎梅特中心

克罗地亚 里也卡

3LHD Architects建筑事务所

建筑的主要设计元素是南北向绵延整个场地的带状条纹。条纹在作为主体设计元素的同时，也限定了空间布局，形成了公共广场，以及连接南北的纽带。体育馆三分之一的面积切入到地下，其余部分与周围环境完全融合。位于建筑上方的公共空间作为该中心部分商业空间的同时，可以直接延伸到体育馆北部的停车场。体育馆按照最新世界体育标准设计而成，意在打造一个灵活多样化应用空间。

↑ | 航测图
→ | 从广场通往图书馆的楼梯

竞赛名称：邀请赛，参赛时间：2004年，项目完成时间：2009年，竞赛所获名次：一等奖，主办方：里也卡城，客户：里也卡城，项目占地面积：12,289平方米，摄影师：多玛戈·布拉泽维奇，达米尔·法比亚尼奇

↑ ｜从大厅俯瞰公共广场
← ｜VIP包厢旁的咖啡吧

↑ | 广场
↓ | 剖面图

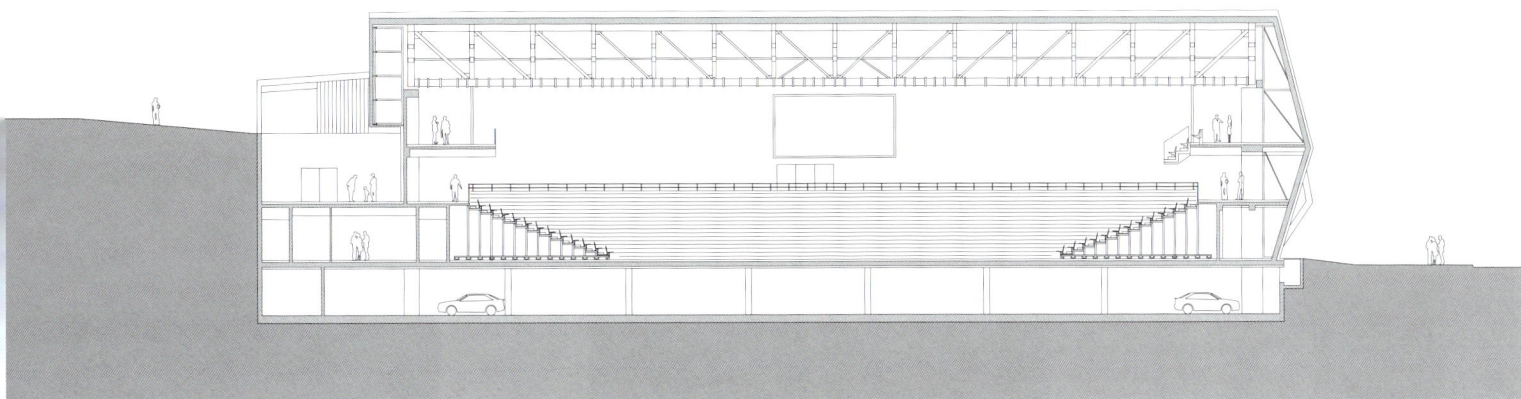

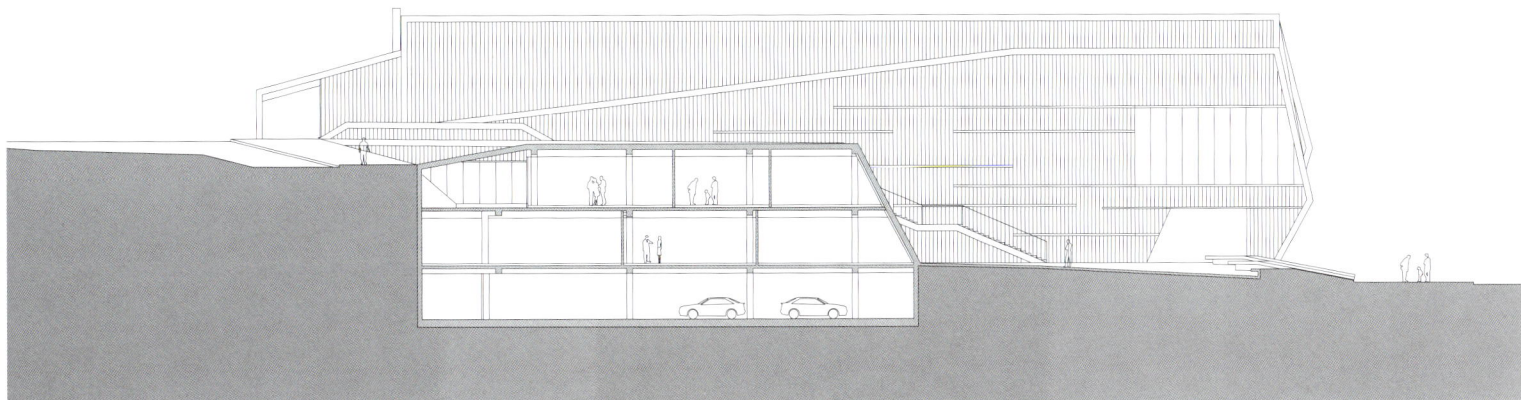

奥斯陆德切曼斯克图书馆

挪威 奥斯陆

Schmidt Hammer Lassen建筑事务所

为了确保新项目与周围建筑的和谐统一，图书馆的西南角被切去一角，形成了一个户外公共区。错落有致的入口设计时刻吸引着人们的靠近。建筑上方的空间随着楼层的变化不断延伸，形成一个23米高的中庭，并伴有一个圆形"剧场"。在阳光沐浴的午后，坐在"剧场"之中，轻嗅咖啡的清香的同时，欣赏远处的水景，别有一番情趣。

↑ | 建筑被切去一角之后形成了一个户外公共区
→ | 连贯、和谐、流畅、灵活是图书馆内部设计的关键词

项目信息   参赛时间：2008年，竞赛规模：国际邀请赛，竞赛所获名次：二等奖，客户：奥斯陆市，摄影师：Schmidt Hammer Lassen建筑事务所

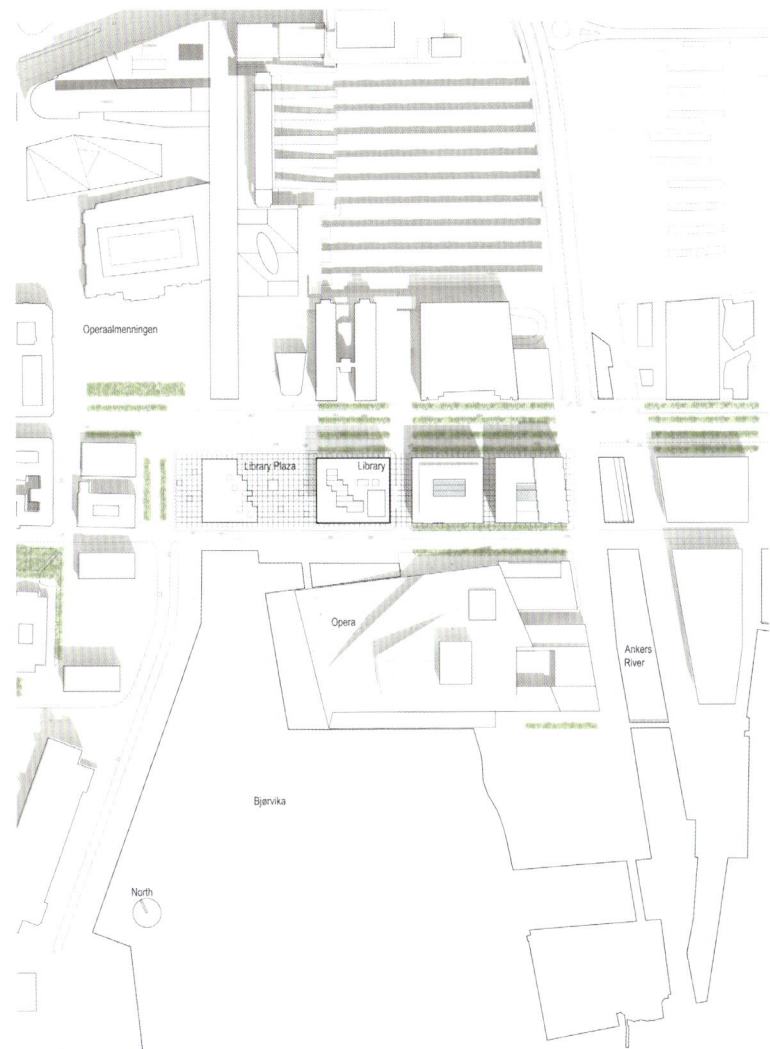

↖｜图书馆的切口设计为欣赏奥斯陆歌剧院打造完美视角
←｜德切曼斯克图书馆的立面采用透明丝网印刷玻璃材料
↑｜平面图，展现该图书馆与奥斯陆歌剧院的地理位置
↗｜楼上与楼下空间的不对称式设计
↓｜剖面图，图书馆不单单是一个被动式节能建筑，同时能够实现能源的自给

芬兰驻东京大使馆

日本 东京

拉赫德尔马＆马拉迈基建筑事务所

项目以建筑的大众化及永恒性为设计理念。设计师巧妙地将芬兰和日本建筑文化加以综合运用，打造出一个集二者文化特征于一体的特色建筑。建筑的透明外观庄重、严谨，同时能够直接将光线引入室内，确保内部空间宽敞明亮。模块化设计不仅能够增强建筑的耐久性，同时可以彰显芬兰与日本的建筑特色。有序结构、重叠、透明是该设计的关键词。建筑选用木质框架结构，造型各异的木质梁柱令整个空间富于变化。同时，空间的设计风格蕴含了芬兰特色艺术气息。

↑｜外部景致
→｜外部景致

竞赛名称："爱其"建筑，参赛时间：2009年，竞赛规模：地区竞赛，竞赛所获名次：一等奖，主办方：芬兰外交部，客户：芬兰大使馆，项目占地面积：2,856平方米

↑｜室内景致
←｜二层空间

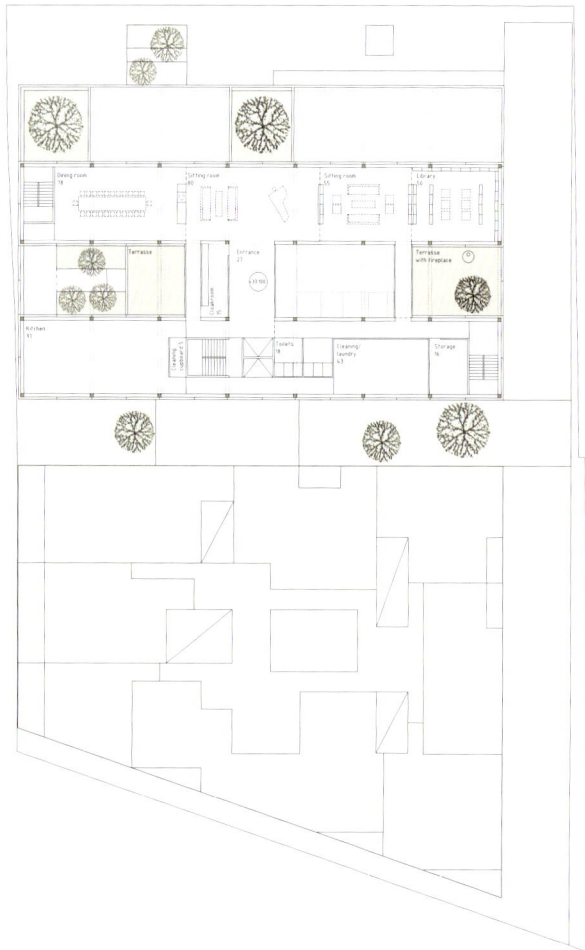

↑ ｜ 室内景致
→ ｜ 西部立面图
↘ ｜ 东部立面图
↓ ｜ 剖面图

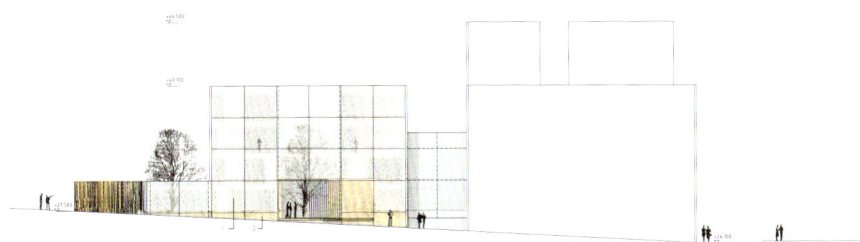

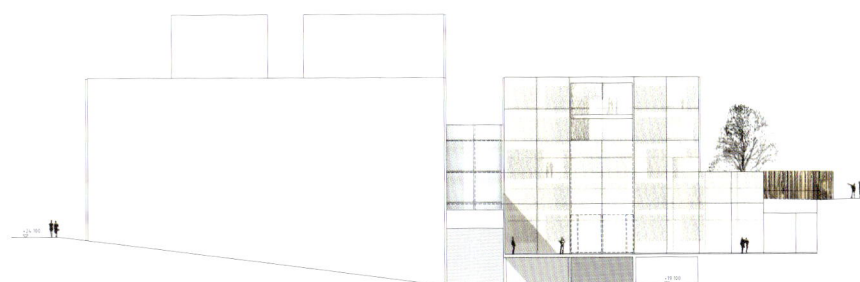

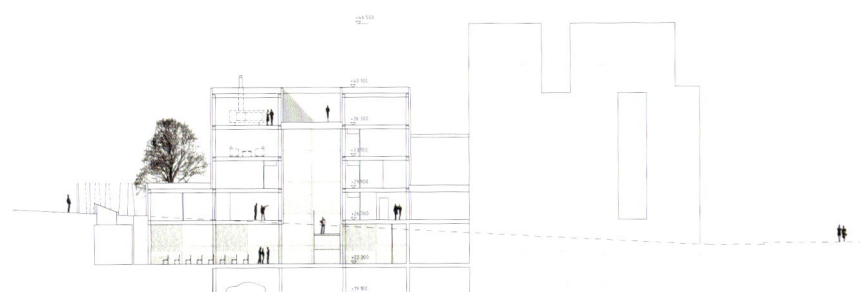

米兰大学扩建工程

意大利 米兰

Piuarch 设计工作室

扩建项目通过颜色、高度以及外观的精心设计，与原有建筑形成了完美的统一体，既彰显出学校悠久的历史，同时体现出当代特色。建筑共有3层，共占地3200平方米，设有50个教室。依据原有的建筑模式，空间设计成两个连续的部分，其一面向西南，而另一个则面向东南。每一部分均设有大型玻璃窗将自然光引入室内，令室内宽敞明亮，而玻璃窗中央的嵌入式小阳台能够确保室内在炎炎夏日清爽宜人。

↑ | 北部景致

↓ | 精致的照明设备将黑夜点亮

竞赛名称：米兰公学院扩建邀请赛，参赛时间：2007年，竞赛规模：国际竞赛，竞赛所获名次：一等奖，主办方：米兰大学，
客户：米兰大学，项目占地面积：3,000平方米

↗ ｜ 模型剖面图
→ ｜ 建筑模型全视图

↑ ｜ 建筑南部，黑夜被灯光点亮
← ｜ 建筑南部

↑ | 走廊中的滤光
↓ | 底层平面图

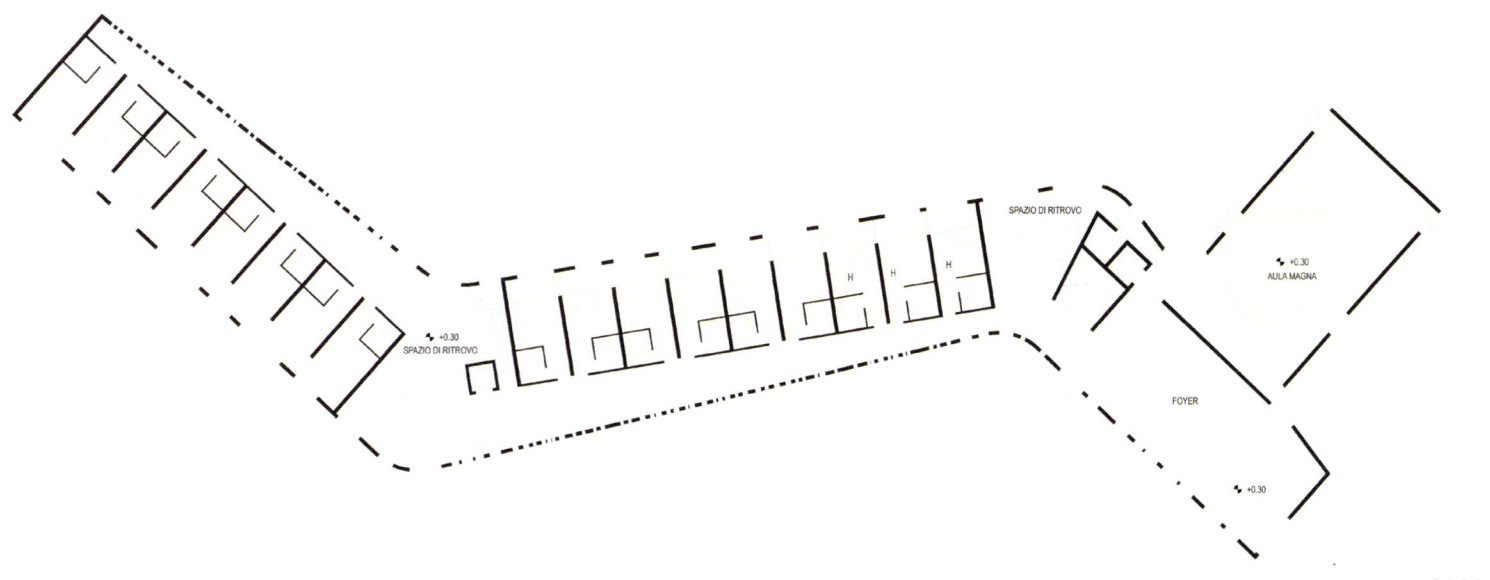

流水花园——2011年西安园艺展览会

中国 西安

"等离子"工作室/格朗德拉博·卢

游客穿过与自然环境浑然一体的主入口大门，沿着花园的主线，可以将山水如画的美景尽收眼底。主线周围的景观有机的联系在一起，游客于此不仅能欣赏鲜花绿草，还可以尽情享受大自然的气息。该项目巧妙地将天然与人工设计元素融合在一起，形成了一个叹为观止的水景图。设计师充分利用自然地形并对先进技术加以运用，尽量满足花园大量需水的要求。湿地将雨水充分吸收并贮存，同时经过天然植物和芦苇对水分加以净化使之成为灌溉用水。这些自然系统经过设计成为一道独特的风景线，为游客带来别样的视觉享受。

↑ | 入口

项目信息　竞赛名称：2011年西安国际园艺展览会，竞赛规模：国际竞赛，竞赛所获名次：一等奖，主办方：浐灞生态区，项目占地面积：12,000平方米，总面积：39公顷，摄影师："等离子"工作室/格朗德拉博·卢

↑｜展示馆
→｜第二个温室

↑ | 展示馆正视图
← | 园林

→ | 温室
↓ | 温室正视图

弗里波特艺术中心

美国 伊利诺伊州

Brininstool + Lynch建筑事务所

大型矩形建筑外观覆以磨砂玻璃和透明玻璃，从外部能够直接观看到内部空间。入口及室内空间选用透明玻璃设计，营造晶莹通透的视觉效果，同时确保游客视线的畅通。此外，在大厅的入口，人性化设计可以帮助游客自主选择进入接待大厅或者直接进入画廊和博物馆商铺。

↑ ｜东侧立面及公共露台
↓ ｜北侧立面

竞赛名称：弗里波特艺术中心竞赛，参赛时间：2006年，竞赛规模：国际竞赛，竞赛所获名次：一等奖，主办方：弗里波特政府，客户：弗里波特政府，项目占地面积：3,155平方米

↑｜内部景致
→｜内部景致，走廊

↑｜大厅内部
↓｜总平面图

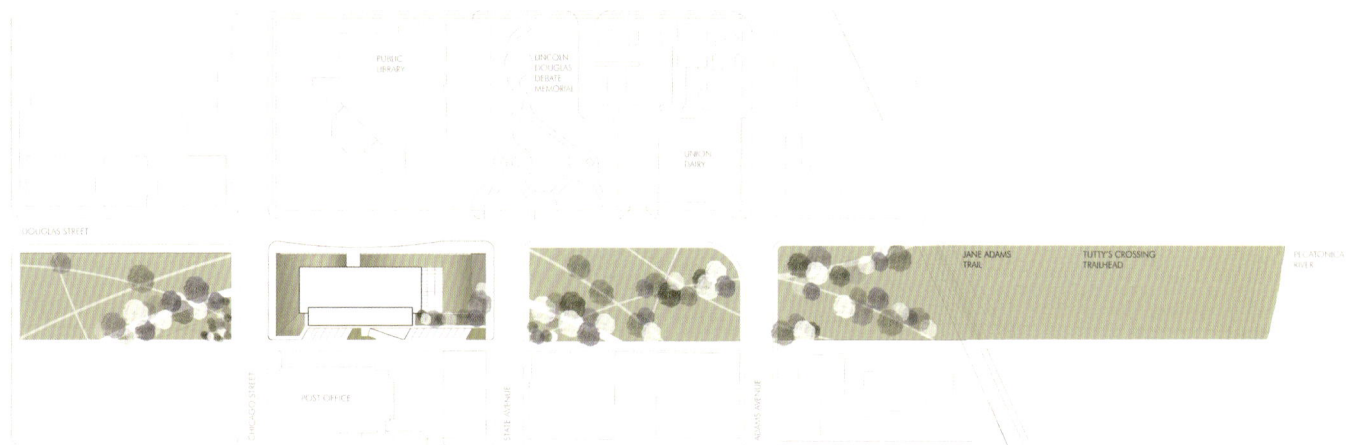

SITE PLAN

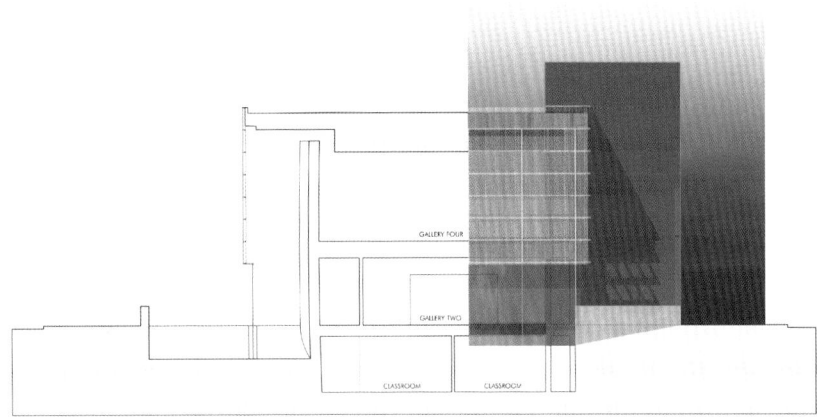

SECTION THROUGH GALLERY AND CLASSROOM

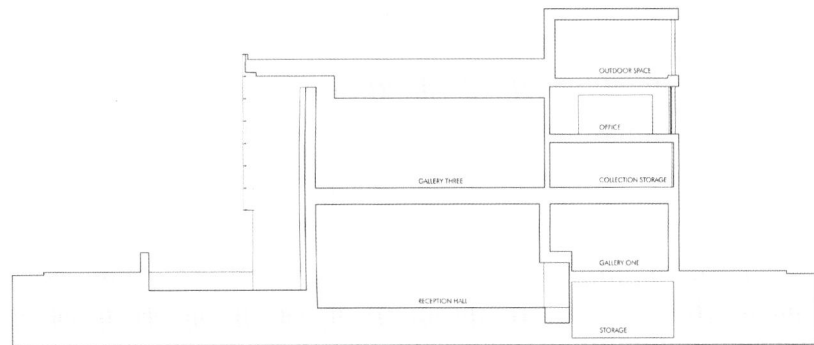

SECTION THROUGH GALLERY AND RECEPTION HALL

↑ | 剖面图
↓ | 平面图

ENTRY LEVEL PLAN

斯劳之心——文化综合建筑

英国 斯劳

3DReid 建筑公司

新的设计计划包括创建一个图书馆、博物馆、中央成人学习中心、咖啡厅。同时，还包括修复该地区的公共领域，通过新型花园广场的建立改善周围环境，为附近的教堂和当地居民以及游客提供优雅的环境。该设计将创建一个时尚、充满现代与艺术气息的绝佳空间，塑造完美的知识与文化氛围，并使之成为该地区的新地标建筑物。

↑ | 初赛获奖设计

→ | 大楼建于台基之上，将人行道与车道分隔开来

项目信息　　竞赛名称："斯劳之心"设计大赛，参赛时间：初赛（2003年）；理念修订（2007年），项目完成时间：2012年（文化与社区大楼建成）；2018年（整个建筑竣工），竞赛规模：国际竞赛，竞赛所获名次：一等奖，客户：斯劳市议会

← ｜竞赛获奖设计实体模型
↓ ｜经济形式的变化对设计理念产生了深刻的影响，该建筑
由最初的综合性大楼转变为一个纯粹的社区大楼

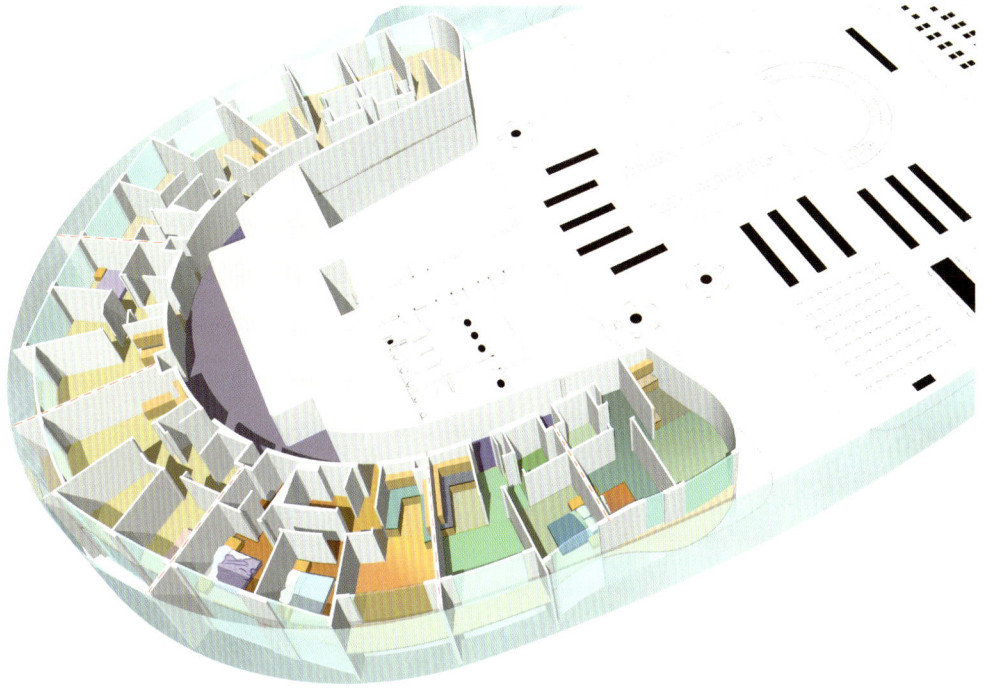

↗ | 初赛大楼设计中住宅单元布局
→ | 初赛大楼设计中环形通道
↓ | 初赛大楼设计剖面图

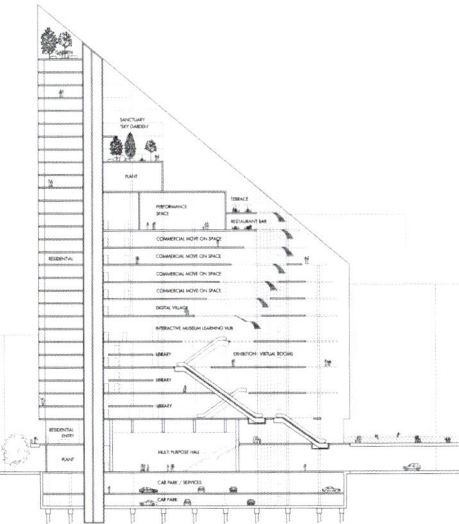

亚琛工业大学礼堂中心

德国 亚琛

Schmidt Hammer Lassen建筑事务所

项目布局严谨巧妙，透明的玻璃中庭将两个构思精巧的绿色建筑完美衔接，匠心独运。建筑中设有诸多休闲空间供聚会及学术讨论之用。项目共设有7个出入口，主入口设在建筑的北端，为人们进出礼堂提供方便。

↑ | 综合大楼前方的楼群拆除之后将打造成广场

竞赛名称：亚琛工业大学国际设计竞赛，参赛时间：2009年，竞赛规模：国际竞赛，竞赛所获名次：一等奖，主办方：亚琛工业大学，客户：亚琛工业大学，项目占地面积：13,500平方米

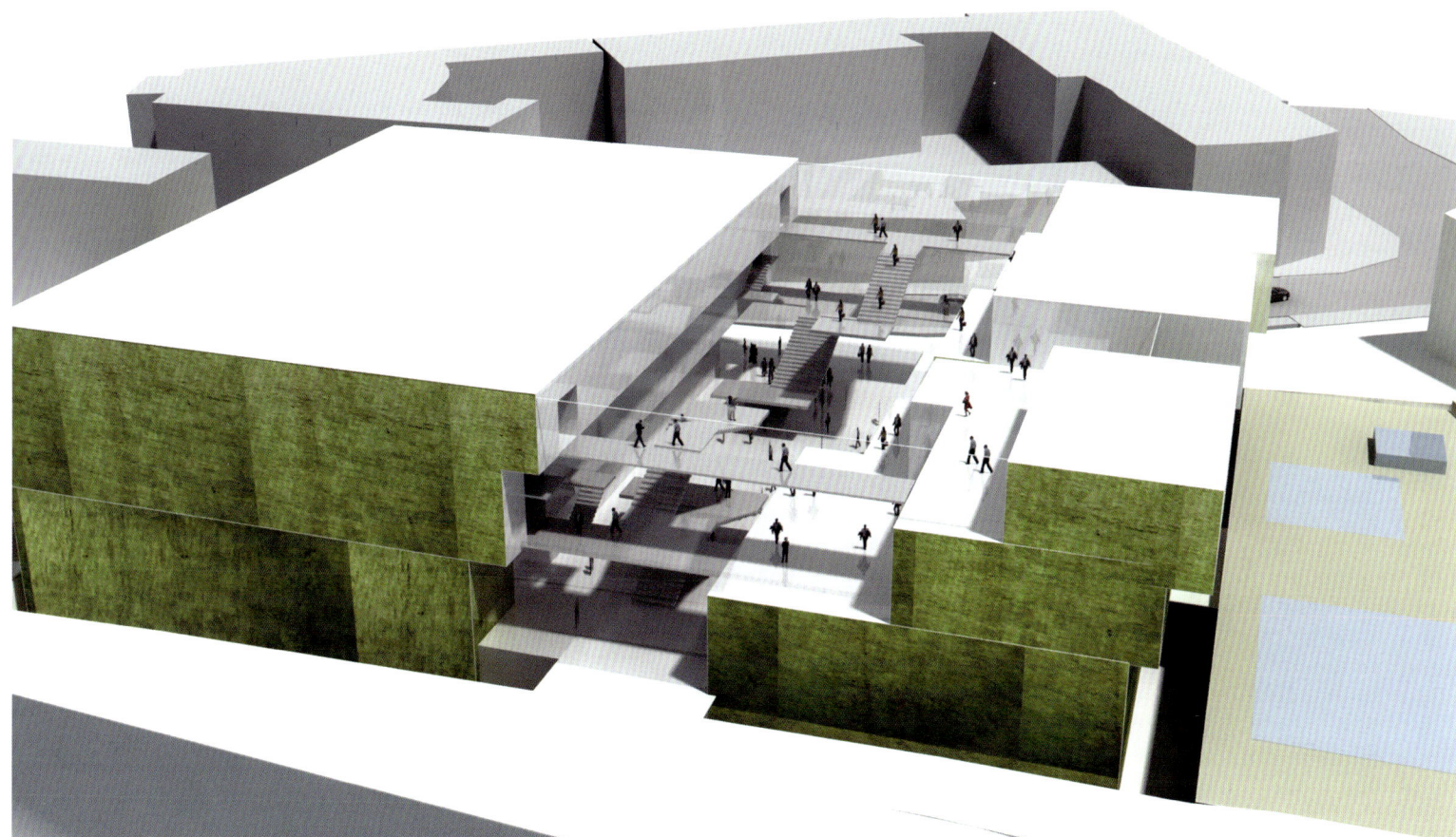

↑ | 通透的中庭呈梯级状
→ | 礼堂平面图

↑｜通风亭
↓｜北部剖面图

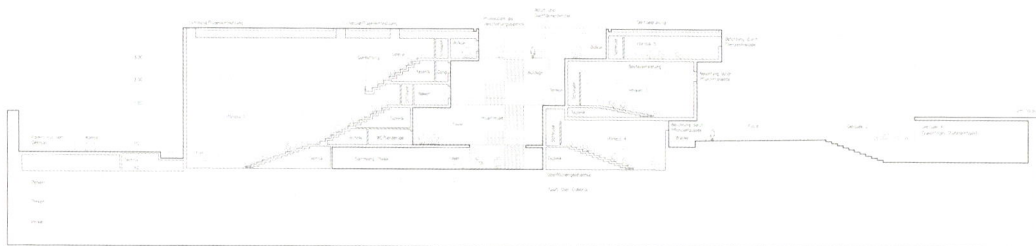

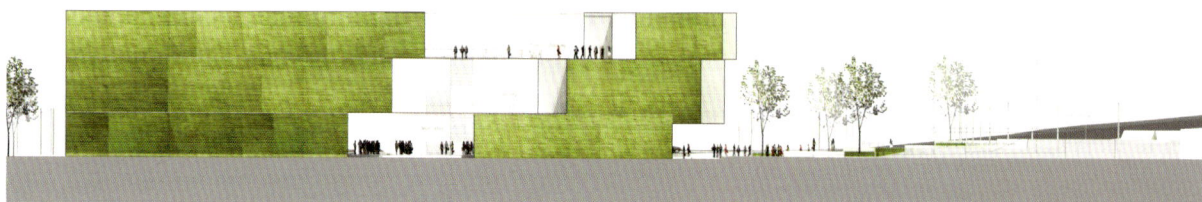

↑｜未来广场对面的主入口
↓｜建筑的表面均覆以景天属植物玻璃

意大利运动博物馆

意大利 罗马

5+1AA工作室/阿方索·费米亚，赞布罗塔·佩卢福

罗马运动博物馆的建设包括三部分。中间部分高于两端的设计令入口和大厅分外突出。部分展览空间设在三楼之上，临街的精巧廊柱设计令该空间充满层次感。建筑的南向部分以展示区为主，特别的庙宇风格设计独具特色，三层的建筑内部被巧妙的分割成若干小空间，便于举办专题展览所用。

↑ | 意大利运动博物馆远景
→ | 泳池

竞赛名称：新意大利运动博物馆建筑竞赛，参赛时间：2008年，竞赛规模：国际竞赛，主办方：新意大利运动博物馆竞赛委员会，客户：罗马市文化遗产与活动部，项目占地面积：15,760平方米，摄影师：5+1AA工作室，设计师照片提供：朱塞佩·马里塔蒂

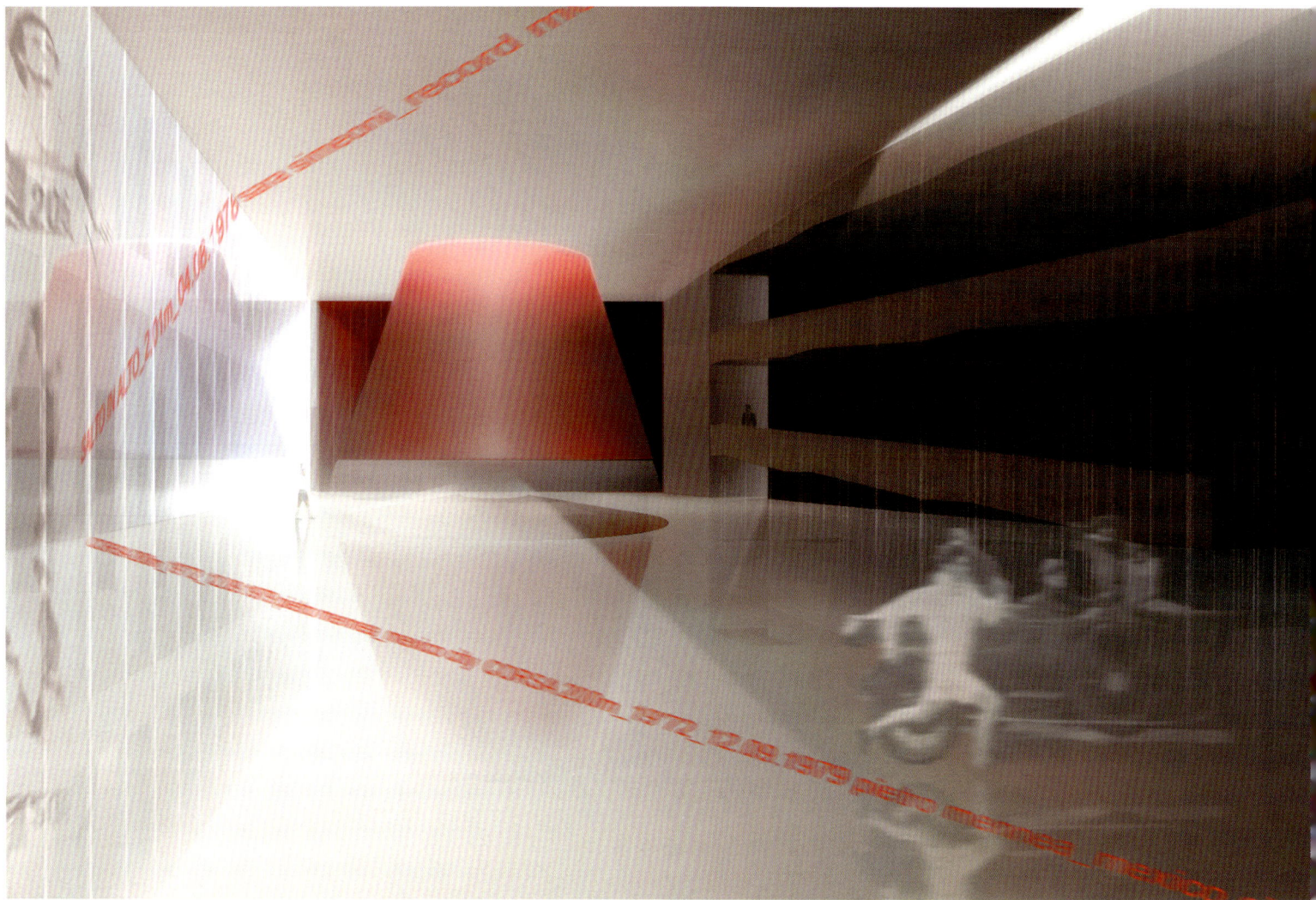

↑ | 意大利运动博物馆内景
↓ | 屋顶

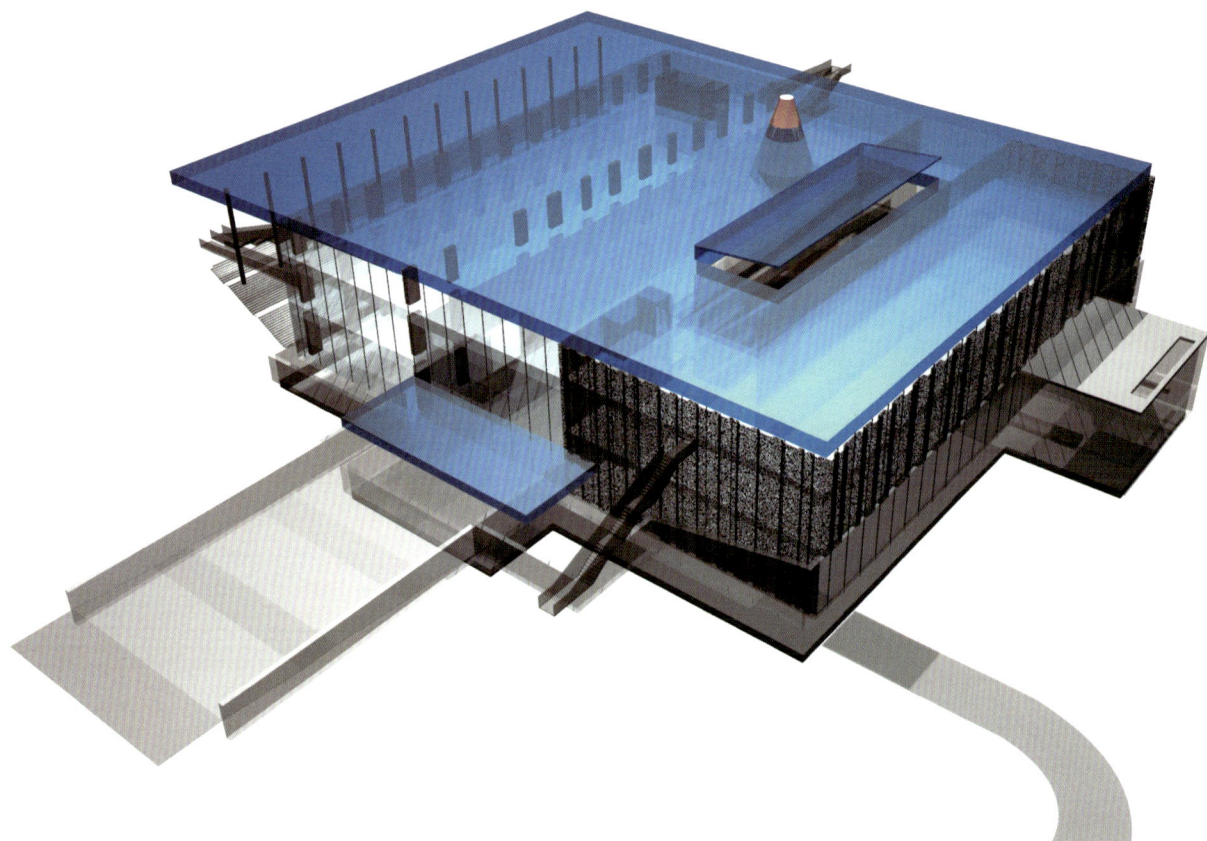

↑↑ ｜ 建筑南部
↑ ｜ 建筑西部
→ ｜ 建筑示意图

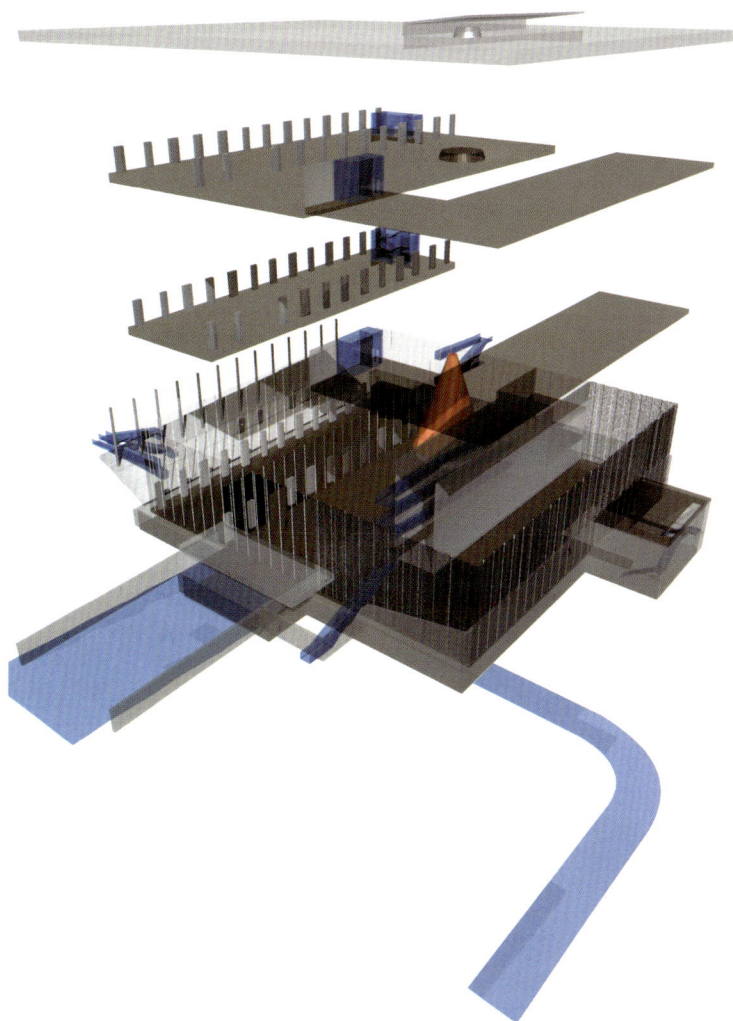

前谷史前文化博物馆

韩国 前谷

Hackenbroich Architekten 工作室

博物馆依水而设，其优越的地理环境为游客的到来提供了有利条件，游客于此可以将自然美景尽收眼底。周围美妙的景色令博物馆内外之间完美地结合在了一起，顶棚的设计是博物馆整体设计的亮点所在。顶棚高度根据每个区域的高度进行自动调节，彼此间用钢梁及电缆连接，凸显顶棚的恢弘和光亮。"挖掘空间"上方的临时顶棚设计是整个空间中的唯一可视元素，巧妙地打造了一个明亮的个性空间，同时为整个博物馆增添无限意境。

↑ | 夜色中的屋顶

项目信息

竞赛名称：国际竞赛，参赛时间：2006年，竞赛规模：国际竞赛，竞赛所获名次：优秀奖，主办方：韩国京畿道，客户：韩国京畿道，前谷史前文化博物馆行政处，项目占地面积：5,200平方米

↑ | 主展厅
→ | 主要三个元素：顶棚，流通景观，挖掘式展示间

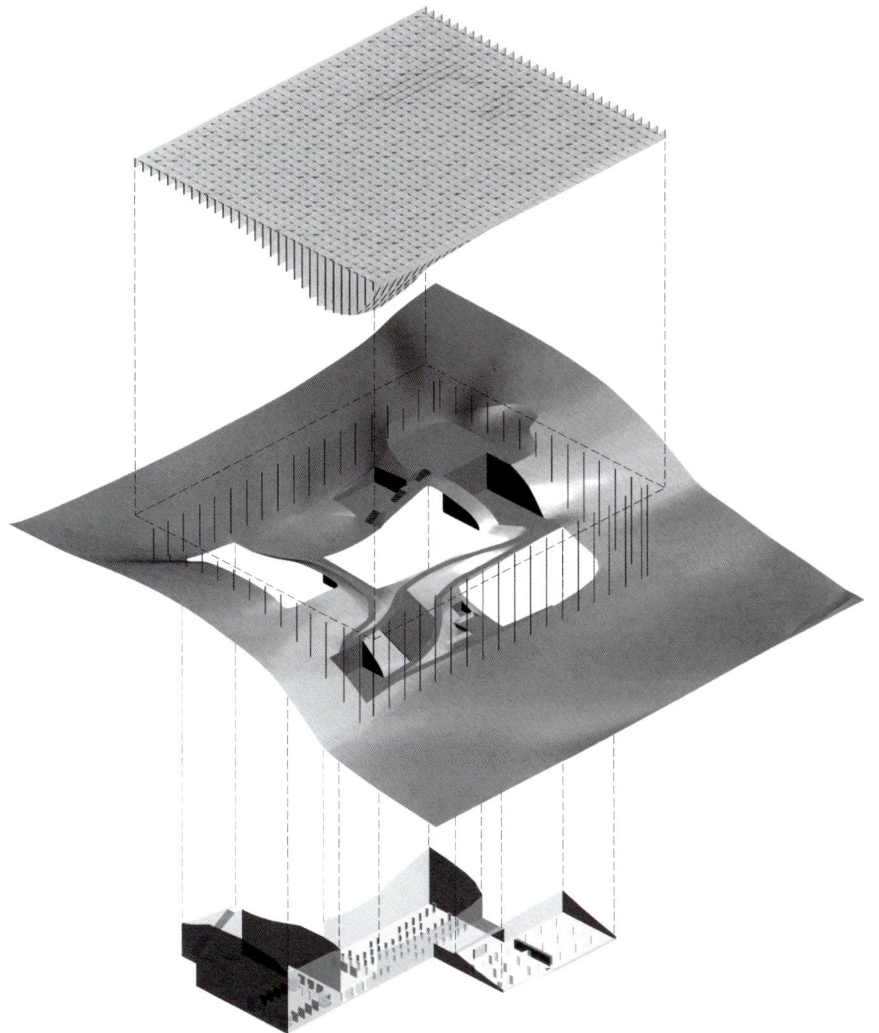

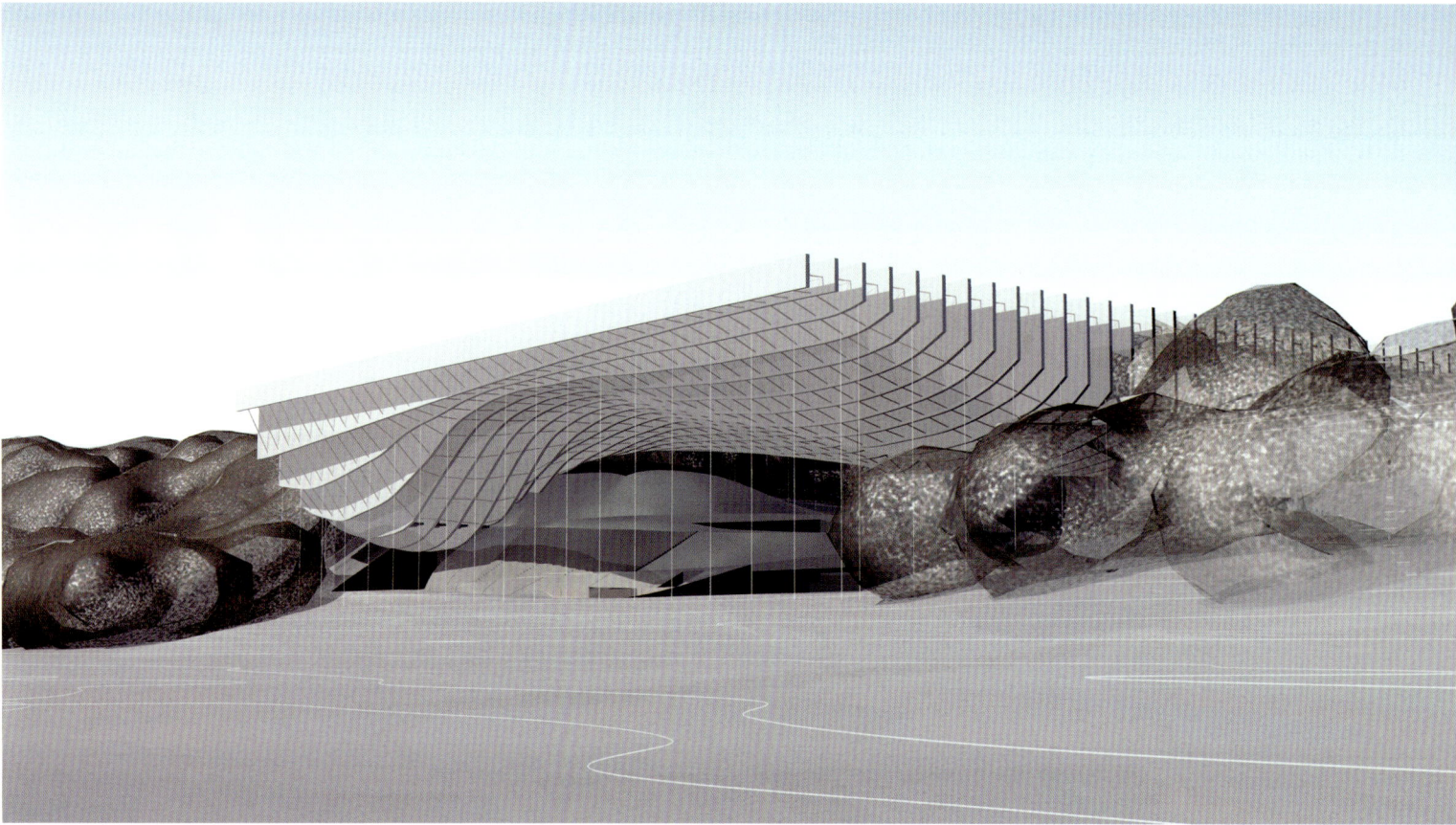

↑ | 卸客区主入口
← | 流通景观周围的公共设施

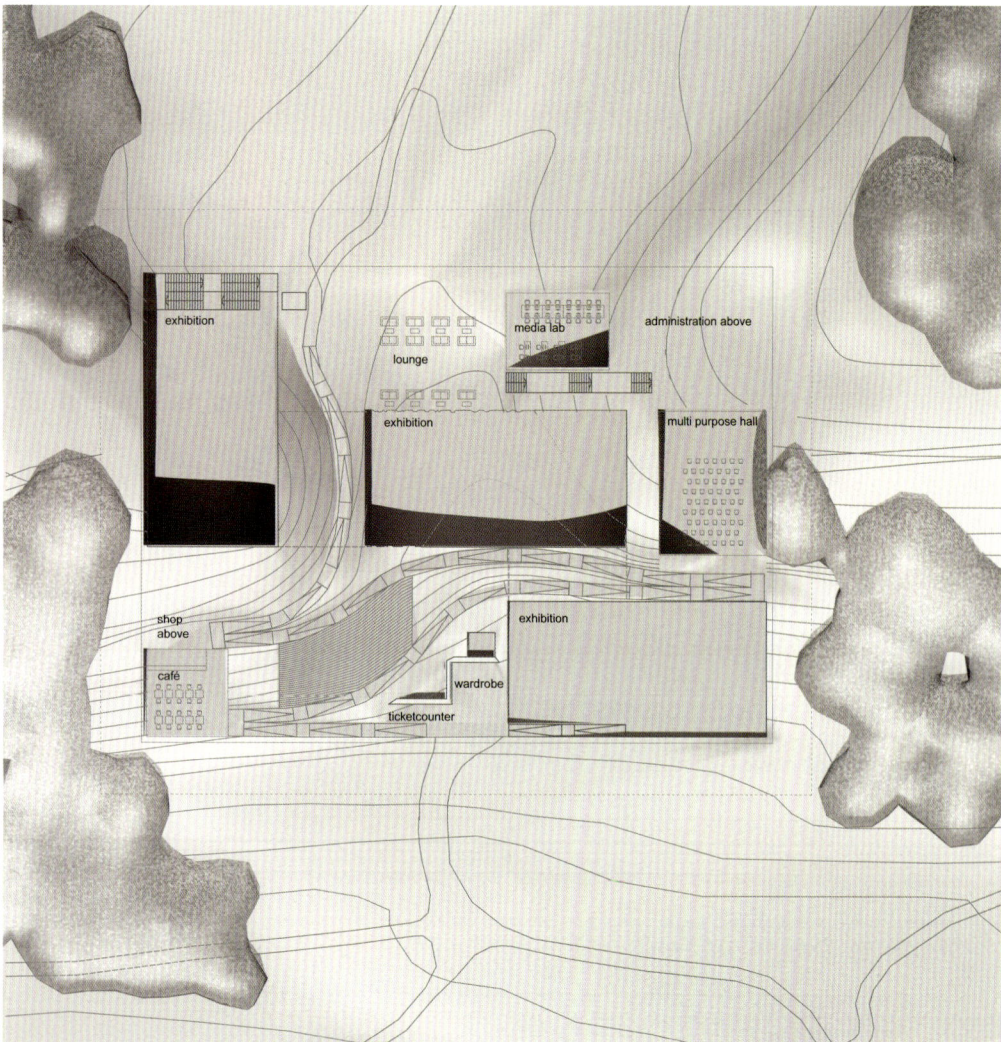

↑｜从流通景观遥看汉滩江和群山
↓｜纵切面
↓↓｜剖面

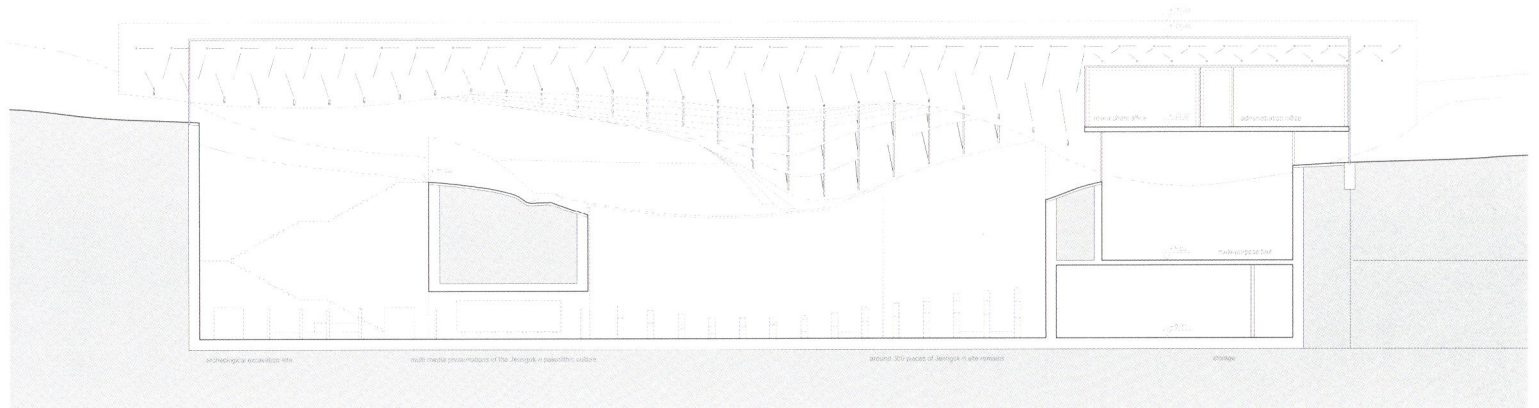

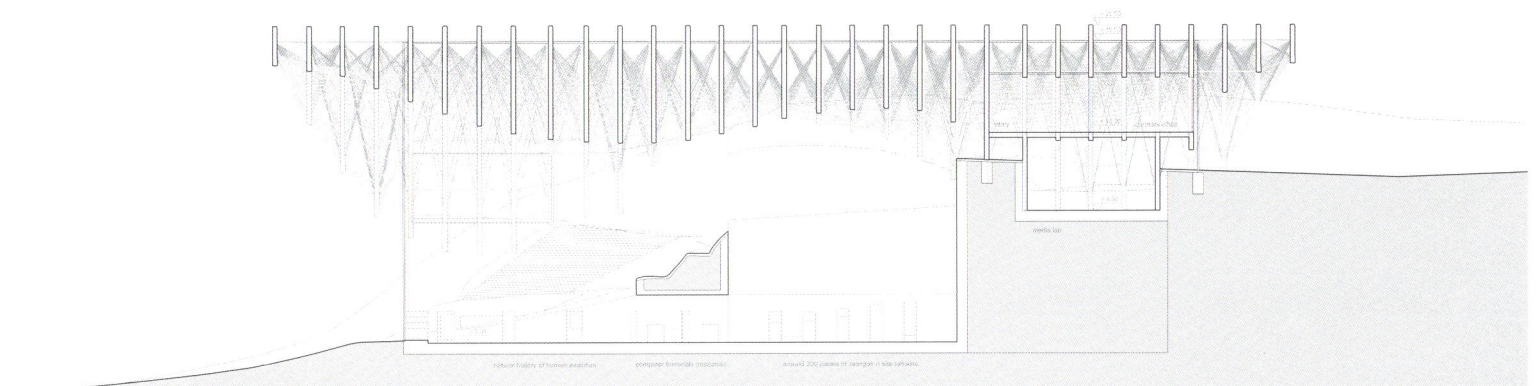

拉莫特博物馆

美国 洛杉矶

Belzberg Architects事务所

拉莫特博物馆是建于泛太平洋公园西北角上的一个世界级多文化博物馆，它毗邻现有的洛杉矶大屠杀纪念碑，是该纪念碑的一个附属部分。项目的设计主旨意在不破坏公园气氛的基础上，将建筑融入到公园之中，吸引人们的前往。双曲线型外观，简单、独特，同时顺应地形特点，营造出自然和谐之感。站在楼上艺术馆之中，可以将窗外公园和步行街风景尽收眼底。六个黑色花岗岩石柱将建筑与纪念碑自然衔接在一起。

↑ | 东南部鸟瞰图
↓ | 平面图

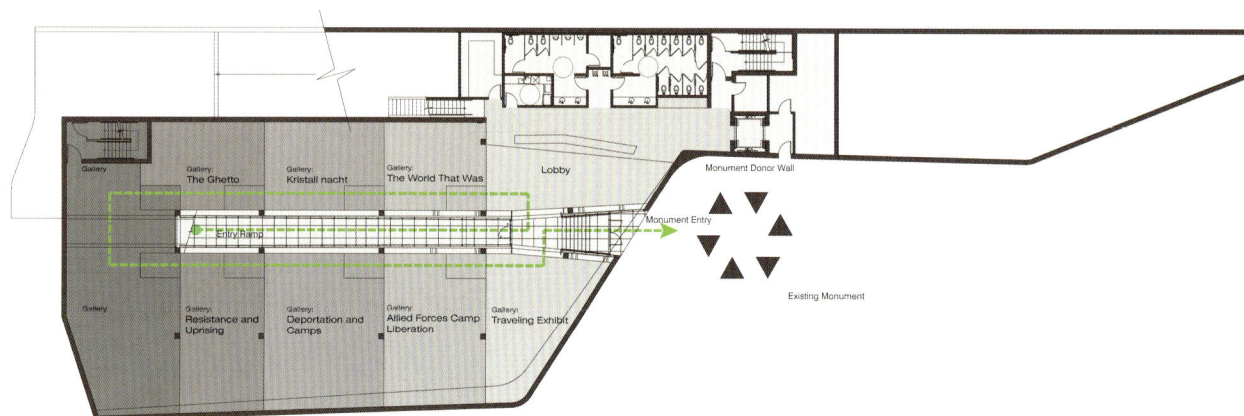

Gallery Level Plan

项目信息

竞赛名称：艾伦·马金斯绿色建筑设计概念奖，参赛时间：2008年，项目完成时间：2010年，竞赛规模：城市竞赛，竞赛所获名次：市长奖，主办方：洛杉矶商业委员会，客户：洛杉矶大屠杀博物馆，项目占地面积：2,694平方米，摄影师：Belzberg Architects事务所

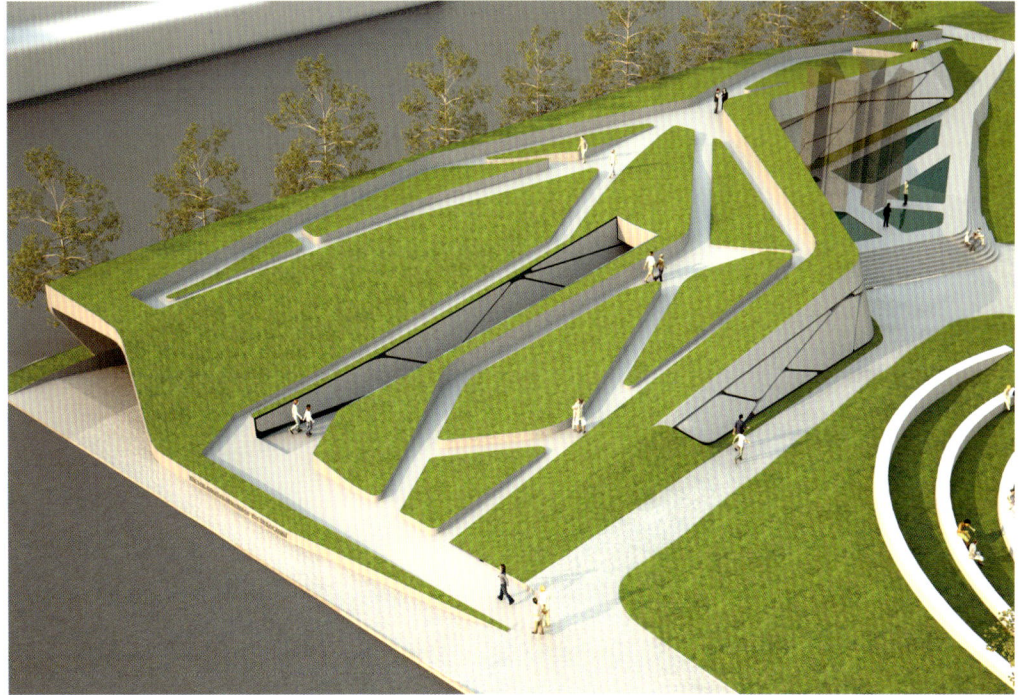

↑｜东南部博物馆入口鸟瞰图
→｜建筑东南侧内部俯视图
↓｜博物馆入口处街景

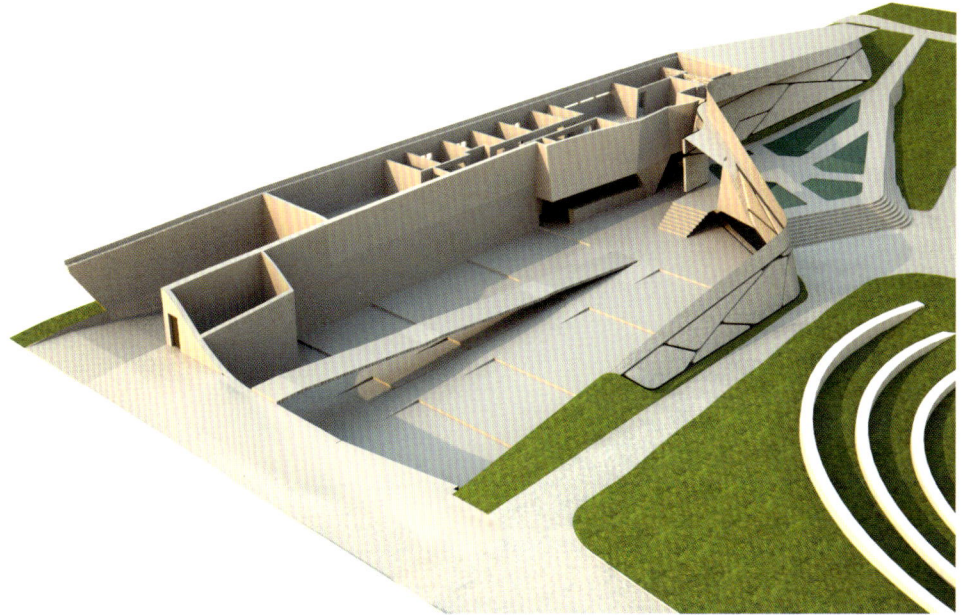

阿根廷国际展览中心

阿根廷 布宜诺斯艾利斯

Alricgalindez Arquitectos事务所

项目旨在创建一个外观通透、内部布局合理的大型建筑，同时确保其与Darregueyra大街周围环境自然融合，并且能够将中央广场的景致一览无余。建筑的内部采用混凝土结构，呈现红色曲线外观，玻璃搭配金属带的立面设计能够成功将自然光线带入室内，令室内充满灵动之美。浮动地板、墙壁和隔音天花板将空间烘托得美轮美奂。

↑ | 建筑的西北部
→ | 建筑东部特写

竞赛名称："国际展览中心" 全国设计大赛，参赛时间：2006年，竞赛规模：国际竞赛，竞赛所获名次：一等奖，主办方：中央建筑师学会，客户：Generator of Contemporary Urban组织，项目占地面积：60,000平方米，摄影师：Alricgalindez + Ferrarifrangella设计

↑｜广场视图
↓｜剖面图

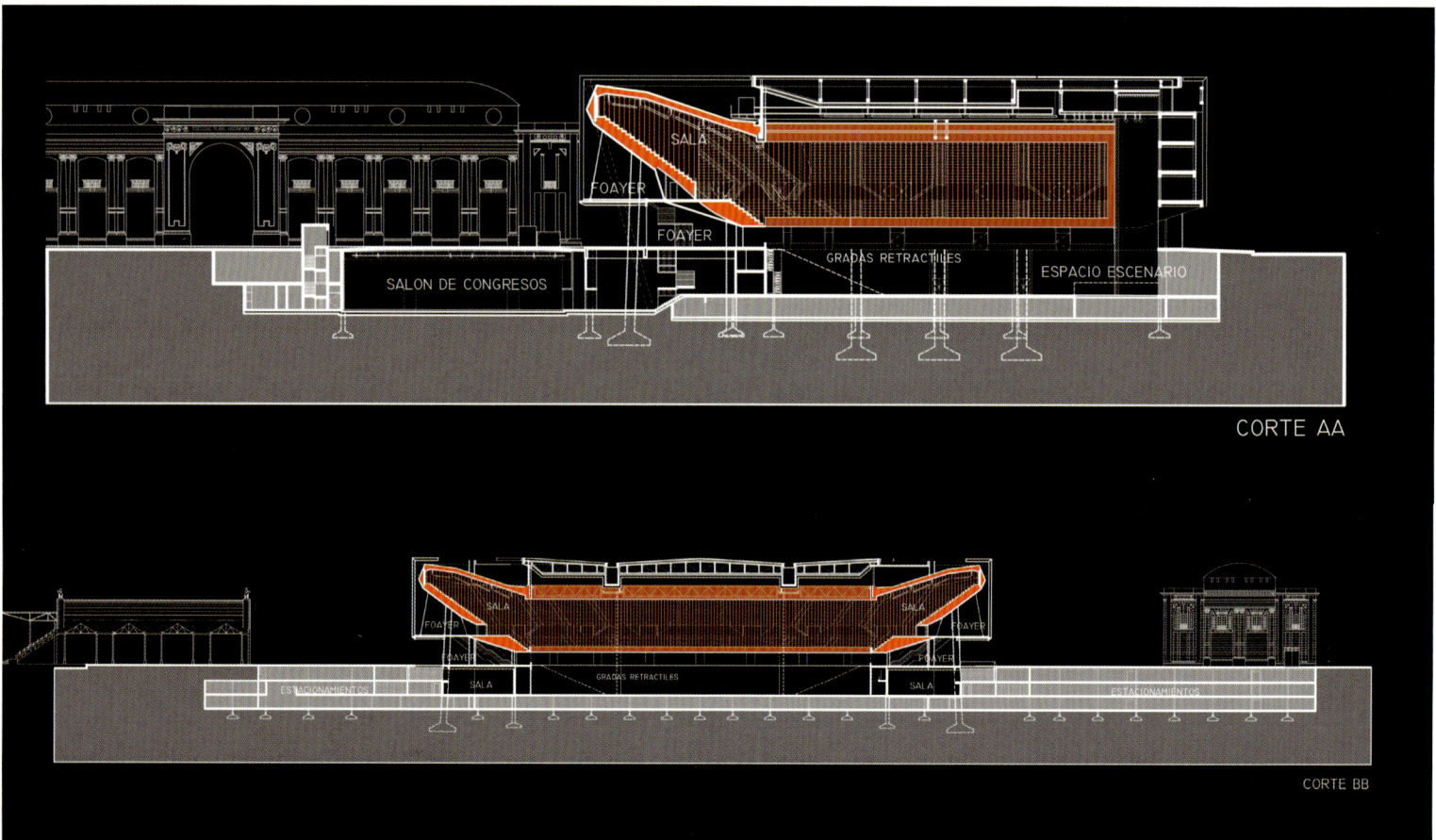

CORTE AA

CORTE BB

↑｜效果图
→｜室内图

乌迪内大学图书馆和实验室项目

意大利 乌迪内

Studio Nicoletti Associati工作室

两个建筑造型迥异。其中一个采用三面黑色金属外观，覆以太阳能电池板之后，美观实用。而另一个建筑则运用了双立面设计，顶端覆以人造草皮，与周围环境自然衔接。五个展示画廊成连续型分布，独具特色，天花板高度富于变化，令空间充满层次之感；进入到室内的光线则因天花板的高度不同，忽明忽暗，为空间营造出独特的艺术氛围。

↑｜实验室主楼
→｜内部广场

项目信息

竞赛名称：乌迪内大学图书馆和实验室设计大赛，参赛时间：2008年，竞赛规模：国际竞赛，竞赛所获名次：四等奖，荣誉奖，主办方：乌迪内大学委员会，客户：意大利教育部，乌迪内大学，项目占地面积：15,600平方米，摄影师：桑德罗·德拉戈

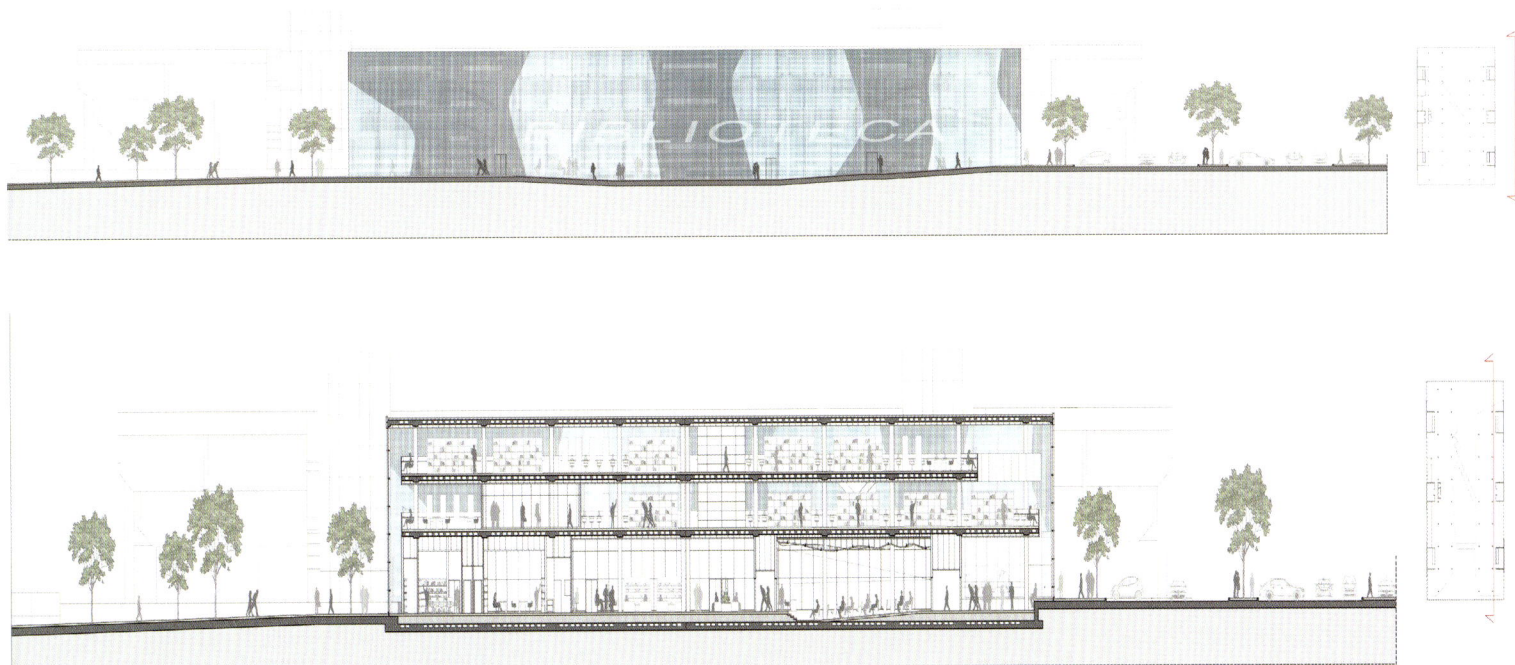

↑ ｜ 图书馆外立面和剖面图
↓ ｜ 图书馆主厅

卢斯·韦罗斯博物馆

西班牙 马德里

Xavier Vilalta 工作室

贝壳状的建筑外观能够有效地保护内部空间，同时营造自然清逸的气息，吸引人们的靠近。建筑选用环保材料设计，精致的窗口成功将自然光线引入室内。考虑到教堂的环境特点，设计师通过光线和结构的精心设计，采用纯朴简约的设计风格打造了一个温馨、超然的空间。变化纷呈的灯光巧妙地拉近人们与上帝的距离。

↑｜主空间内部
↓｜剖面

项目信息

竞赛名称：卢斯·韦罗斯国际设计竞赛，参赛时间：2008年，竞赛规模：国际竞赛，竞赛所获名次：提名奖，主办方：Hercesa 基金会，客户：Hercesa 基金会，项目占地面积：1,800平方米

↑｜附属空间内部
→｜楼面平面图
↓｜示意图

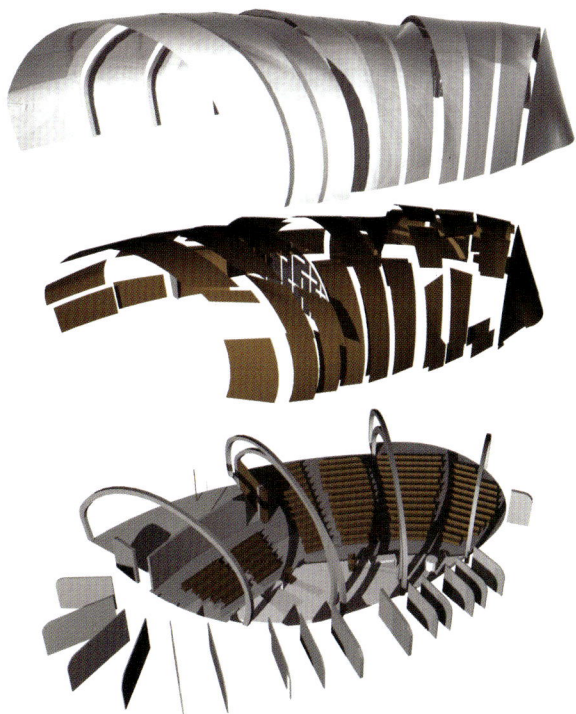

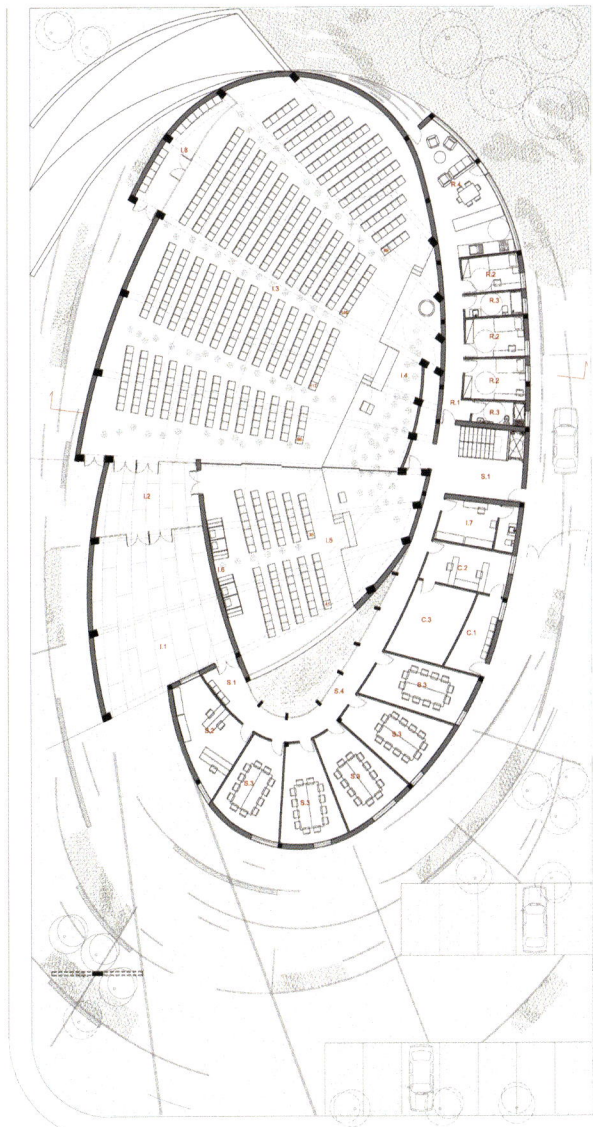

马其顿战斗博物馆

马其顿 斯科普里

卡杰格林·卡明斯基

新增设施令原有建筑焕发出勃勃生机。河畔旁的坡道设计将户外风景与博物馆自然衔接。穿过卡尔波什广场，人们可以直接进入博物馆大厅，票务中心和咨询处的独特设计能够瞬间吸引人们的目光。建筑内为人们提供了参观博物馆的三种方式：参观VRMO博物馆；参观共产主义牺牲者纪念馆；或者直接参观别处。楼梯或电梯能够顺利将人们带到各个展区，相邻的两个展区之间设置的小型坡道为人们提供了便利。同时，沿途设置的商店和咖啡馆可以作为人们参观之余的休息驿站。

↑ | 建筑立面与瓦尔达尔河相对

↑｜入口大厅
→｜夜幕下，灯光从外立面的薄理石下投射出来
↓｜顶层展示厅

现代和当代艺术博物馆

立陶宛共和国 维尔纽斯

Massimiliano Fuksas建筑工作室

建筑本身并不是孤立的个体,而是一个能够与周围环境进行互动的特殊空间。从某种角度来说,"透明"具有
特殊的内涵,它不仅仅意味着剔透、洁净,同时也能够使空间中的设计彼此相互渗透,并与参观者进行视觉以
及思想上的交流。设计师在设计过程中充分考虑到了建筑本身和周围环境等因素,巧妙地将建筑与周围环境有
机结合在一起,同时彰显建筑的独特魅力。

↑ | 外景

竞赛名称：立陶宛首都维尔纽斯，新古根海姆——埃尔米塔日博物馆设计竞赛，参赛时间：2008年，竞赛规模：国际邀请赛，
竞赛所获名次：入围奖，主办方：索罗门河古根海姆基金会，客户：索罗门河古根海姆基金会，项目占地面积：14,000平方米，
渲染图绘制：阿琪沃·福克萨斯

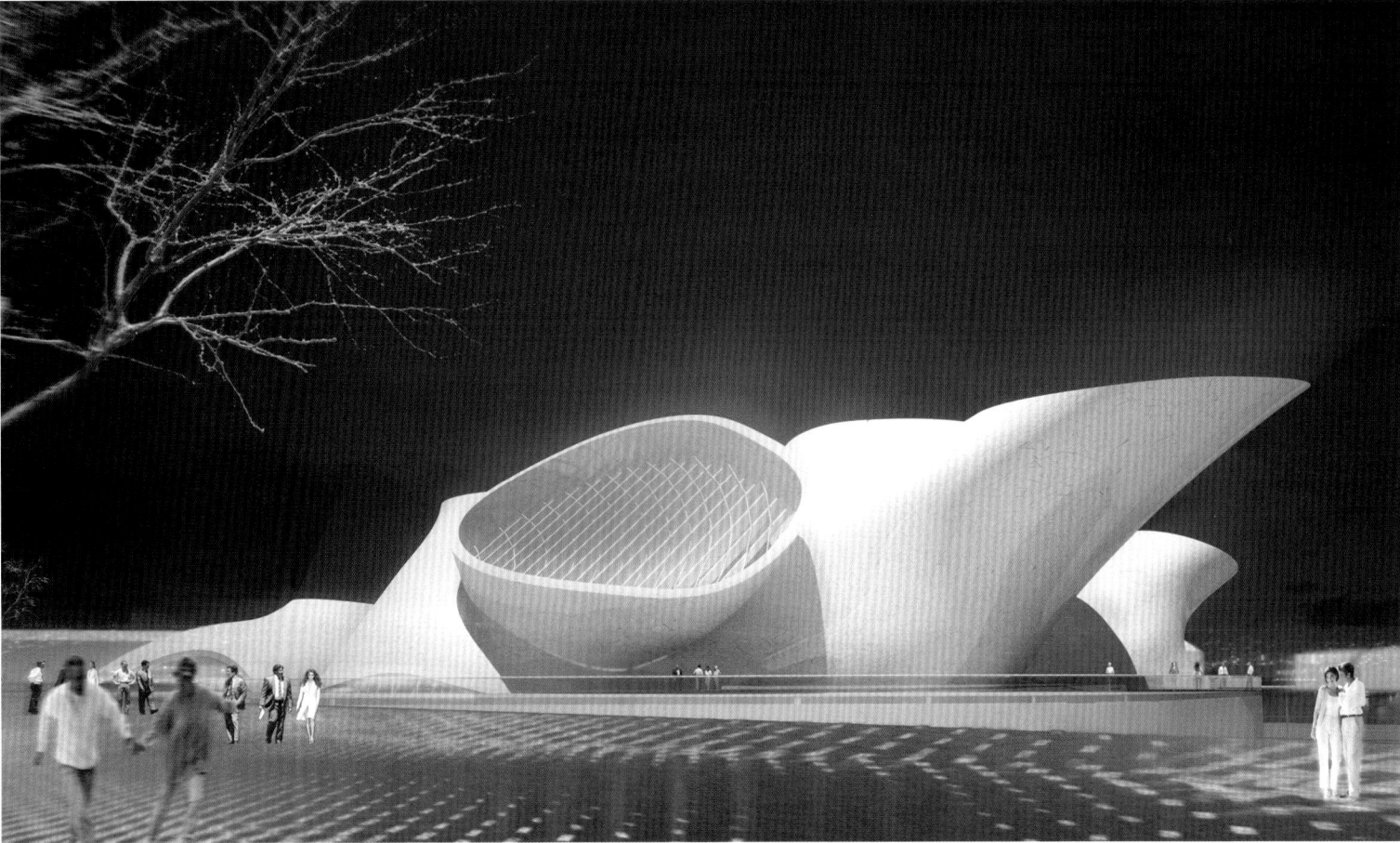

↑ | 外景
↓ | 外景

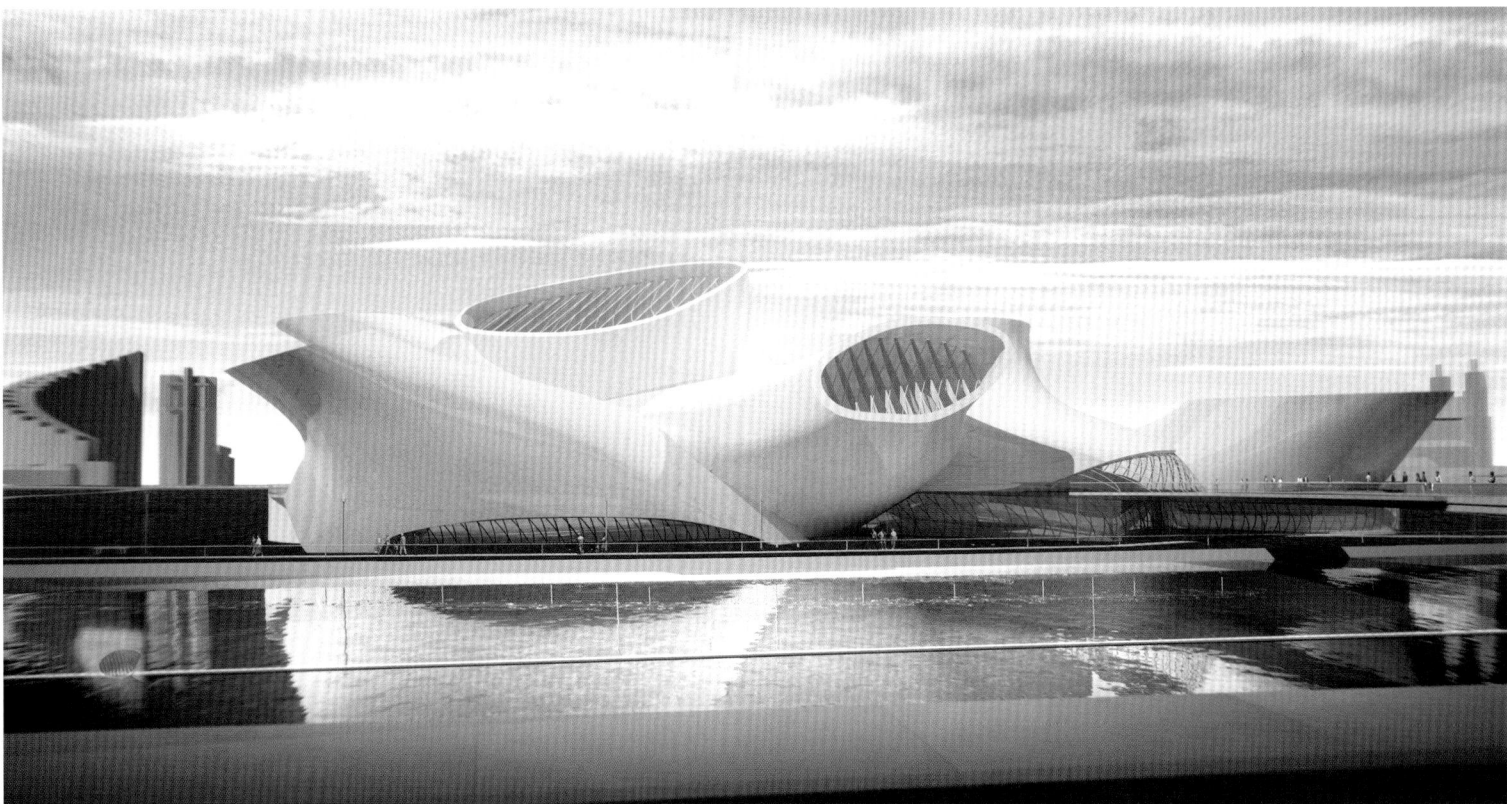

↑ | 外景
← | 总体规划

↑ | 外景
→ | 内部空间

国家山景中心

加拿大 坎莫尔

Saucier + Perrotte Architects事务所/马克·布丁建筑事务所

建筑造型特别，层次感强，通道设计别具匠心。开阔的蛇形水泥坡道引领展览厅和会议厅中的游客不断向上攀登，直达建筑的顶层，透过巨型玻璃墙饱览窗外落基山脉风景。从侧面望去，混凝土楼板仿佛悬于透明墙壁之上，营造出浮动之感。除蛇形坡道之外，建筑同时包含其他两个规模和攀登方法各异的通道，以满足不同游客的需求。29米高的中流砥柱形成了一个大型攀岩墙，成为世界杯攀岩竞赛北美地区的顶级竞技场。除了垂直爬升，建筑内同时还提供抱石攀登运动场地，从室外草坪一直延伸至室内。

↑ | 国家山景中心入口
↗ | 攀岩墙
→ | 从走廊可遥看落基山脉
↓ | 坎莫尔山脉

竞赛名称：国家山景中心项目设计竞赛，竞赛规模：邀请赛，竞赛所获名次：委托项目，主办方：国家山景中心，客户：国家山景中心，项目占地面积：5,110平方米

↑ | 主入口
← | 概念模型
↓ | 略图

↑ ｜画廊空间
↓ ｜略图

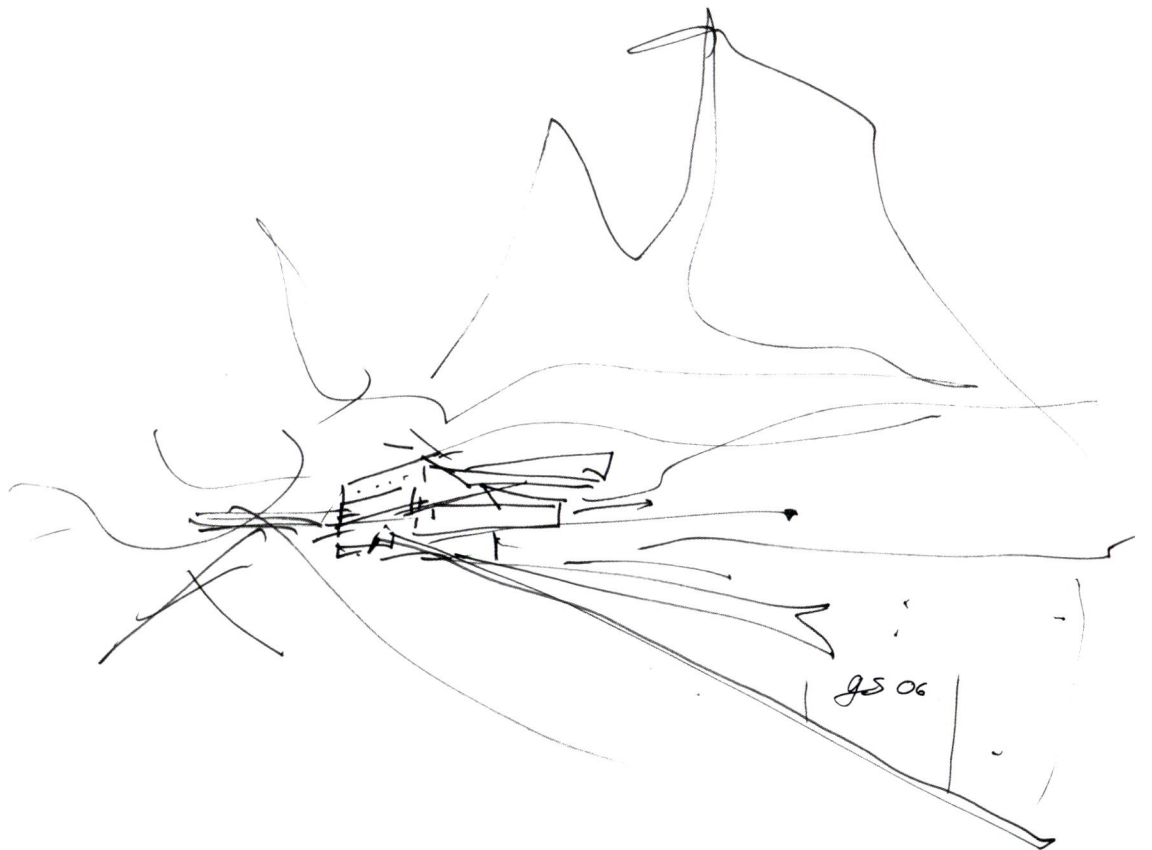

国家音乐中心

加拿大 卡尔加里

巴利·菲克特建筑师工作室

远远望去，整个建筑仿佛一块巨石矗立于天地之间，特殊的外观设计格外引人注目。当夜幕降临之时，它变身为一座悬浮于空中的音乐灯塔，期待着人们的靠近，而"顽皮"的穿孔设计更为整个建筑蒙上了浪漫神秘的面纱。黑色的外观，预制混凝土墙板结构以及设置在墙板后方的太阳能加热管令整个建筑即使在寒冷的天气中一样温暖如春。分散的矩形玻璃嵌板与预制板同高，意在凸显过街桥的自然、巧妙。

↑｜国家音乐中心外立面
→｜室内"音景"中庭

项目信息

竞赛名称：加拿大坎托斯国家音乐中心，参赛时间：2009年，竞赛规模：国内竞赛，竞赛所获名次：入围，主办方：坎托斯音乐基金会，着色/绘图：巴利·菲克特建筑师工作室

←｜"音景"中庭剖面图
↓｜夜色中的国家音乐中心

↑ | 展示画廊
↓ | 新老建筑衔接水平剖面图

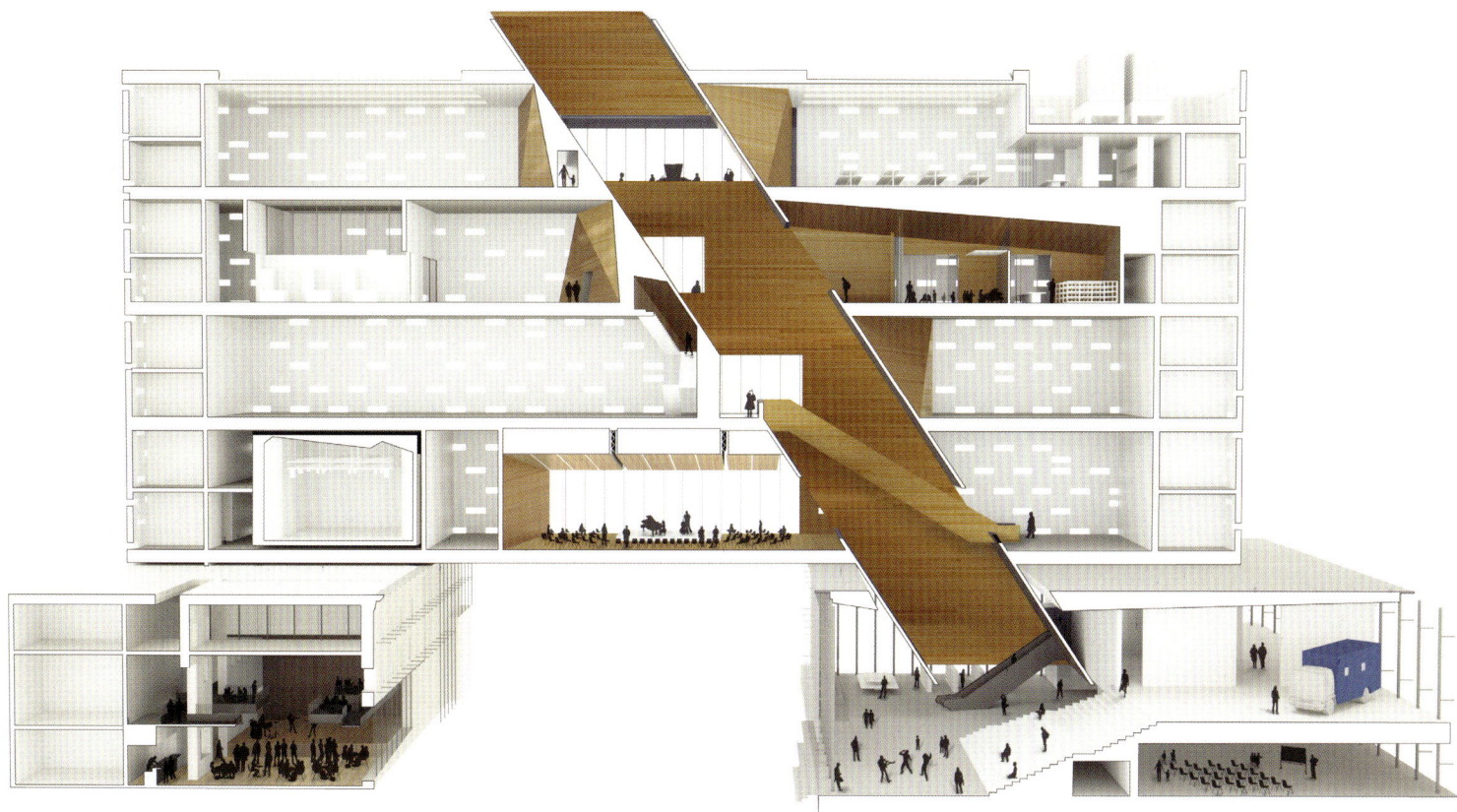

新马林斯基剧院

俄罗斯 圣彼得堡

Diamond and Schmitt建筑工作室/ KB ViPS 建筑工作室

↑｜鸟瞰图

新马林斯基剧院将对历史城市建筑进行现代的完美诠释。窗体砖石结构与圣彼得堡原有历史建筑风格相一致，保留原有历史古城的特色街景。透过大型凸窗可以将城市全景尽收眼底。弧形金属圈上方覆以玻璃天棚的巧妙设计，颇具匠心。建筑基底与顶棚在材料、色彩等元素的运用上形成鲜明对比，令圣彼得堡的历史建筑重新散发现代气息。新马林斯基剧院设有2000个座位、6个舞台、6个排练室、几个大型更衣室以及其他一流的服务设施。

项目信息

参赛时间：2009年，项目完成时间：2011年，竞赛规模：国际竞赛，竞赛所获名次：获奖项目，主办方：俄罗斯文化部，客户：俄罗斯文化部，项目占地面积：76,640平方米，容量：2,000个座位

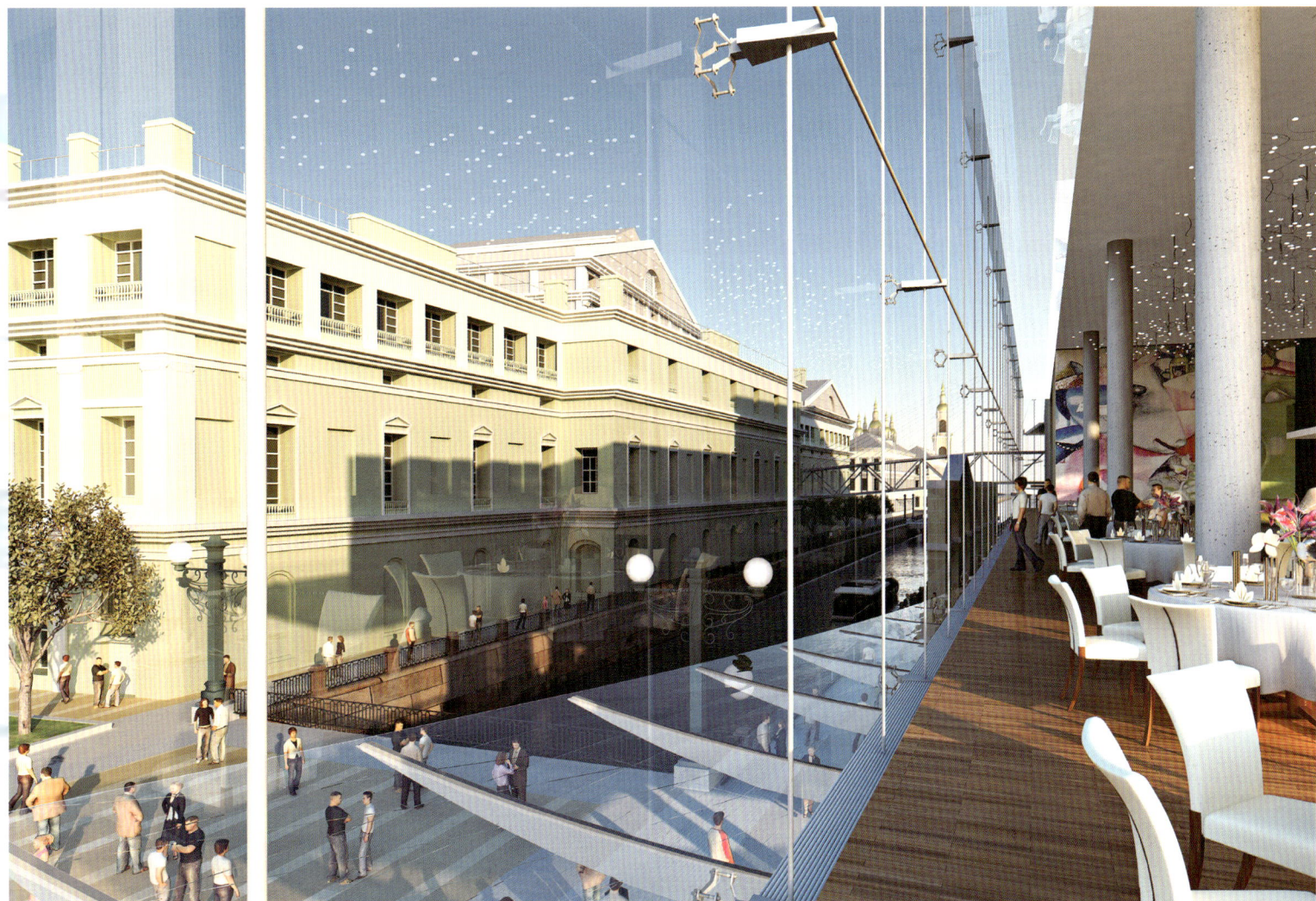

↑｜原马林斯基剧院
↓｜模型

↑ I 建筑的东北部
↓ I 屋顶平台

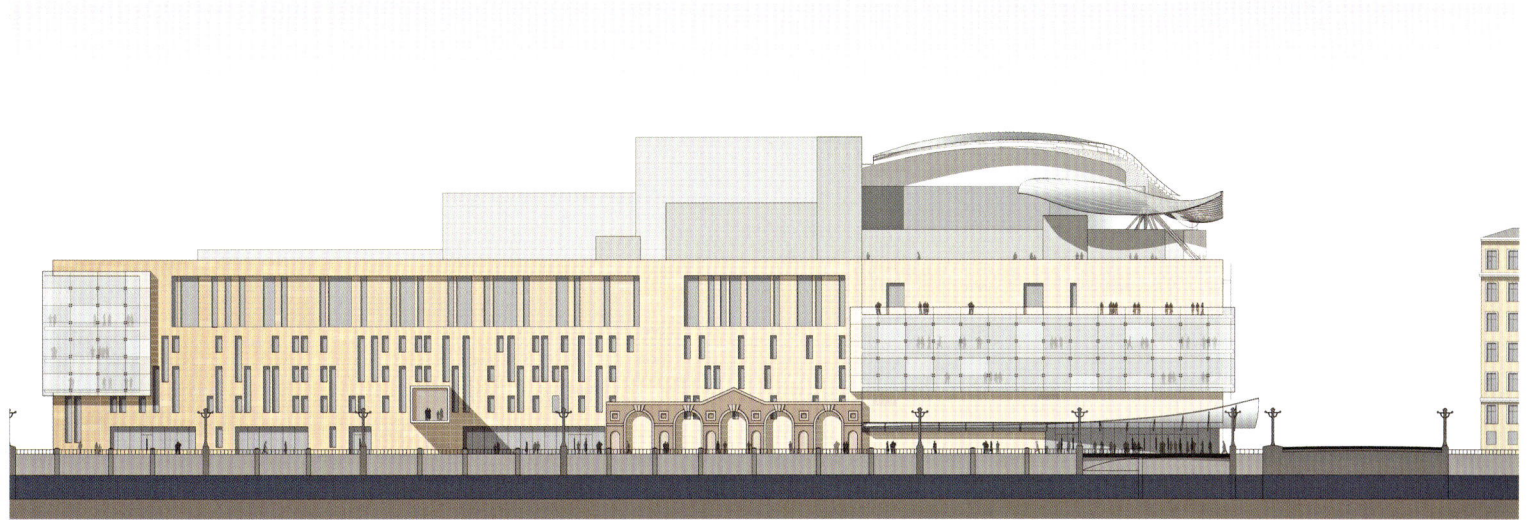

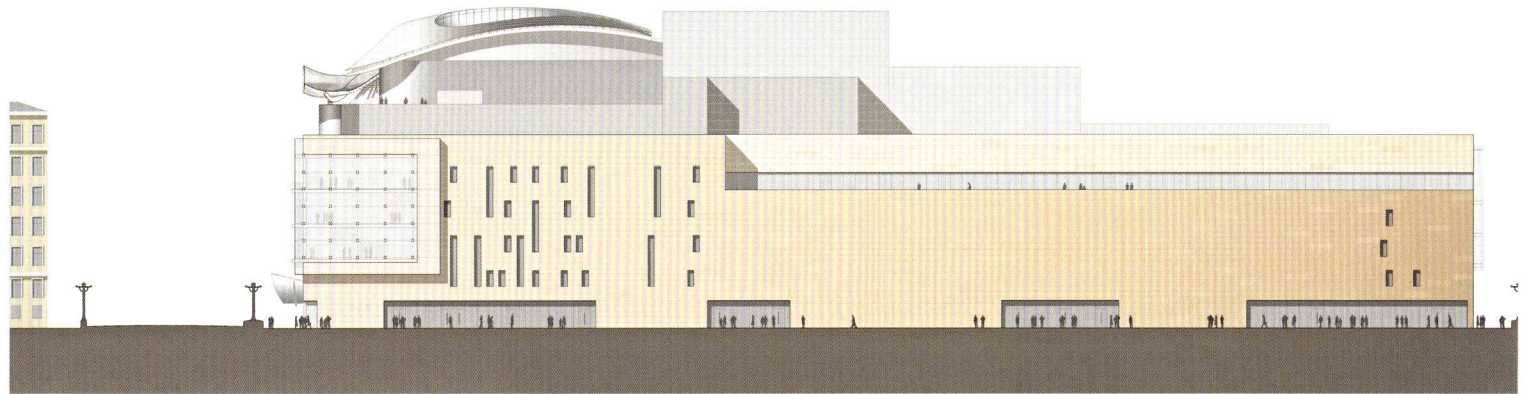

↑↑｜东侧立面
↑｜西侧立面
→｜屋顶平台模型

新塔马约博物馆

墨西哥 墨西哥城

Michel Rojkind Arquitectos建筑事务所，BIG集团

理解当代艺术空间可能比理解其中的艺术品还要重要。设计方案来自于客户做的早期研究，尽量确保在形式、功能和视觉冲击力三者之间找到平衡，同时注重细节设计。塔马约博物馆很好地利用了陡峭的地势，为建筑下方的户外活动区域提供尽量多的遮蔽，室内外空间重叠，为每个不同的功能区提供最佳的环境和气候。有不同大小孔洞的立面墙壁巧妙地摆脱了空调的烦恼，提供足够光线的同时避免阳光直射，带来良好通风。同时，该设计也暗示了博物馆建筑的形式和内容，并吸引游客的前往。适当的、智慧的、可持续的空间设计理念将带给游客非凡的体验。

↑ | 外景
↓ | 外景

项目信息

竞赛名称：新塔马约博物馆扩建，参赛时间：2009年，竞赛所获名次：一等奖，主办方：塔马约董事会，着色：Glessner团队

↑ ｜内景
→ ｜外景

↑ | 模型
← | 外景

↑｜模型
→｜空间内部

纽约天际线

美国 纽约

亚历山德罗·奥西尼

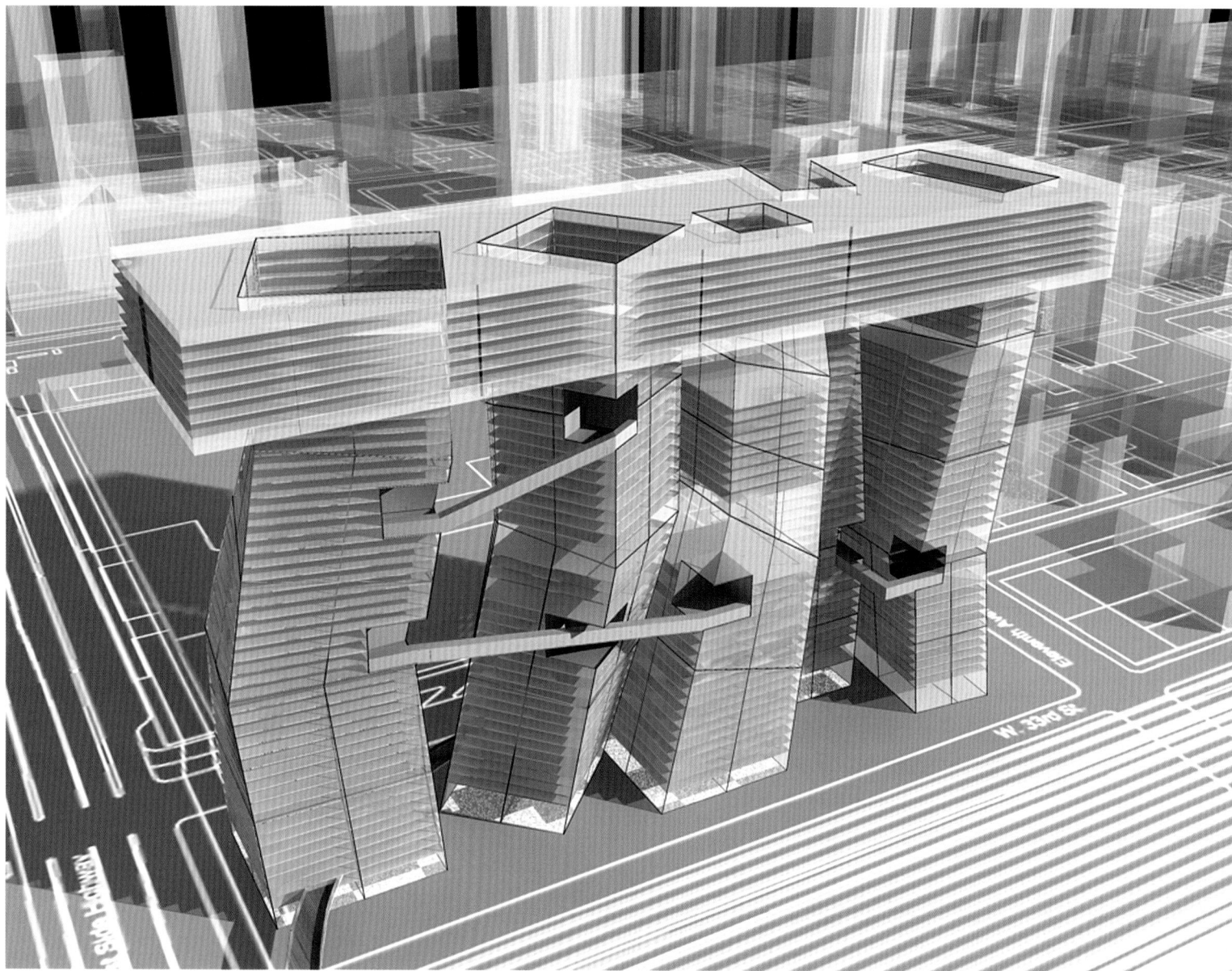

精致的五层展台设计有效地缓和了庞大建筑为整个地区带来的压迫感。展台以海绵吸水为设计理念，将游客从四面八方吸收进来。通过展台的楼梯或电梯，游客可以直接到达停车场。位于建筑中心的文化长廊中设有雕塑花园，作为不定期或永久性展示之用。项目的后端被一群造型古典的复合式塔楼所占据，楼中设有办公、住宅、剧院以及大型露台。

↑ | 蓝图
↗→ | 18号大街

项目信息　　竞赛名称：纽约大赛，参赛时间：2003年，项目完成时间：2006年，竞赛规模：国内竞赛，竞赛所获名次：荣誉奖，主办方：纽约，客户：纽约天际线赞助商，项目占地面积：1,609平方米，摄影师：桑德罗·德拉戈

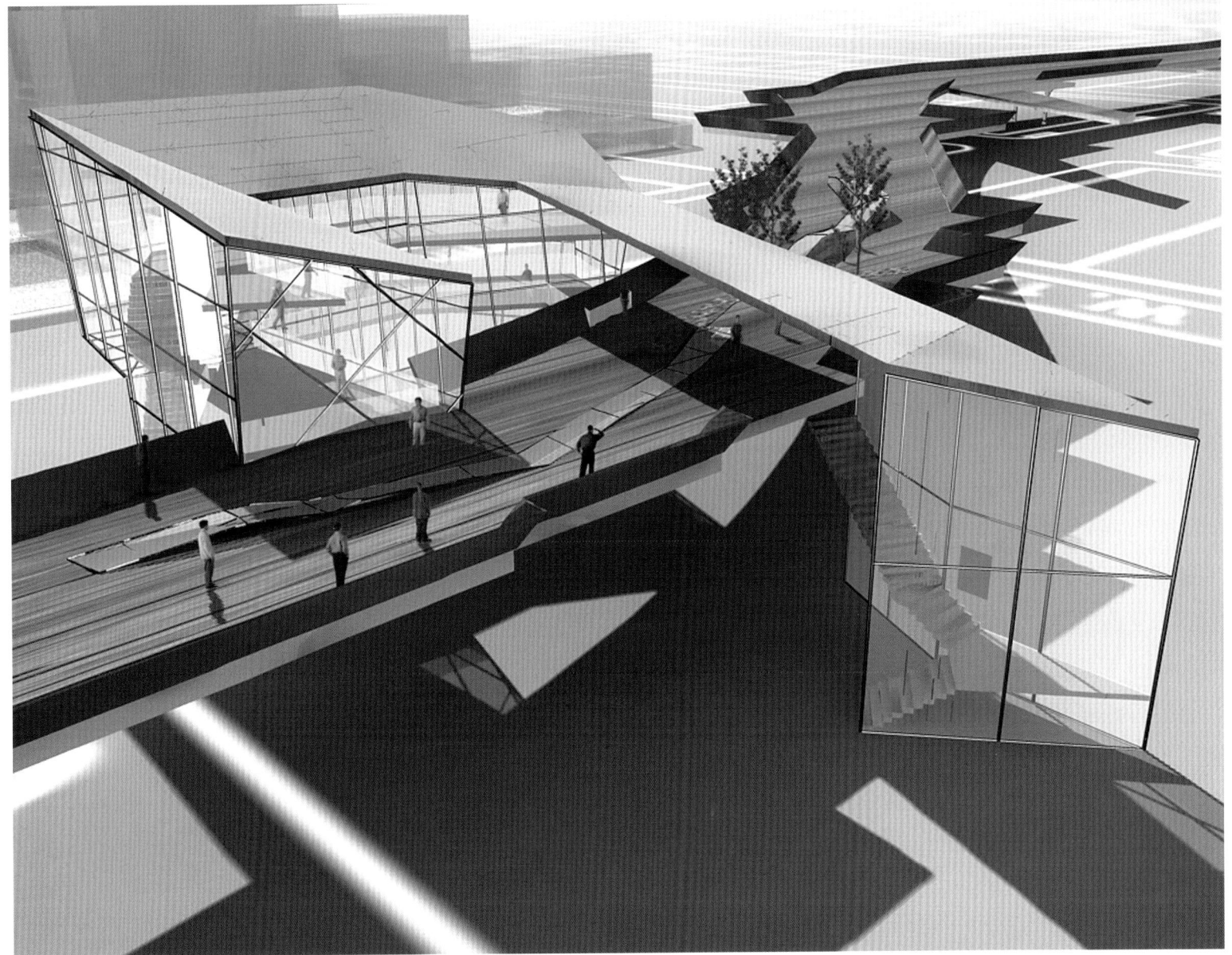

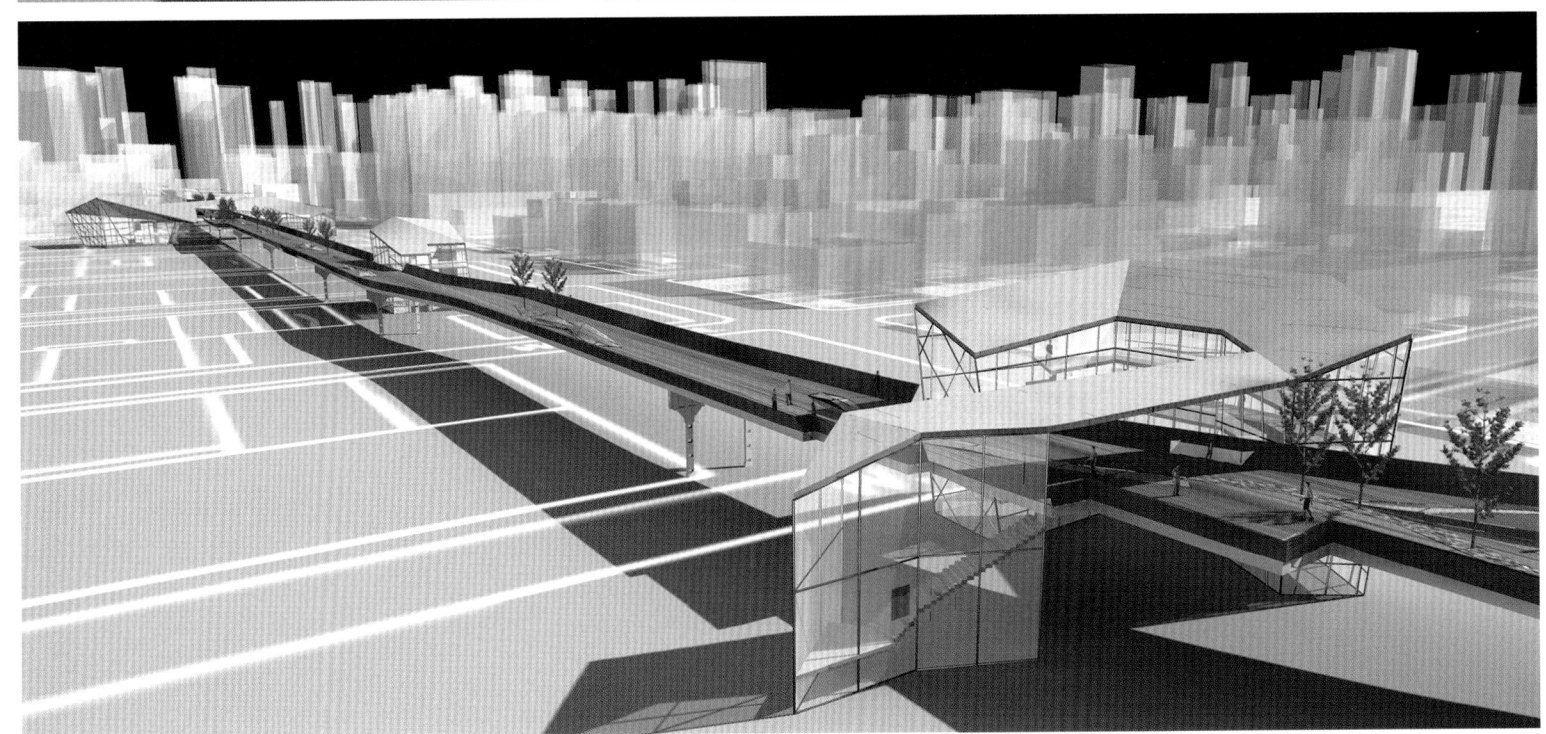

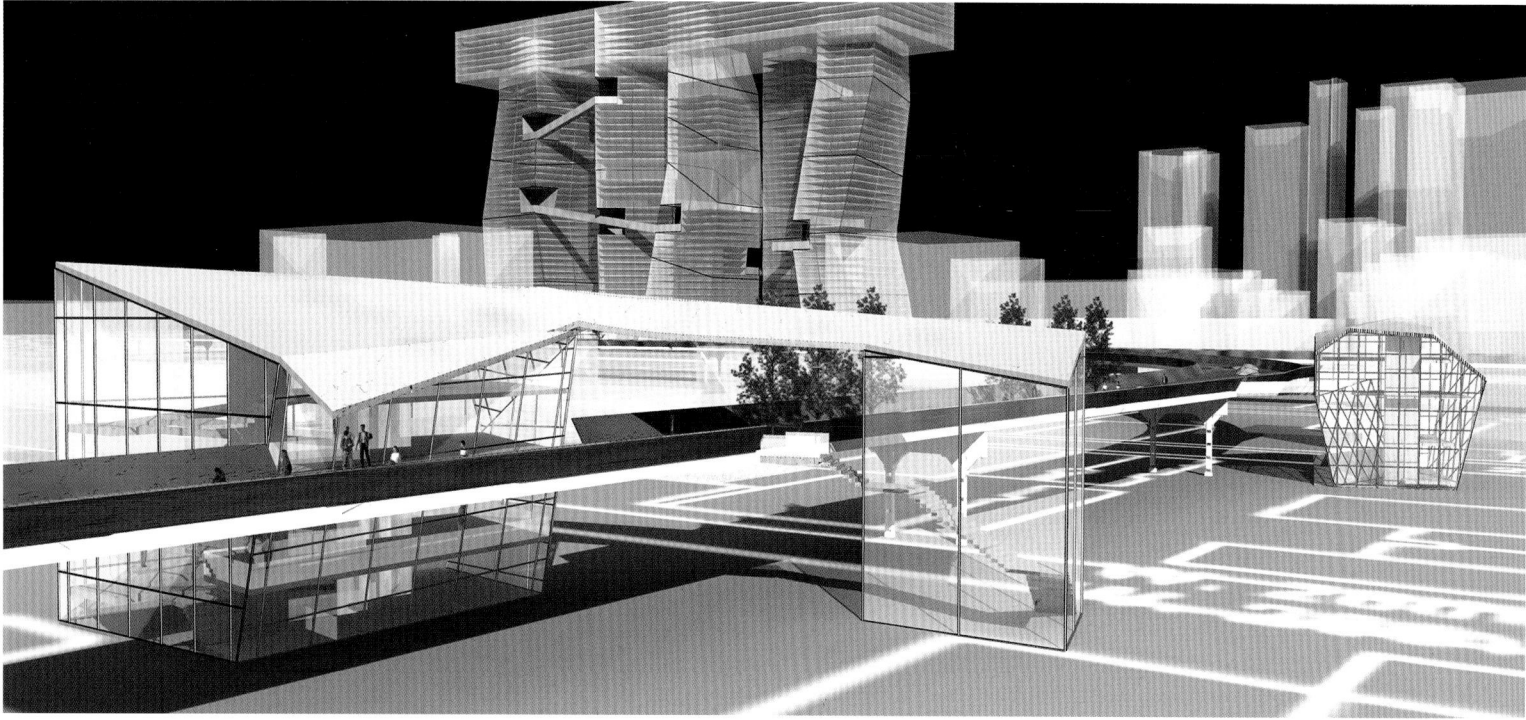

↑ ｜28号大街
↓ ｜天井

↑ ｜ 从28号大街遥看建筑的东侧
→ ｜ 停车场

迈阿密海滩码头博物馆

美国 迈阿密

大卫·卡瓦略，菲利佩·纳西门托

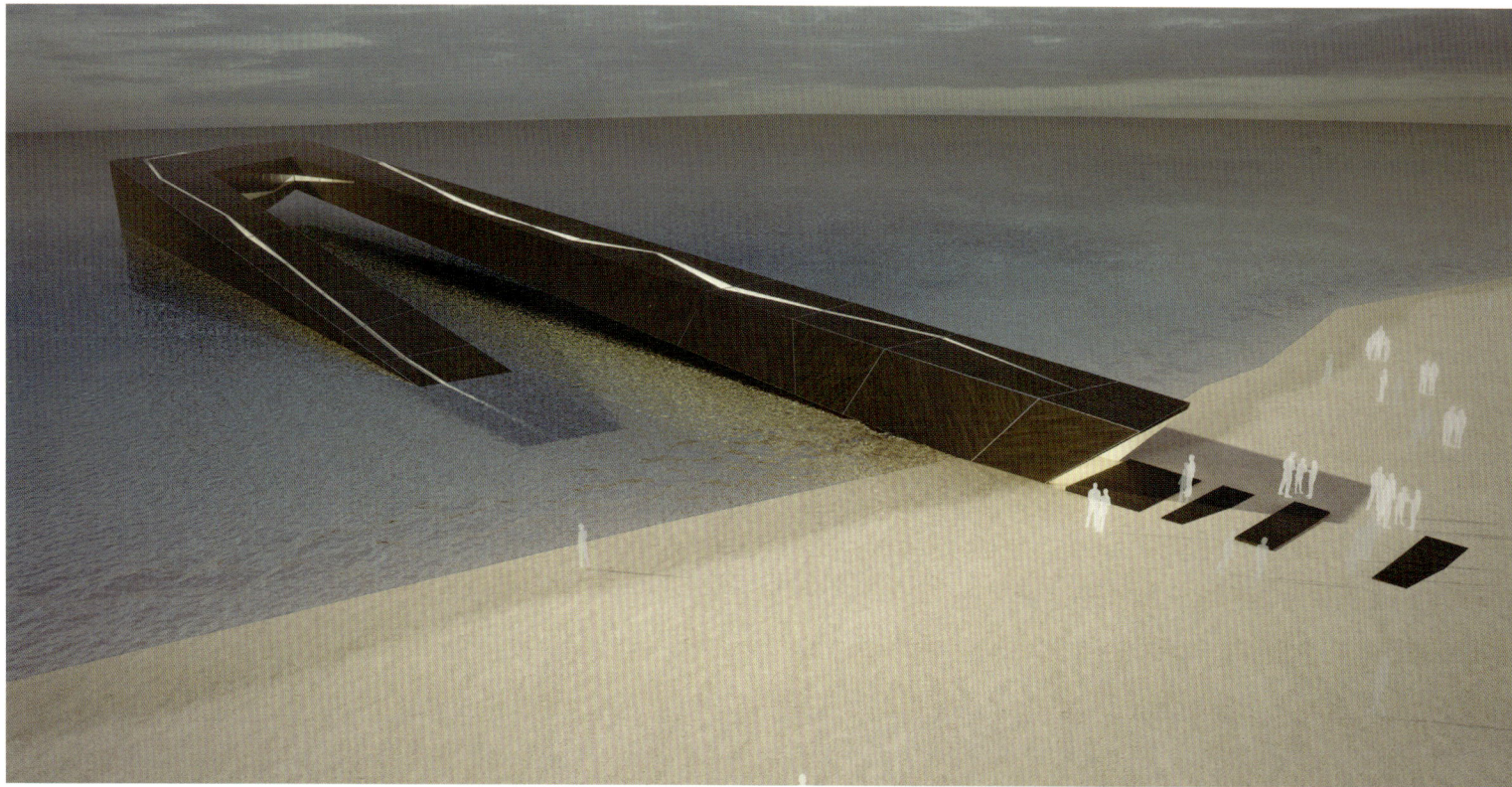

博物馆前方小径的设计颇具匠心，长长的隧道给人们带来十足的空间神秘感，同时也暗示了移民们当时疑惑不安的复杂心绪。设计师根据顶棚的光线变化对展示空间进行多样化设计，给人以耳目一新的感觉。游客来到博物馆的出口，映入他们眼帘的是一望无际的海滩，正如当初移民们来到迈阿密海滩上一样。此时此刻，这个曲折、神秘、怀旧的小径将游客引入到对未来无限的畅想之中。

↑ | 外部景致
→ | 博物馆效果图
↓ | 航测图

项目信息　　竞赛名称：2009迈阿密城市建筑竞赛，参赛时间：2009年，竞赛规模：国际竞赛，竞赛所获名次：优秀奖，主办方：ARQUITECTUM建筑竞赛，项目占地面积：1,000平方米，摄影师：大卫·卡瓦略，菲利佩·纳西门托

↑ | 自助餐厅
↓ | 展示

↑｜建筑、大海、沙滩自然融为一体
↓｜外部区域

波利艺术中心

中国 北京

MAD工作室

胡同、四合院是老北京的建筑特色之一，然而，随着城市的发展，这种独特的建筑景观日益受到高楼林立的威胁，逐渐萎缩、消失。为解决这个难题，MAD工作室尝试将大量的胡同设计元素引入到项目建设中来，采用庭院堆叠的方式创建一个空灵、模糊的几何形状，可谓独树一帜。该项目成功体现了北京古都的悠久历史，同时也充分阐释了北京的未来设计理念。

竞赛规模：邀请赛，竞赛所获名次：委托项目，客户：波利艺术中心，基地面积：6,300 平方米，建筑面积：46,000平方米

↑ | 内部景致

文化体育

↑｜鸟瞰图
↓｜示意图
←｜航测图

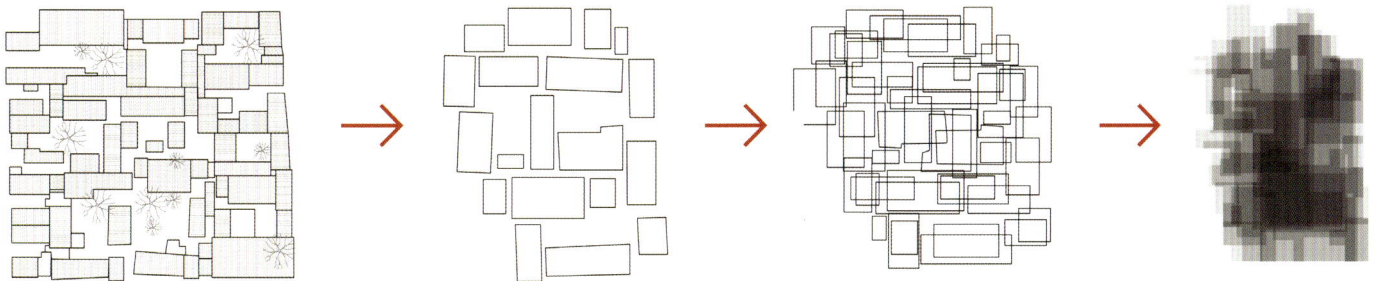

史前文化博物馆

韩国 前谷

Arkhenspaces 建筑事务所

↑ | 建筑南向立面

博物馆被建成沉船状，来到这里的游客即刻被带到遥远的过去，感受别样情怀。造型独特、构思巧妙，设计元素多种多样，融古代与现代风格于一体。

来到中庭上方的参观者可以尽情领略馆内外风光。远远望去，中庭仿佛是地上的一个深洞，激发人们一探究竟。参观者沿着螺旋坡道一直下行就可以达到展区。为避免展品过多接触光线的照射，特别设计了柱群。展区的空间包括开放式、隔间式。

展厅最后一层的走廊设计匠心独运，上方的开放式天花板成功地将自然光线带入室内，同时能够俯瞰中庭全景，给人耳目一新的感觉。此外，走廊的尽头处设有最后一个展室，仿佛在地上直接挖出一个洞，从中庭的上方看去，参观者仿佛消失在泥土之中。

项目信息

竞赛名称：国际建协竞赛，参赛时间：2006年，竞赛规模：国际竞赛，竞赛所获名次：提名奖，主办方：韩国京畿道省/京畿道前谷博物馆，项目占地面积：5,000平方米，摄影师：Arkhenspaces 建筑事务所

↑ | 入口
→ | 建筑底层

← ｜航测图
↓ ｜西向立面

↑ | 航测图
→ | 剖面图

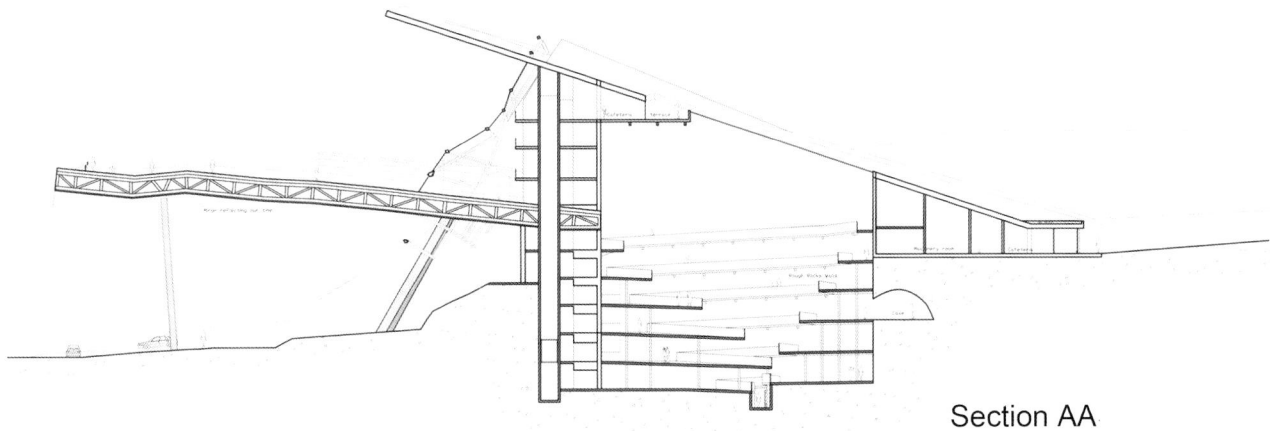

Section AA

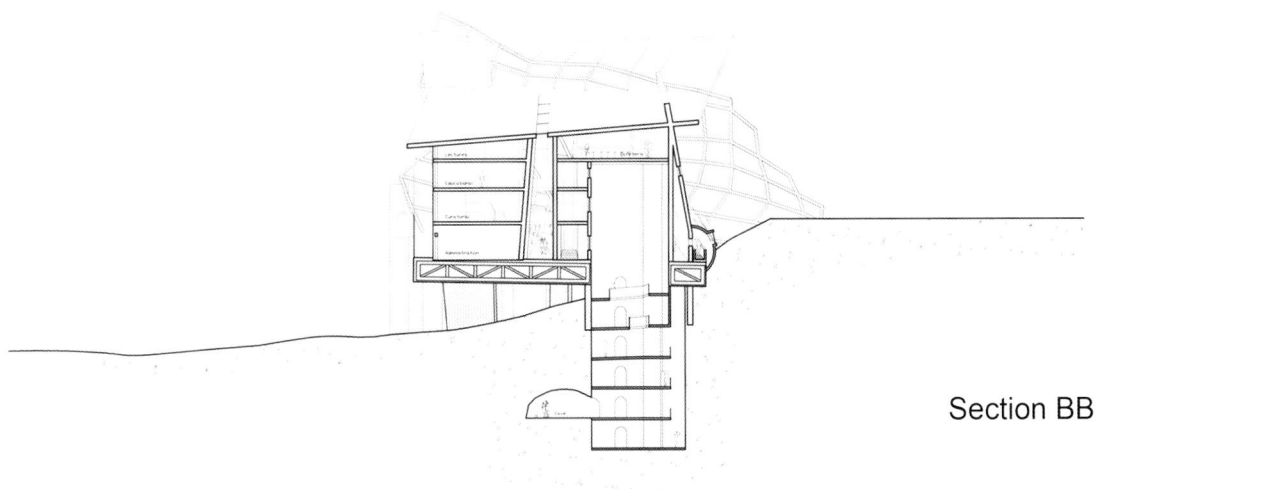

Section BB

萨拉热窝音乐厅

波斯尼亚和黑塞哥维那 萨拉热窝

SMAQ工作室

旋转式结构使建筑富于变化，拥有多角度视角，从门厅就可以瞥见整个市区风景。根据空间结构和声学原理，建筑外部采用特殊处理，便于自然光线进入室内。内部的复式大厅设计能够为观众提供宽敞的活动空间，同时与大厅周围的空间有机结合在一起，淡化室内外空间的界限，令音乐在整个空间中自然流淌，别有一番意境。

↑ | 航测图
→ | 主厅
↓ | 透视图

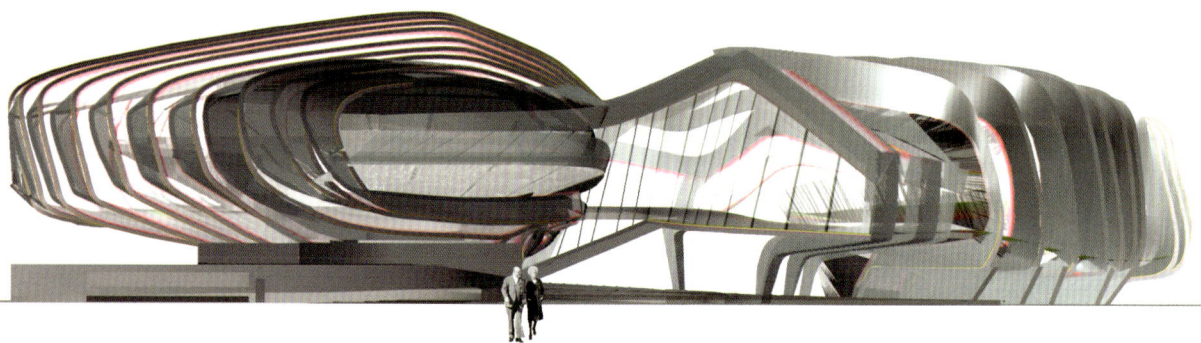

参赛时间：2007年，竞赛规模：国际竞赛，竞赛所获名次：荣誉奖，主办方：南斯拉夫，客户：迪罗马公社，项目占地面积：7,000平方米，摄影师：SMAQ工作室

↑｜总平面图
↓｜正面图

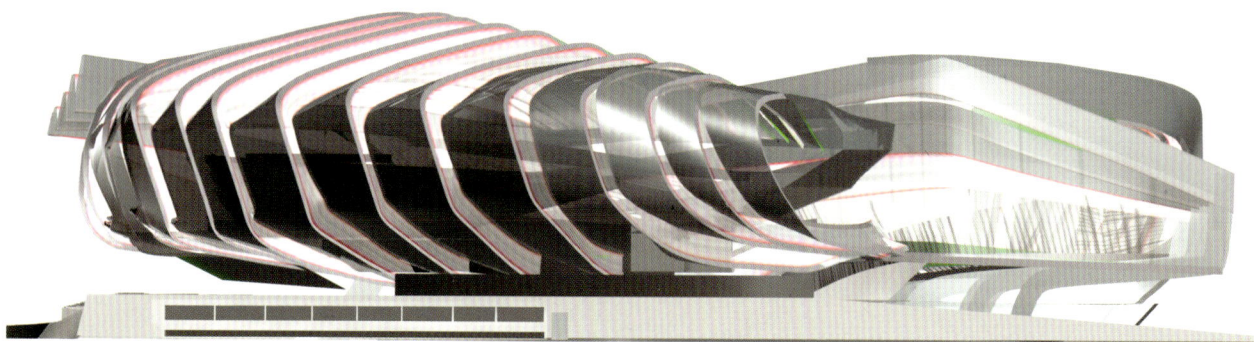

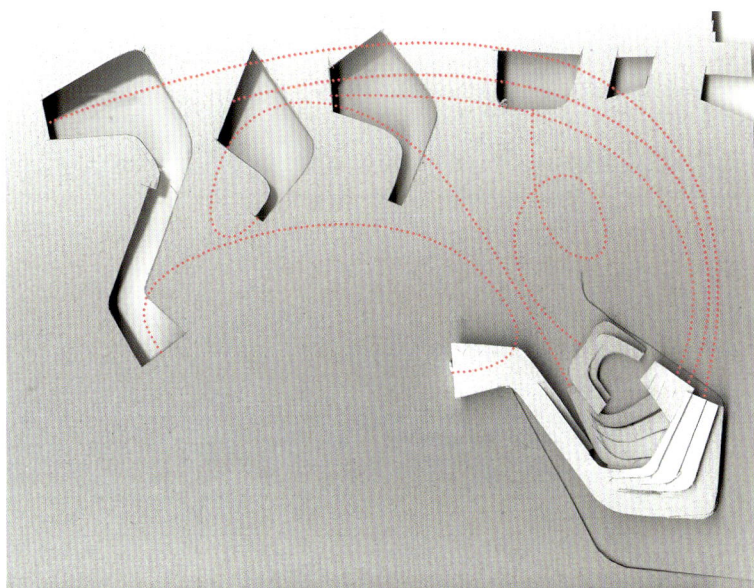

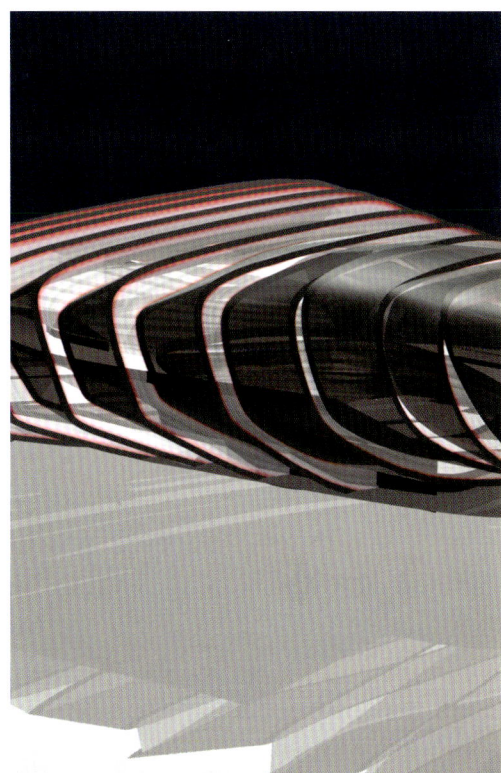

↑↑｜线框
↑　｜模型草图
→　｜外立面细节
↓　｜剖面图

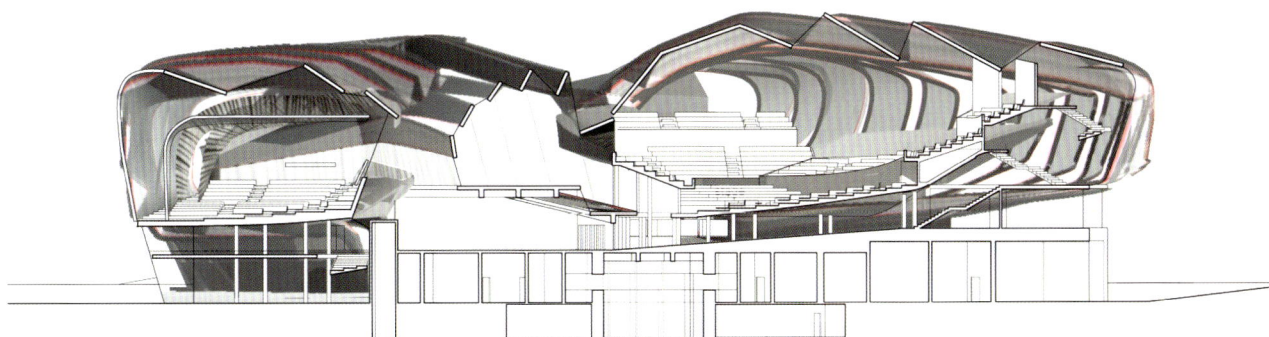

香港设计学院

中国 香港

UNStudio工作室

设计学院的空间设计彰显出其独特的设计理念和观点。该建筑旨在打造一个集研究、思考、学习的宁静空间，为群体之间的学术交流以及个人的专研提供有利空间。室内以两个"核心"为主体，成扇形布局。贯穿于整个建筑的"核心"能够将人们快速送达每一楼层。其中，每一层都设有两个环形板将"核心"紧紧围绕，并与楼梯及滑梯相通，营造出通透、自然的和谐空间。

↑ | 建筑周围园区是校园主要聚集地
↗ | 日光下的室外与室内环境
→ | 展示区
↓ | 外立面

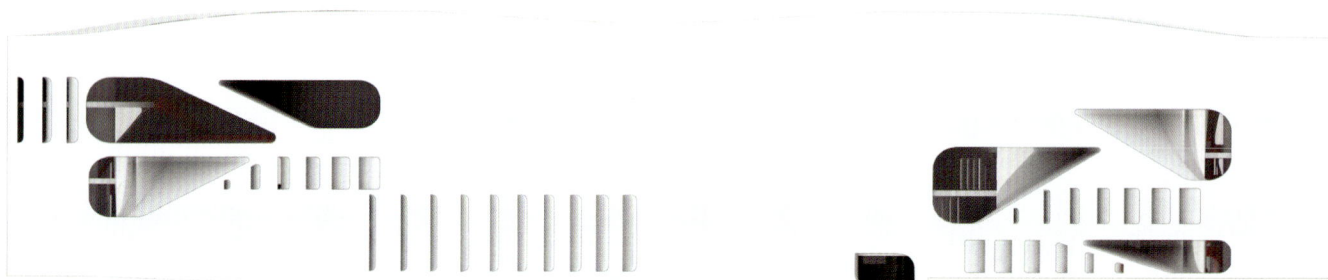

竞赛名称：设计竞赛，参赛时间：2007年，竞赛规模：国际竞赛，竞赛所获名次：入围，主办方：香港大学，客户：香港理工大学，项目占地面积：27,000平方米，摄影师：UNStudio工作室，设计师照片提供：米兰达·库曼

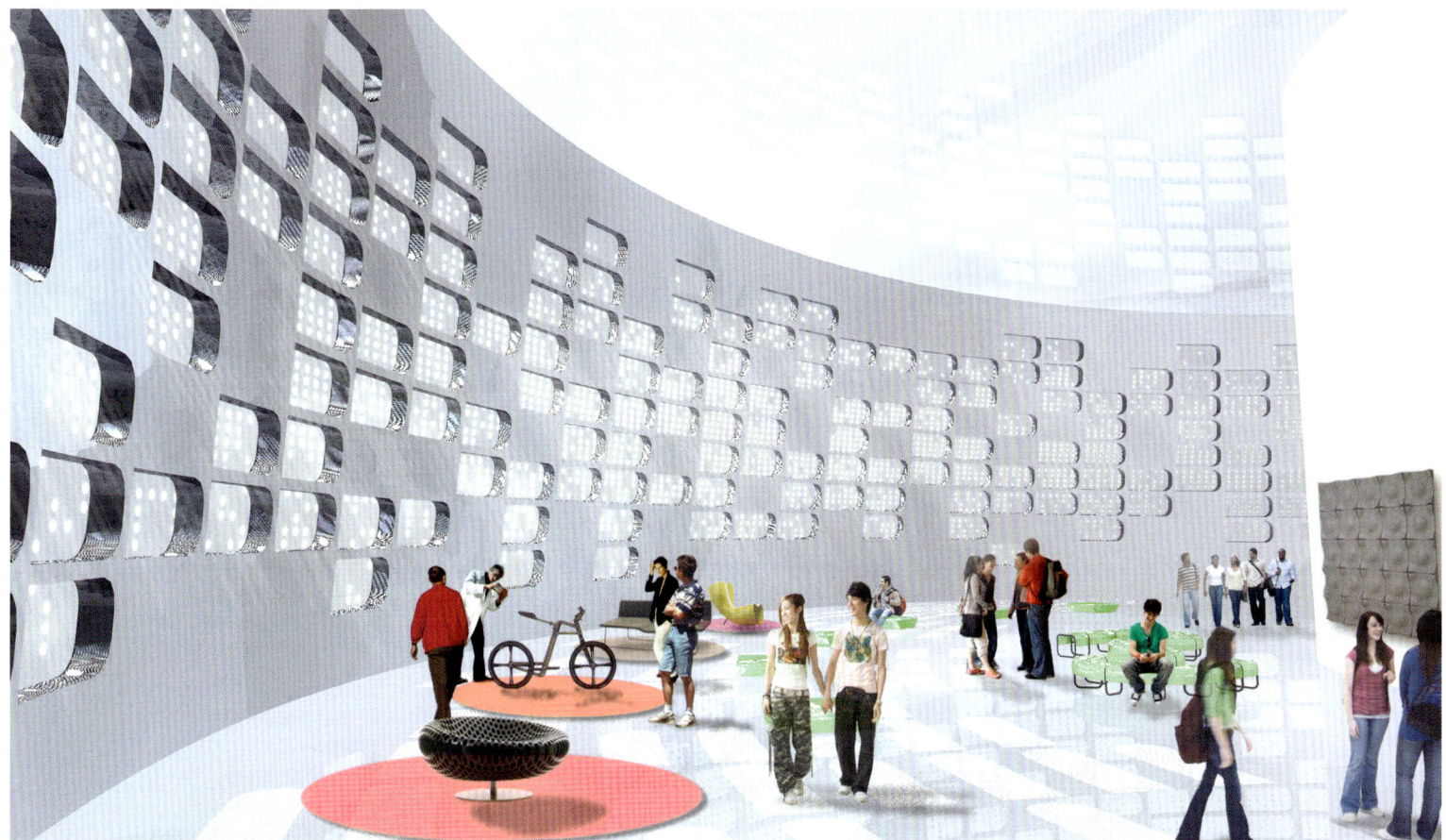

↖ ｜公共区采用开放式布局
← ｜中庭设有通道
↑ ｜中央休闲区的坡道
↓ ｜剖面

欧洲团结中心大厦

波兰 格丹斯克

GROUP A设计事务所

由 GROUP A设计事务所为欧洲团结中心大厦及其临近的格丹斯克造船厂"通往自由之路"提供的设计方案。该方案以切斯瓦夫·米列茨基创作的海报为设计背景。该海报展示了波兰团结工会运动在整个波兰历史中的意义，一条脉冲线象征了该运动对波兰的深远影响。"通往自由之路"所在的原格丹斯克造船厂是当时波兰团结工会抗议活动的发生地。将这些历史事件融入到新建筑的设计之中，将具有更加深刻的意义。"通往自由之路"的方向明确，即从制约到自由；从格丹斯克造船厂走向世界。GROUP A设计事务所精心设置了一组桅杆，以代表聚集的民众。"通往自由之路"将带领参观者进入一个耐人寻味的历史回望之旅。欧洲团结中心大厦正是这一旅程中的驿站之一，新博物馆从空间的角度对切斯瓦夫·米列茨基创作的海报进行了完美诠释。永久展厅按照历史时间顺序对团结工会运动进行了充分讲解。

↑ | 纪念大厦庭院景致
→ | 从室内遥看庭院

项目信息

竞赛名称：欧洲团结中心大厦设计大赛，参赛时间：2007年，竞赛规模：国际竞赛，竞赛所获名次：特别奖，主办方：格丹斯克市，客户：格丹斯克市，项目占地面积：12,000平方米

↑ ｜ 室内展品陈列
← ｜ "通往自由之路"与欧洲团结中心大厦入口

↑ | 欧洲团结中心大厦入口
→ | 欧洲团结中心大厦剖面图

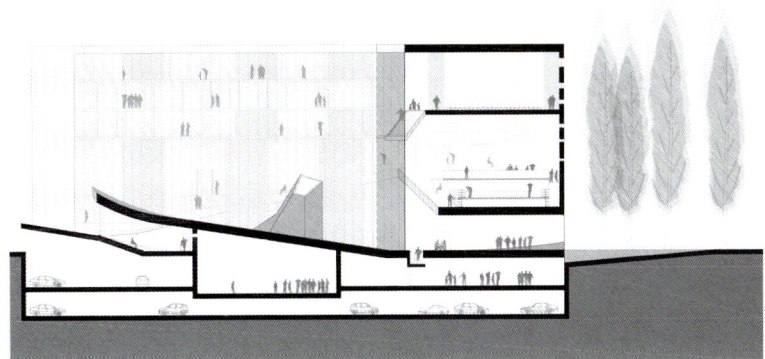

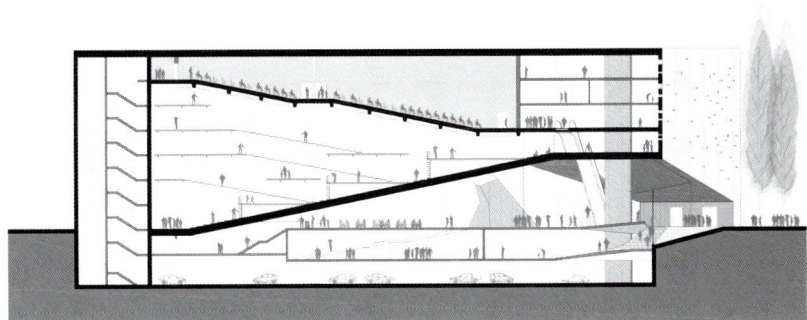

斯特德尔博物馆扩建项目

德国 法兰克福

施奈德+舒马赫工作室

设计师巧妙地设计了一个中心轴，以保持博物馆的历史空间秩序感。游客可以通过大厅进入新的展厅。特别展示厅直接与大厅和永久收藏展示厅相连。行政部门和Metzler礼堂以及图书馆则重新部署在建筑的西侧。中央房间顶部线条优雅，圆形吊灯将整个天顶烘托得美轮美奂。天花板的弧形结构在其上方的花园中突显出来，形成了一个精美的地景艺术世界，同时将中央大厅空间进行了有效延伸。建筑结构紧凑，良好的供暖和制冷系统以及预热和预冷设施共同打造了一个低耗能的舒适空间。

↑ | 实物模型内部，比例尺1:100

竞赛名称：斯特德尔博物馆扩建邀请赛，参赛时间：2008年，竞赛规模：国际竞赛，竞赛所获名次：一等奖，主办方：斯特德尔博物馆艺术学院，客户：斯特德尔博物馆艺术学院，项目占地面积：13,000平方米

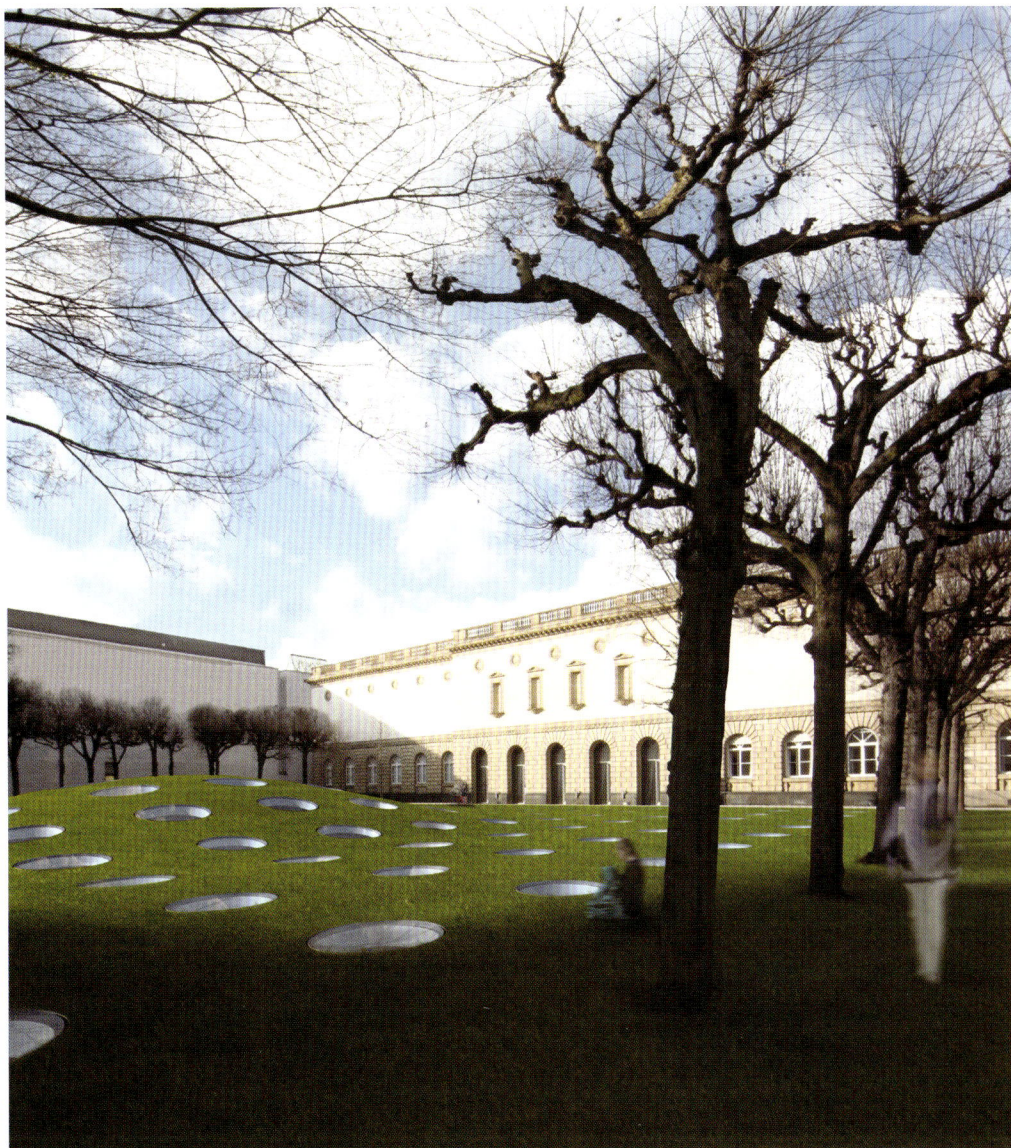

↑ ｜ 外景
↓ ｜ 实物模型，比例尺1:200

← | 内景
↓ | 三维剖面图

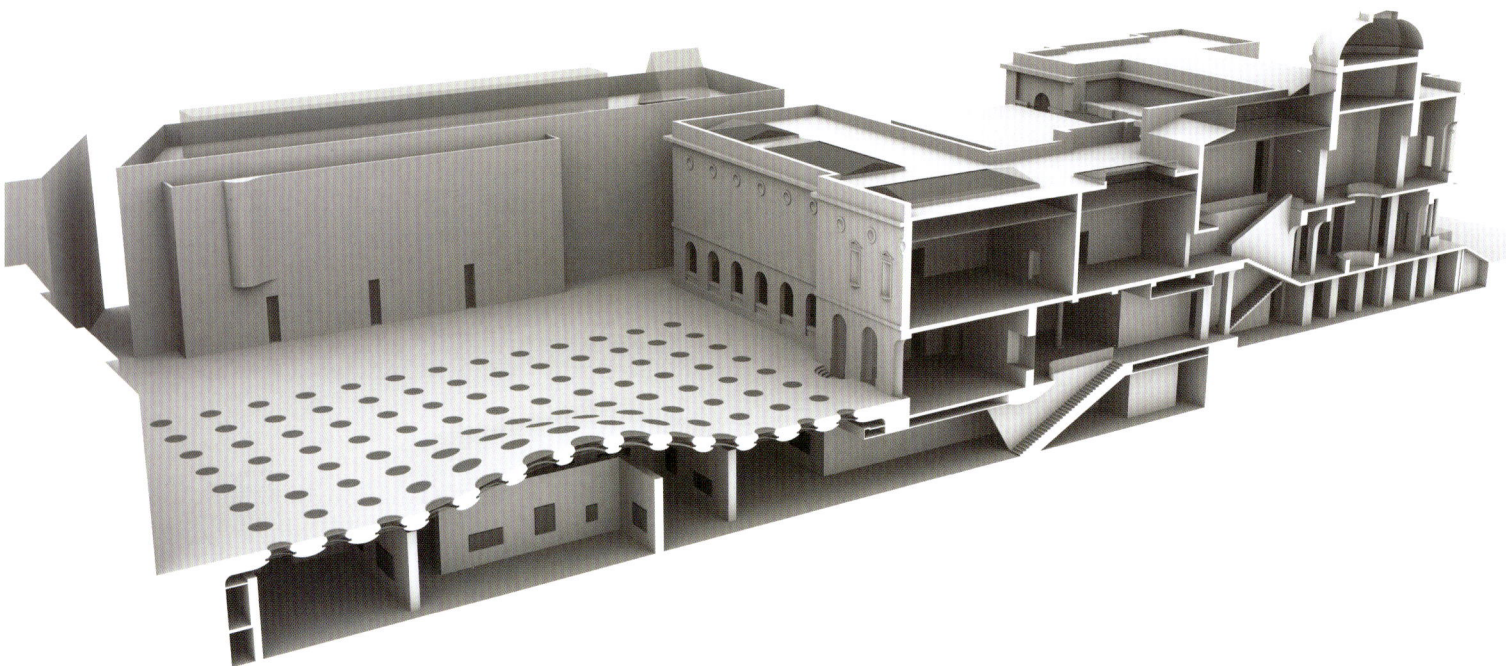

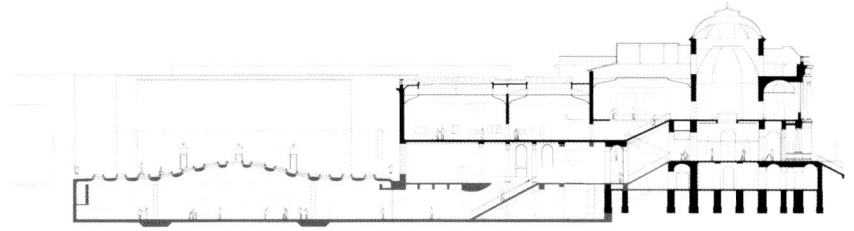

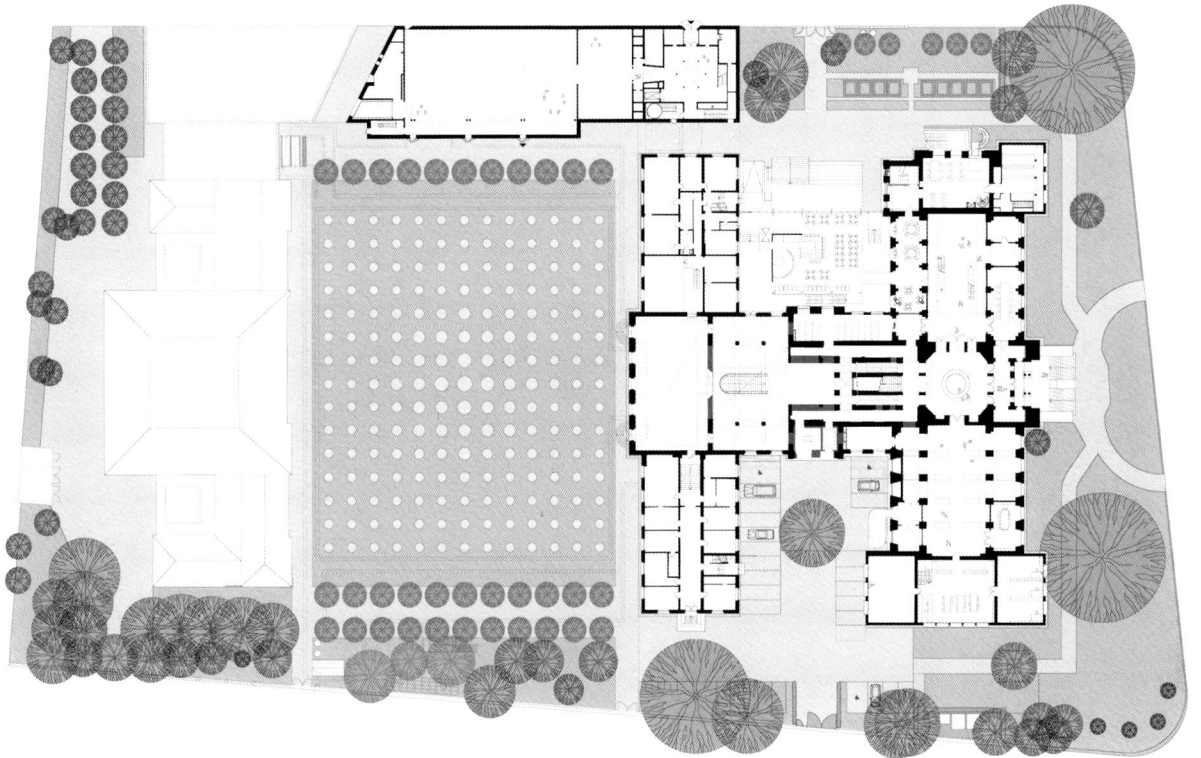

↑ | 总平面图
↓ | 平面图

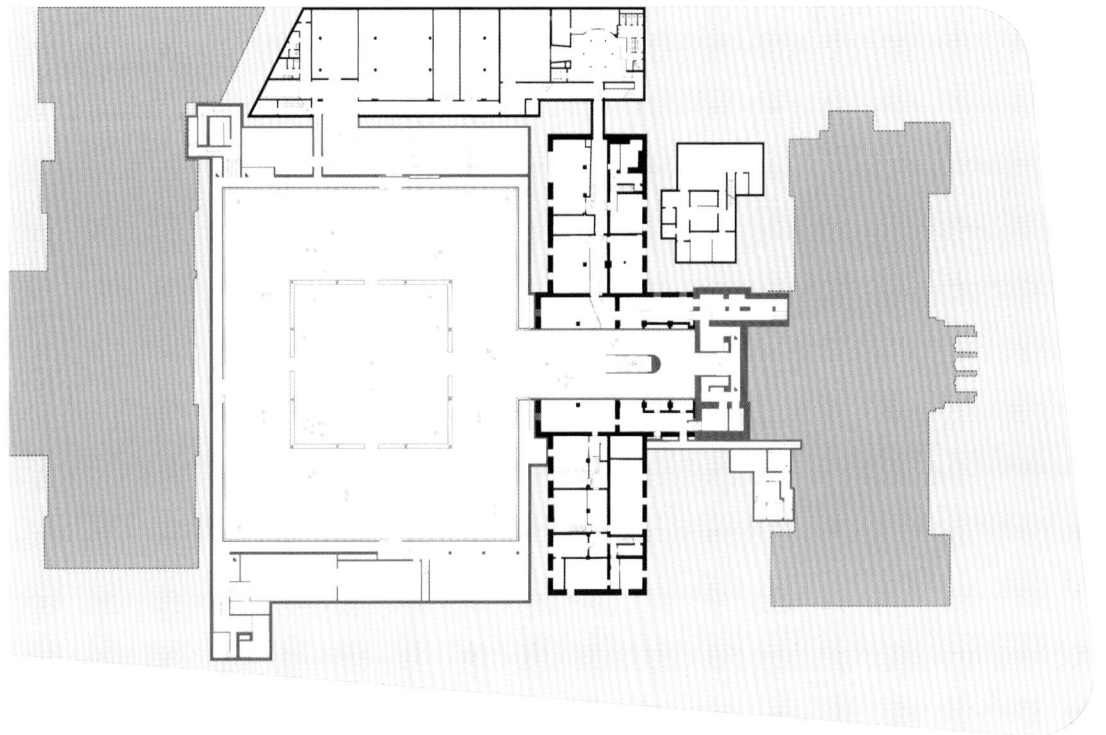

松兹瓦尔艺术表演剧院

瑞典 松兹瓦尔

EMERGENT Tom Wiscombe, LCC设计工作室

建筑的外壳基于地形几何学而设计,根据环境条件的不同呈外向伸展状。为打造良好的滨水环境,建筑物的北侧和东侧形成了两个光滑的凸起。这些延伸出建筑外的悬挑让人们的视线越过E4公路欣赏到波罗的海的景色。新建筑与已存的Kultur Maganiset建筑通过玻璃中庭相连,这也成为新建筑的主要入口。两个在建筑感知上具有本质区别的建筑组成了一个复合体。当原建筑诉说着Sundvall 的文化和建筑历史时,新建筑体现的确是与之完全不同的现代结构、空间布局以及氛围。外壳的其他区域向内挤压,将外部空间巧妙地引入到室内空间之中。这些貌似不经意的内部衔接成为了建筑物空间结构上的立柱。它们也作为建筑的空间联系连接着艺术表演厅、主门厅和楼厅各层。

↑ | 项目的设计根据地形几何学原理呈外向伸展状

↗ | 为打造良好的滨水环境,建筑物的北侧和东侧形成了两个光滑的凸起

→ | 剖面图展示建筑的地形几何学原理

项目信息 | 竞赛名称：新艺术中心/松兹瓦尔剧院建筑竞赛，参赛时间：2008年，竞赛所获名次：入围，主办方：松兹瓦尔市，摄影师：EMERGENT Tom Wiscombe, LCC设计工作室

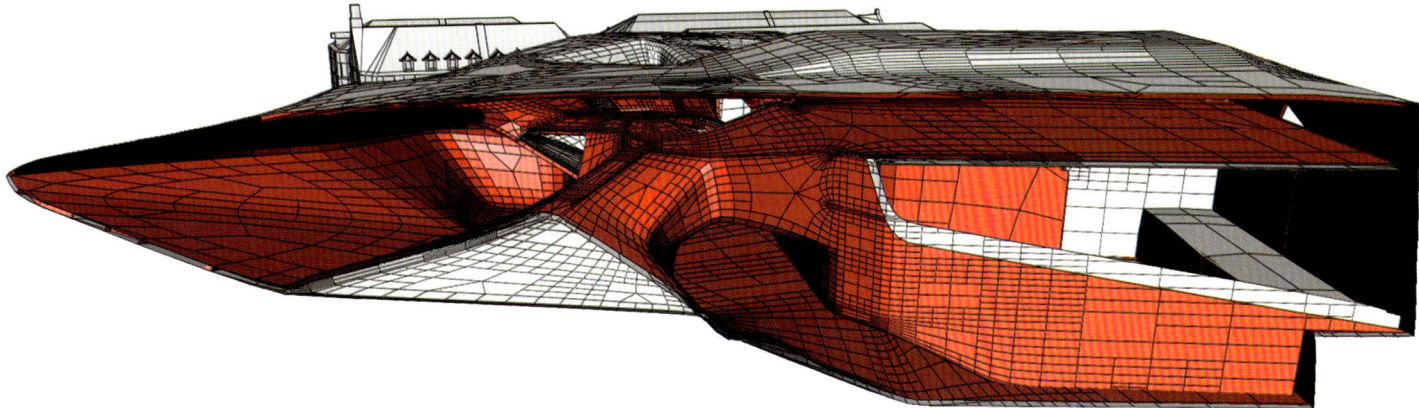

↑ ｜面朝大海的广场作为露天休息平台
← ｜平面图展示循环路线和廊柱以及整个建筑之间的关系
↗ ｜建筑结构内部透视图
→ ｜研究模型
↓ ｜初步结构分析

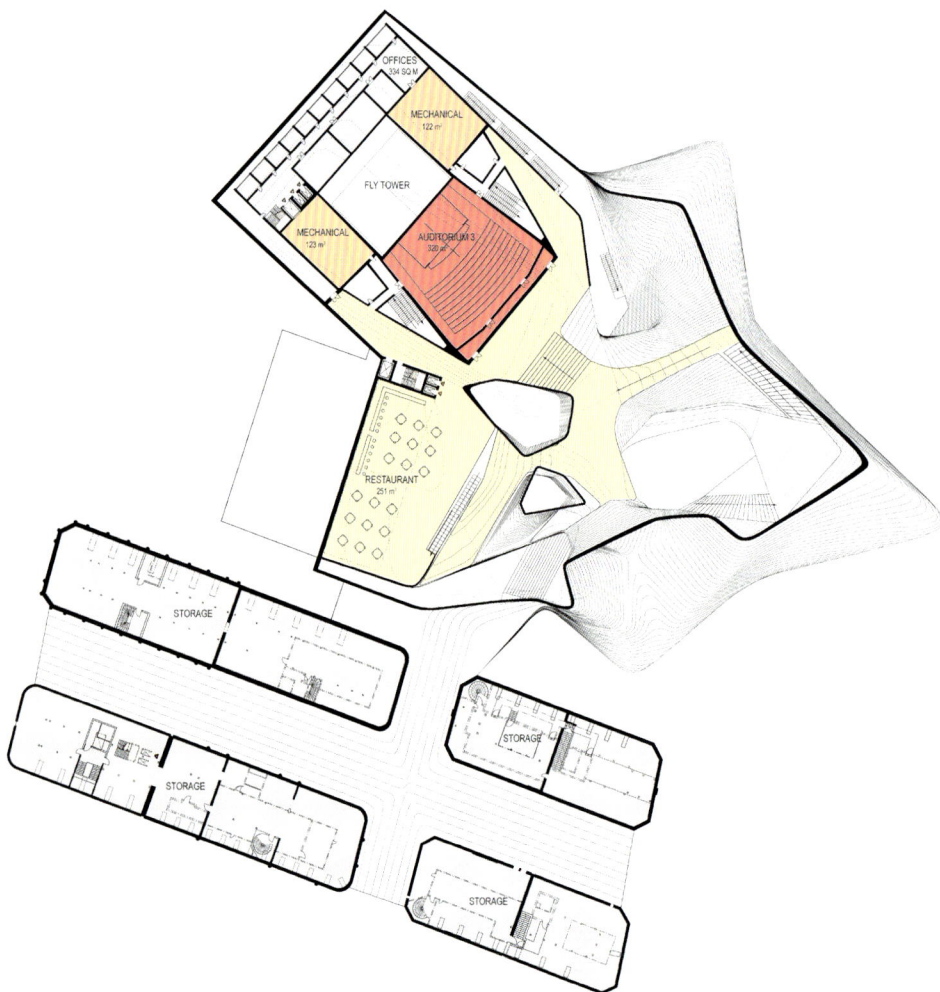

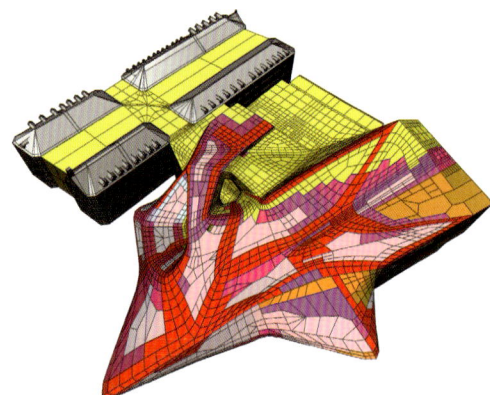

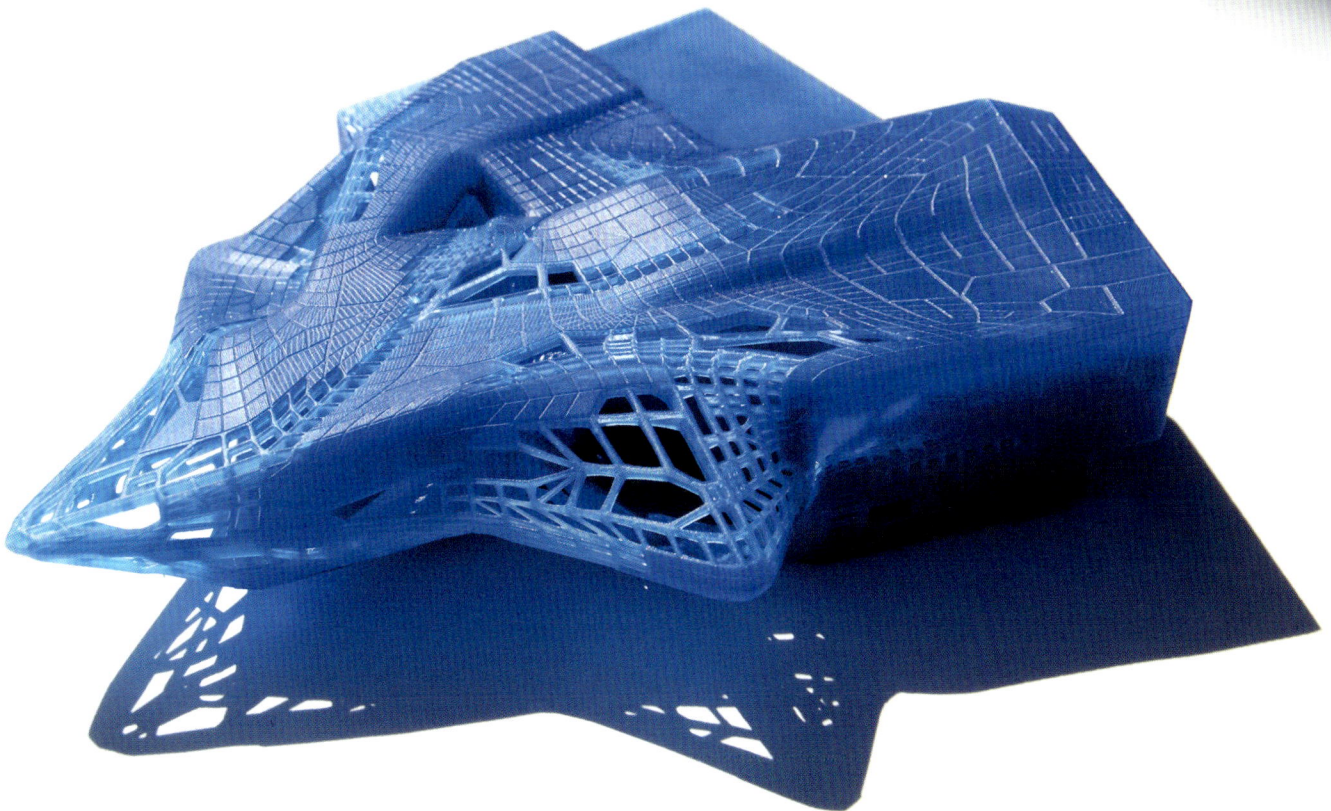

绿色之城

瑞典 哥德堡

Kjellgren Kaminsky Architecture事务所

该项目由瑞典著名建筑公司Kjellgren Kaminsky Architecture设计，预计在2050年将哥德堡打造成绿色环保新城。据预测，到2020年，哥德堡市每年将有8000新增人口，这意味着住房和公共设施将面临重大压力和挑战。因此，打造一个绿色可持续发展海边之城的目标迫在眉睫。项目中建筑顶棚采用太阳能电池板、风力涡轮机设计，环保节能的同时，有效利用有限空间。

↑ ｜绿化屋顶作为休闲区和作物种植区
→ ｜充分利用风能与太阳能等可再生能源
↓ ｜现有城市发展以可持续发展为理念

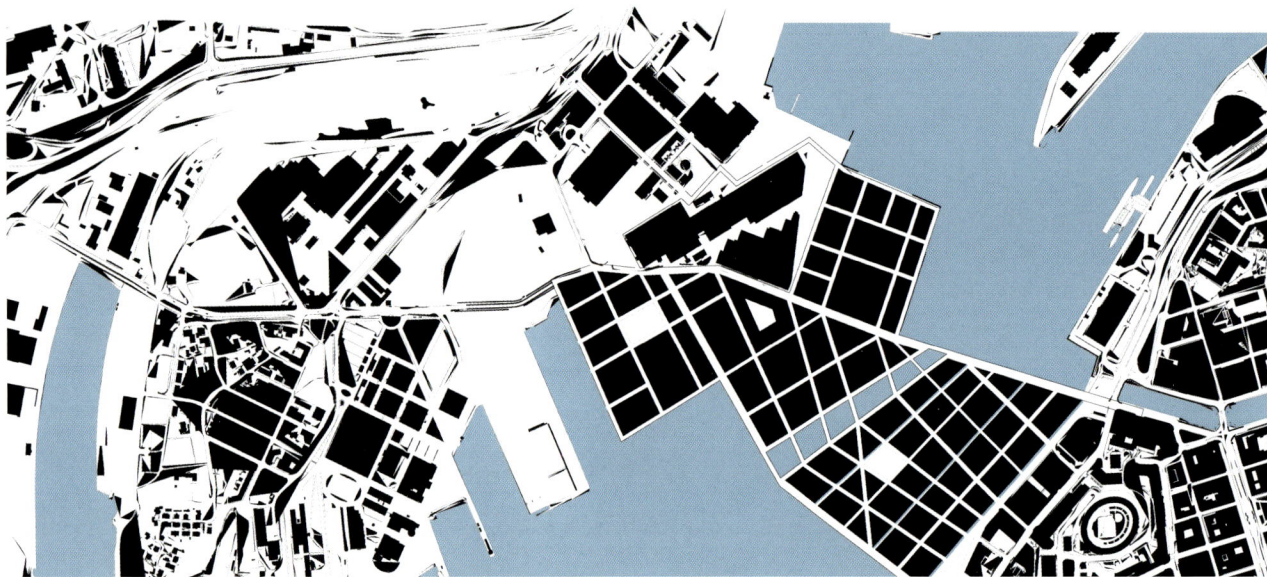

↑↑ | 新滨水城市结构将哥德堡市两个独立的部分进行了有
效衔接
↑ | 总平面图

↑｜小型飞艇作为新型长途交通工具取代了飞机
→｜清澈的水域为人们提供了最佳的游泳环境
←｜运河可作为交通运输要道

临时艺术展示馆

挪威

Sponge Architects事务所

↑ | 画廊外部

奥斯汀艺术联盟于2009年3月成功举办了"临时户外画廊展示空间"设计竞赛，来自世界200个设计方案参选，该项目是参赛作品之一。该临时展示馆能够为户外展览提供最佳展示空间。海绵形的外观采用木制框架结构，大小可随意调整，良好的封闭性能可以有效保护内部的艺术品避免损坏。贯穿整个空间的口琴形状透明PVC箔确保空间明亮通彻的同时，能够保护艺术品免受外界的干扰。展示馆的入口处巧妙地设计成"露天舞台"形状，可兼作舞台、天桥或公共陈设之用。

竞赛名称：临时户外画廊展示空间创意竞赛，参赛时间：2009年，竞赛规模：国际竞赛，竞赛所获名次：提名奖，主办方：奥斯汀艺术联盟，项目占地面积：18~25平方米

↑ | 灯箱
→ | 画廊正面图

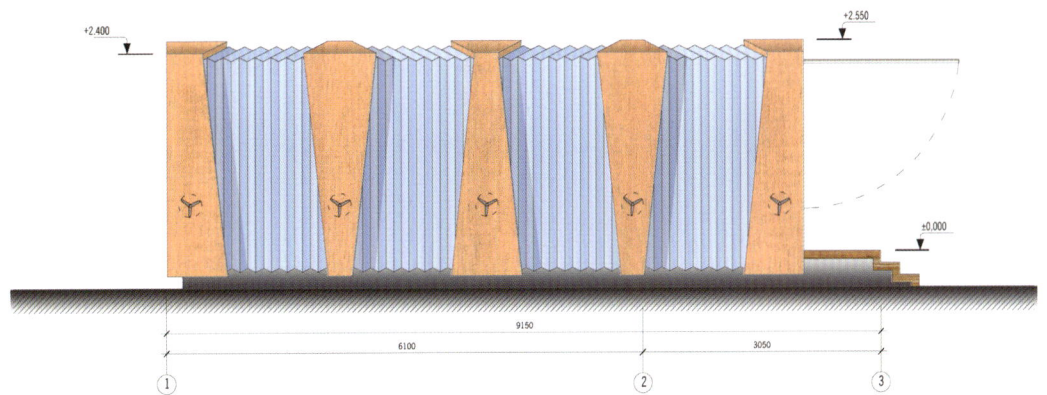

←｜内部
↓｜东侧视图

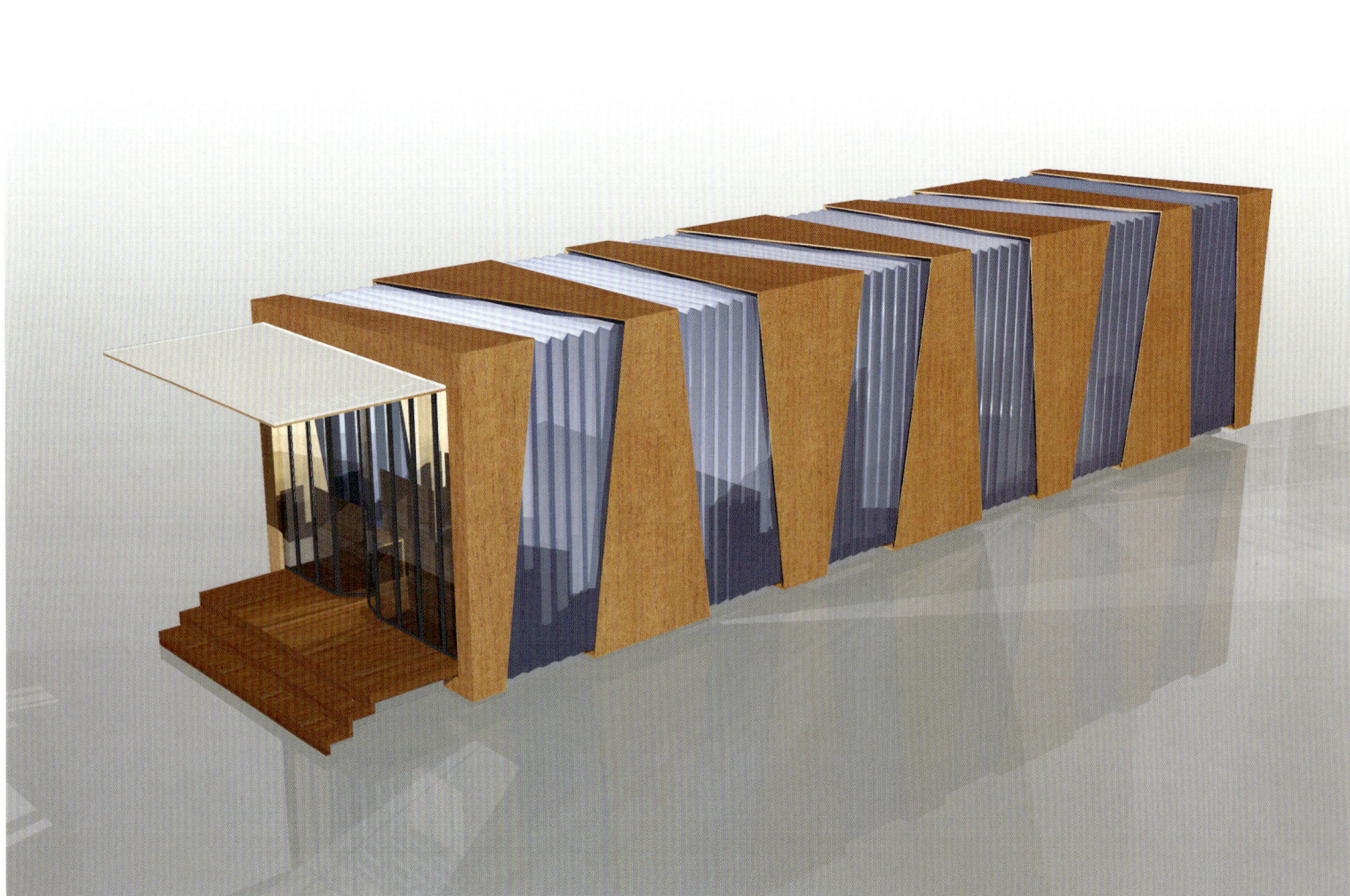

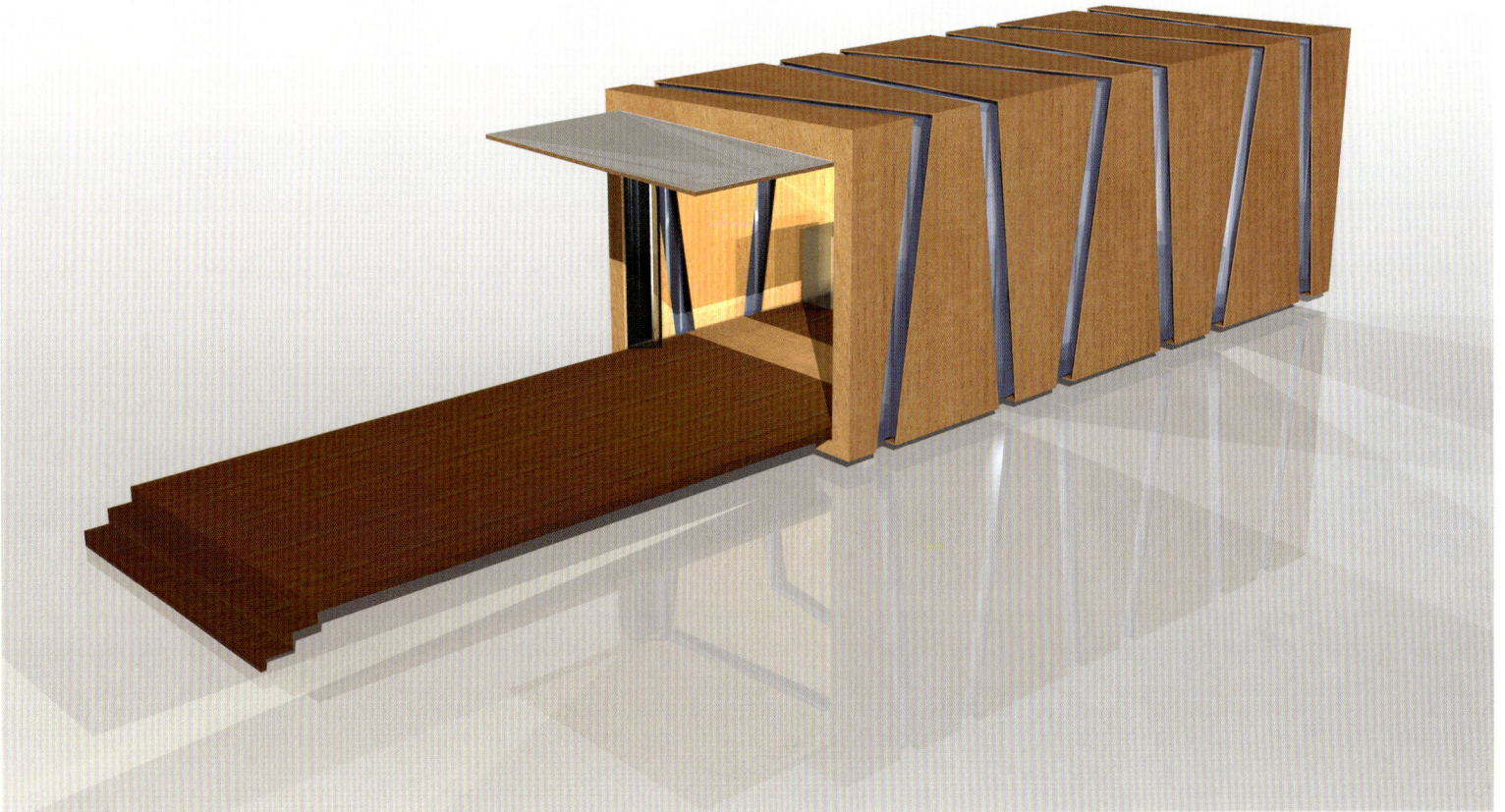

↑ | 鸟瞰图
→ | 平面图

斯派克尼瑟剧院

荷兰 斯派克尼瑟

UNStudio设计事务所

建筑的几何型外观和独特的色彩运用与斯派克尼瑟城市中心形成和谐的统一体。立面强调清透纯净之感，两个设计独特的悬垂式门廊令室内的景致若隐若现。大厅的设计和颜色的选用与外观建筑风格一致。天花板采用透明设计，夜晚在室内能够直接欣赏到美丽星空。剧院内主要包括两个部分，观众从大厅和公共广场可以直接进入到剧场之中。更衣室设于公共广场楼上，有效地减轻入口人流的压力。

↑ | 夜色中的建筑外景，从孔状立面投射出的灯光将夜色装点得绚烂多姿

↗ | 模型，建筑西北端景致

→ | 模型，建筑南部景致

项目信息

竞赛名称：设计竞赛，参赛时间：2008年，项目完成时间：2011年，竞赛规模：国内竞赛，竞赛所获名次：提名奖，主办方：国际机构，客户：斯派克尼瑟城，项目占地面积：5,800平方米，摄影师：UNStudio设计事务所，设计师照片提供：米兰达·库曼

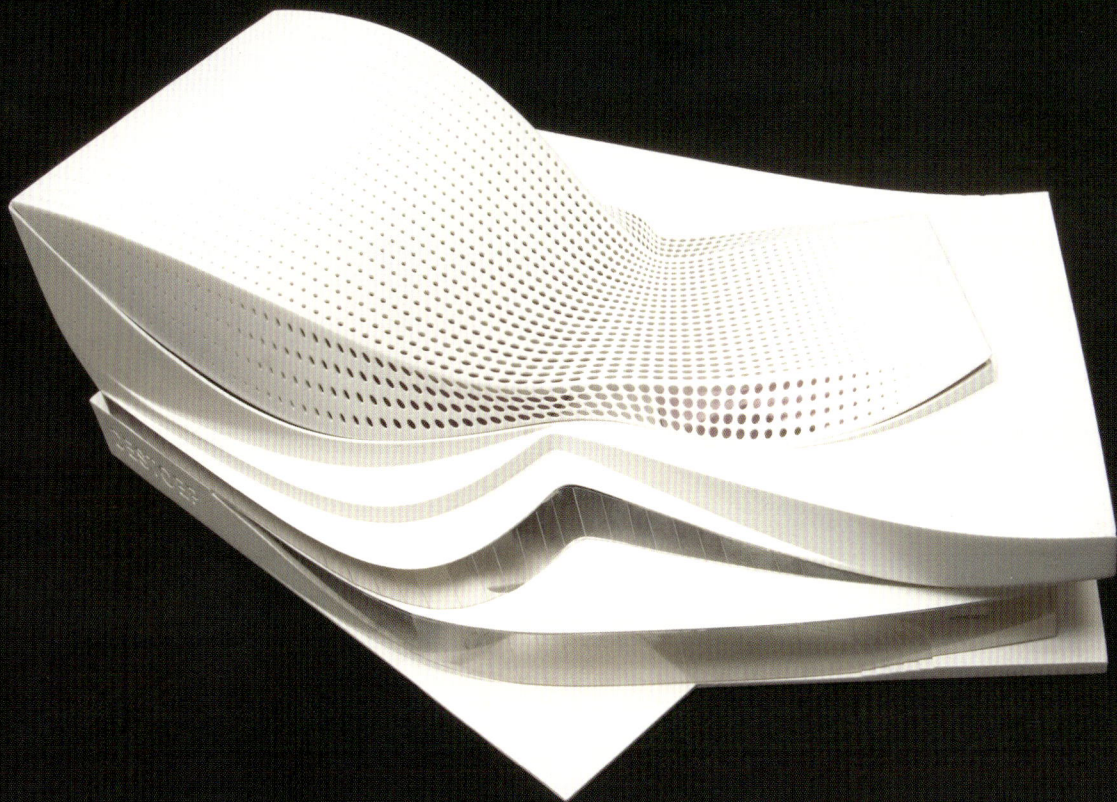

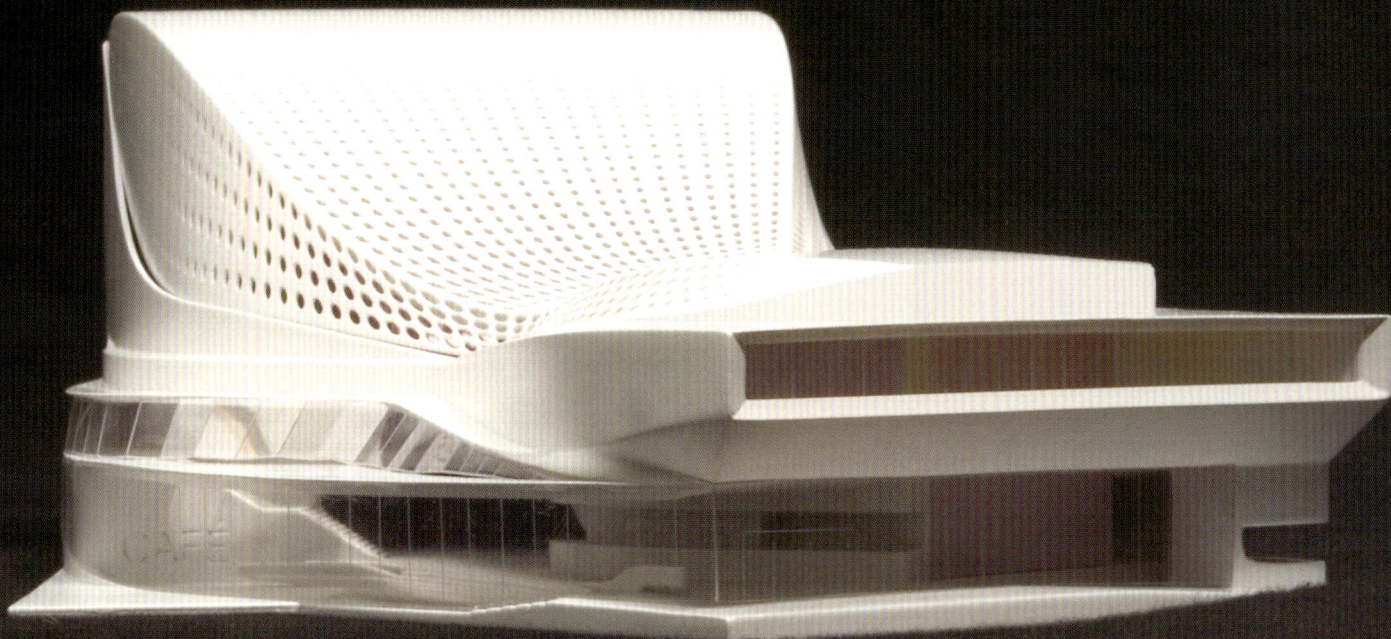

↑｜剧院大厅
←｜地形图展示剧院与附近水域和"Nooitgedacht"风车房
之间的位置关系

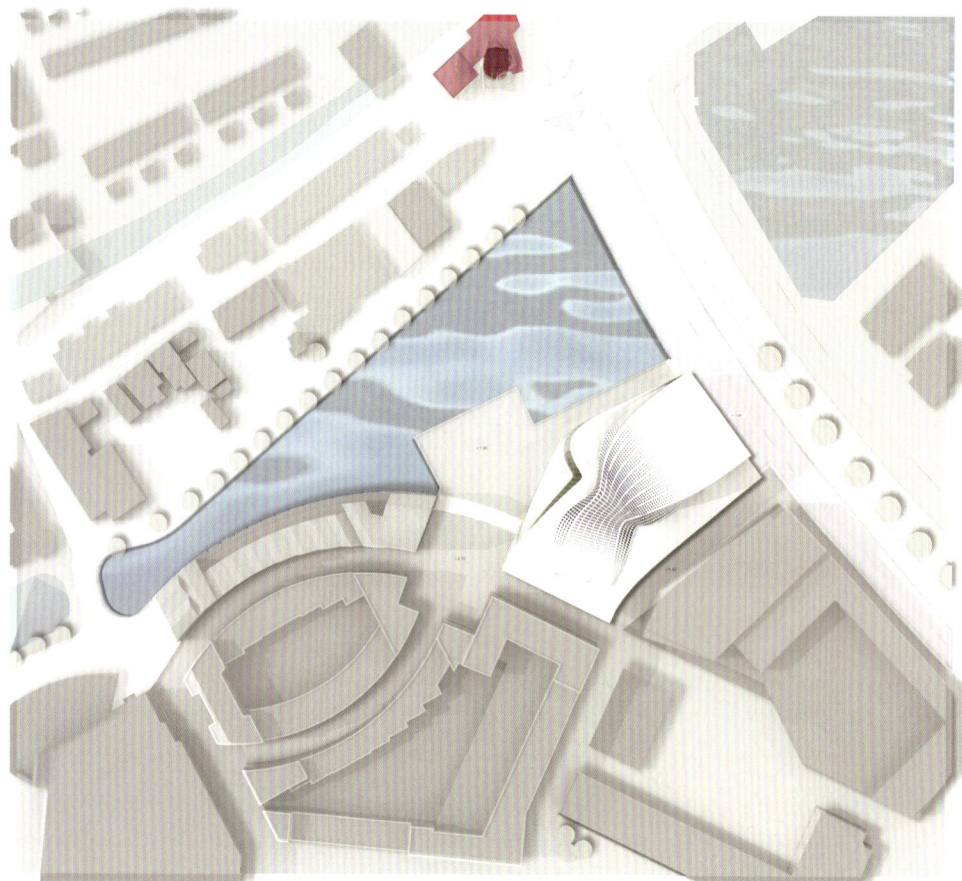

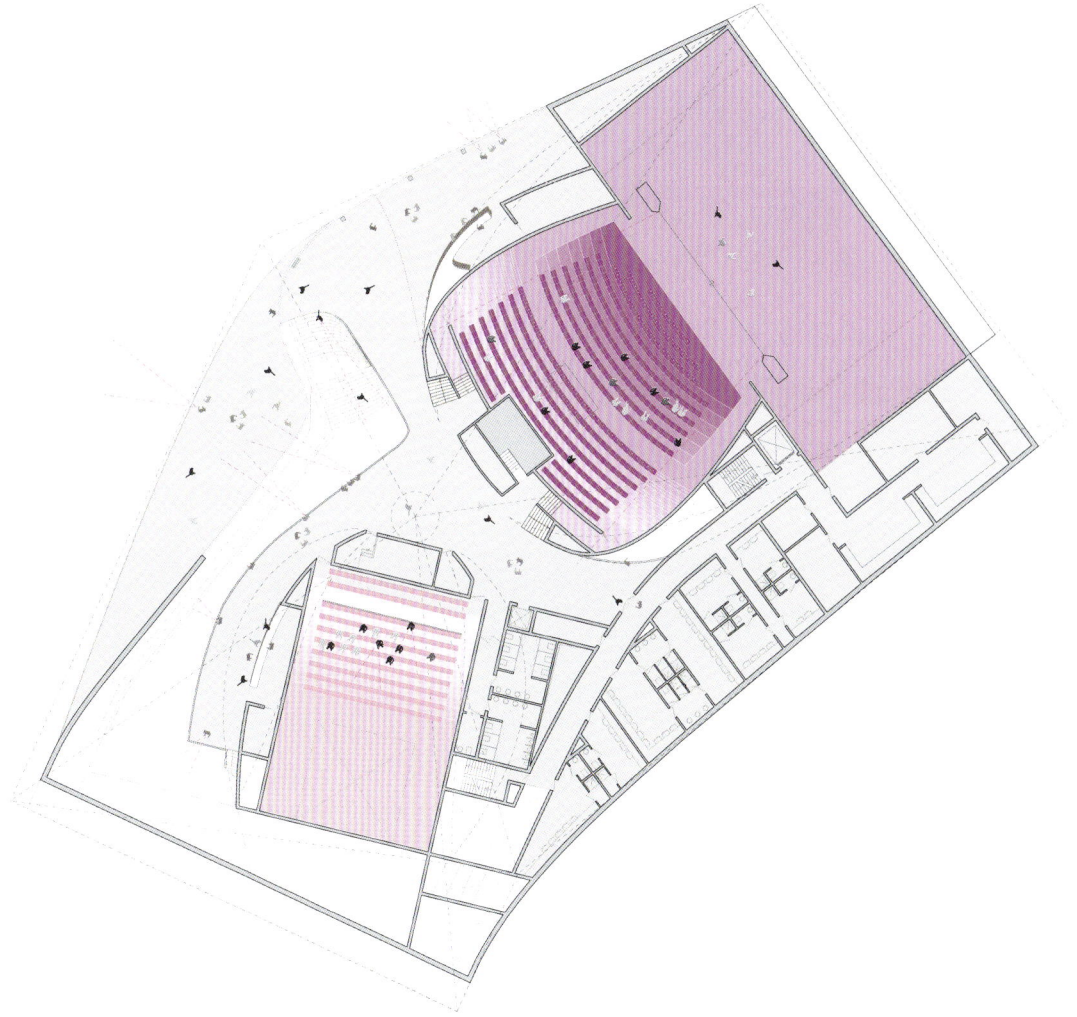

→ | 一楼平面图
↓ | 纵切面

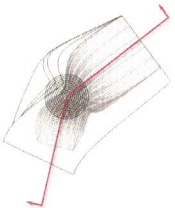

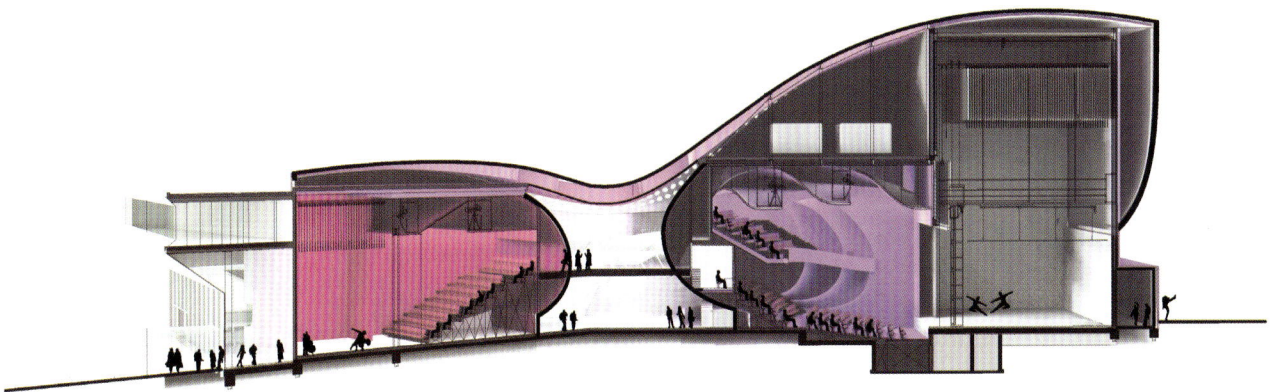

艺术与文化中心

黎巴嫩 贝鲁特

STAR strategies + architecture设计工作室

项目的设计极具灵活性，彰显贝鲁特艺术和文化发展的日新月异， 设计风格活泼灵动。为体现建筑鲜明的功能性以及互融性，设计师巧妙地将建筑分成高低两个部分。每个部分的设计精致独特，高的部分开阔、磅礴；低的部分精巧、温馨，与街道相通，与周围环境相映成趣。

↑ | 夜色中的艺术与文化中心

项目信息　　竞赛名称：艺术与文化中心建筑设计竞赛，参赛时间：2009年，竞赛规模：国际竞赛，竞赛所获名次：二等奖，主办方：黎巴嫩文化部GAIA，客户：黎巴嫩文化部，项目占地面积：16,000平方米，设计师照片提供：克里斯蒂安·克鲁威斯

↑｜大厅
→｜展厅

↑ | 全景
← | 平面图

↑｜夜晚的大厅
↓｜东向立面

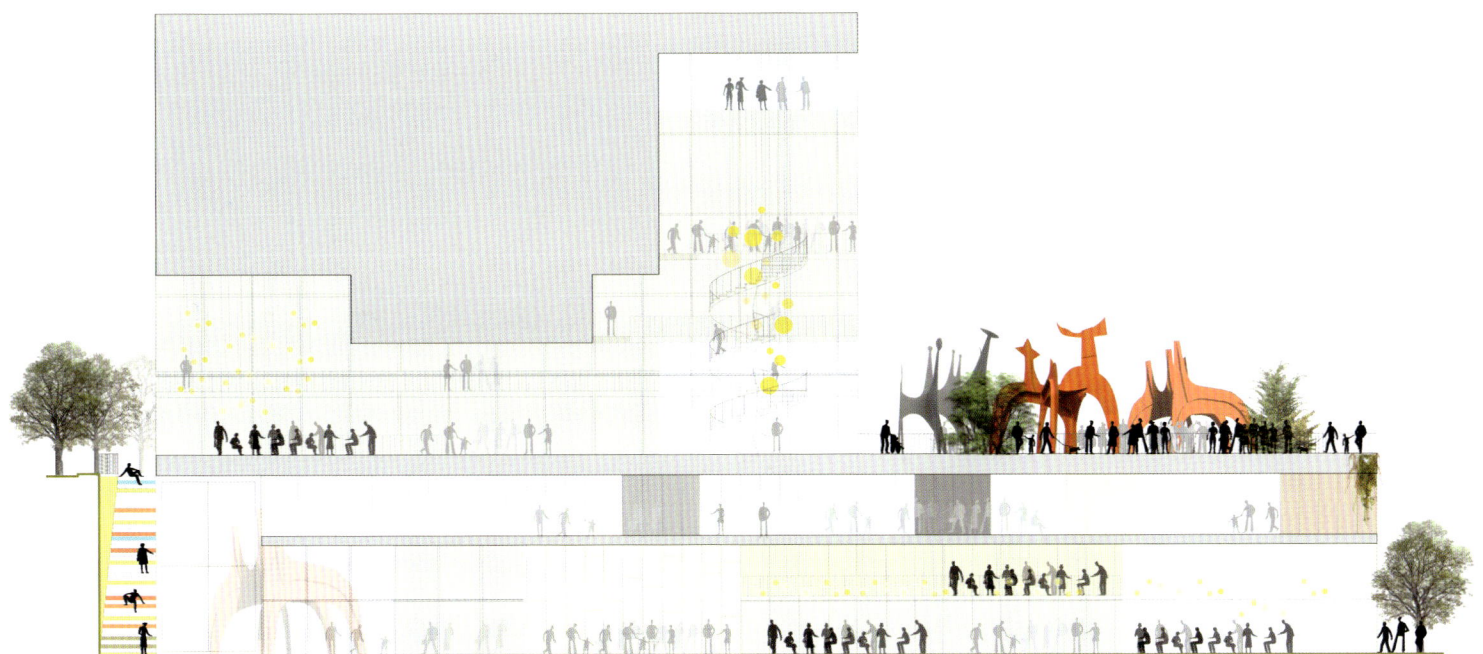

斯坦哈特自然史博物馆

以色列 特拉维夫

Kimmel Eshkolot Architects事务所

该项目的设计既要求能够为游客开放部分公共区，又可以为工作人员长期提供学术研究空间。基于上述两个设计目标，设计师将两种空间进行巧妙分隔的同时将二者有机结合，既能够为游客提供丰富的视觉体验，又可以展示科学家的工作环境。站在入口广场处可以将植物园美景尽收眼底。建筑内部，布局合理的坡道将游客带入不同的展区。每个展区风格各异，但与整个建筑的精髓保持和谐统一。光明与黑暗、封闭与开放空间、小型展览与立体模型展览的不断转换将为游客带来非凡的视觉享受。

↑ | 外景

项目信息

竞赛名称：斯坦哈特自然史博物馆竞赛，参赛时间：2009年，竞赛规模：国际竞赛，竞赛所获名次：一等奖，主办方：特拉维夫大学，客户：特拉维夫大学，项目占地面积：7,000平方米

↑ | 外景
→ | 内部

↑↗ | 中庭
← | 总平面图

↓ | 剖面图

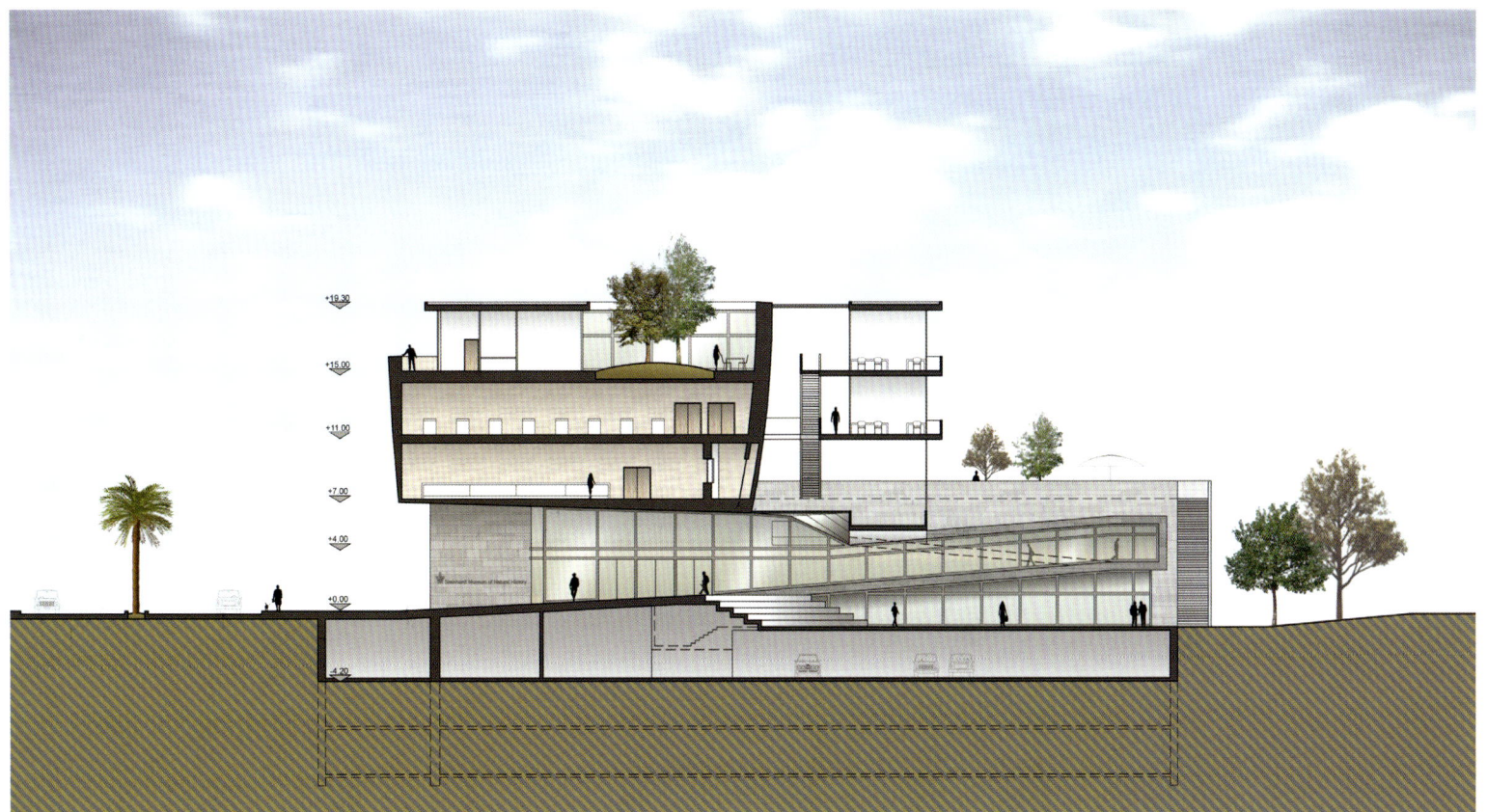

天津博物馆

中国 天津

ABSTRAKT工作室/ Voytek Gorczynski建筑事务所

项目的设计理念通过坐落地点及周围的建筑风格体现出来。项目坐落于子牙河与南运河的交汇处，两面环水，新建筑要求能够充分体现博物馆的特色，并成为传播文化、交流共享的城市殿堂。参观者来到这里不仅能够欣赏到大量的文物收藏，同时还可以沿着建筑物顶端的外围通道俯瞰整个建筑。河岸边的木板路将引领着参观者进入到外围通道然后到达博物馆的至高点。螺旋几何状结构深刻地表明同一平面的时间和空间在转变成三维甚至四维空间的问题上存在很大发展空间。该方案设计创意新颖，整体效果独特，设计手法简洁、大气，尽显天津古城深厚的文化底蕴以及悠久的历史文明。

↑ | 航测图
↓ | 3D效果图

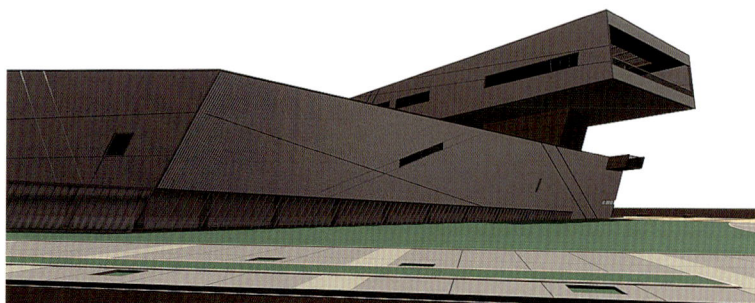

项目信息

竞赛名称：天津历史博物馆国际设计竞赛，参赛时间：2008年，竞赛规模：国际竞赛，竞赛所获名次：二等奖，主办方：天津市委，项目占地面积：32,000平方米，摄影师：ABSTRAKT工作室/ Voytek Gorczynski建筑事务所，设计师照片提供：简·瓦格斯基

↑ | 从运河遥看建筑
→ | 立视图

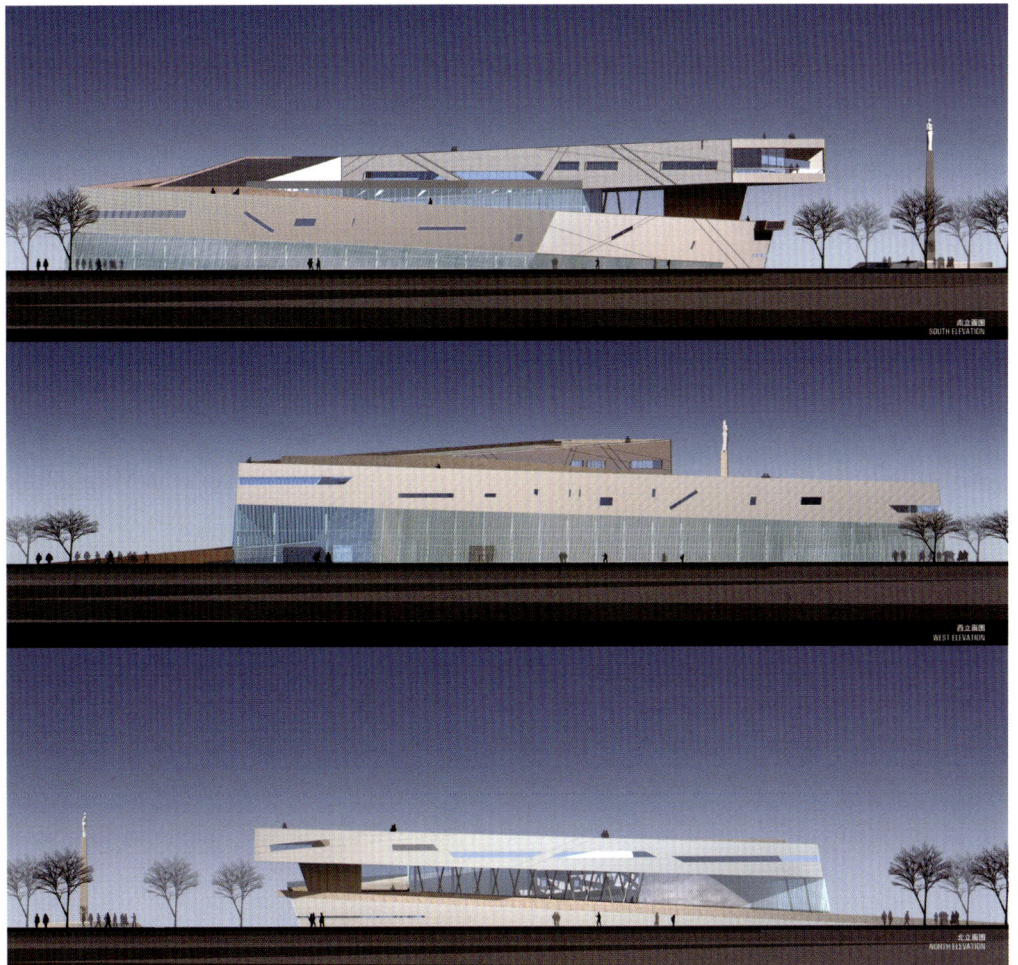

↑ | 主入口
← | 总设计图

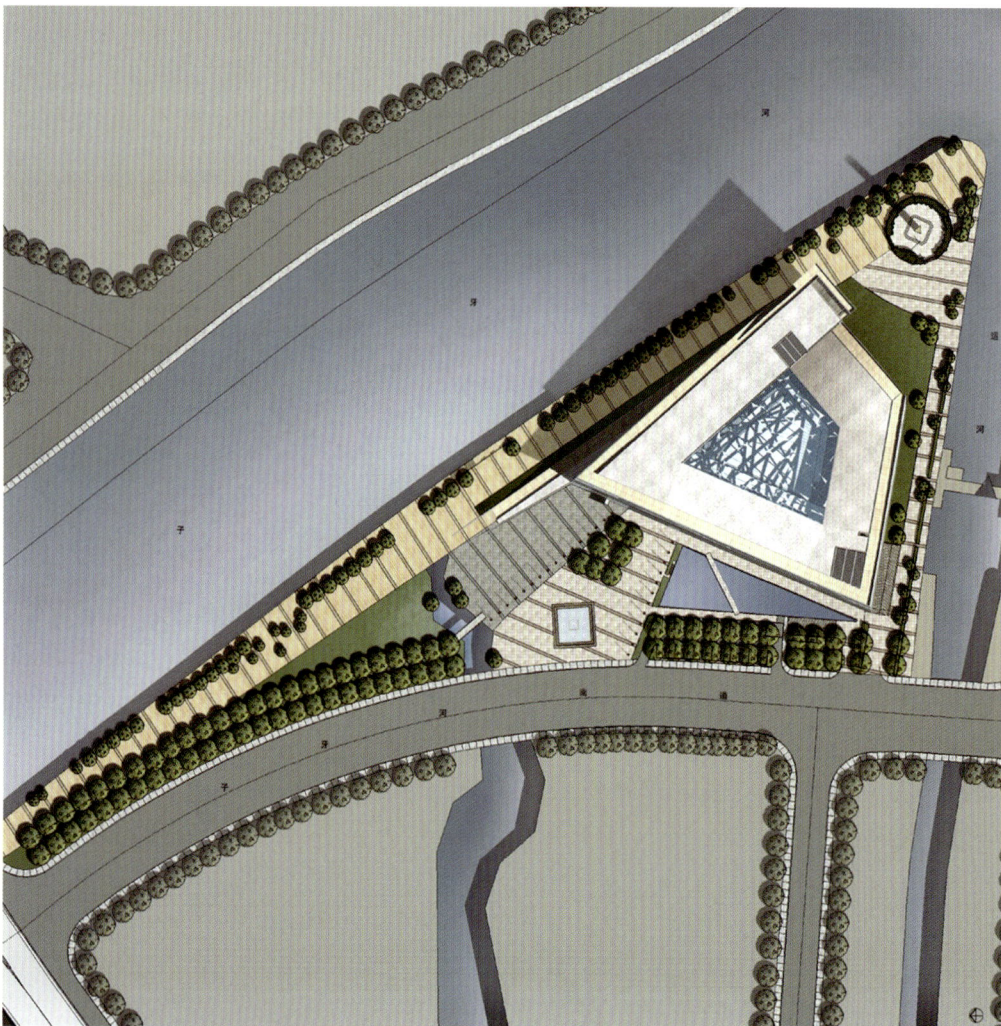

↑｜临时展示空间
↓｜平面图

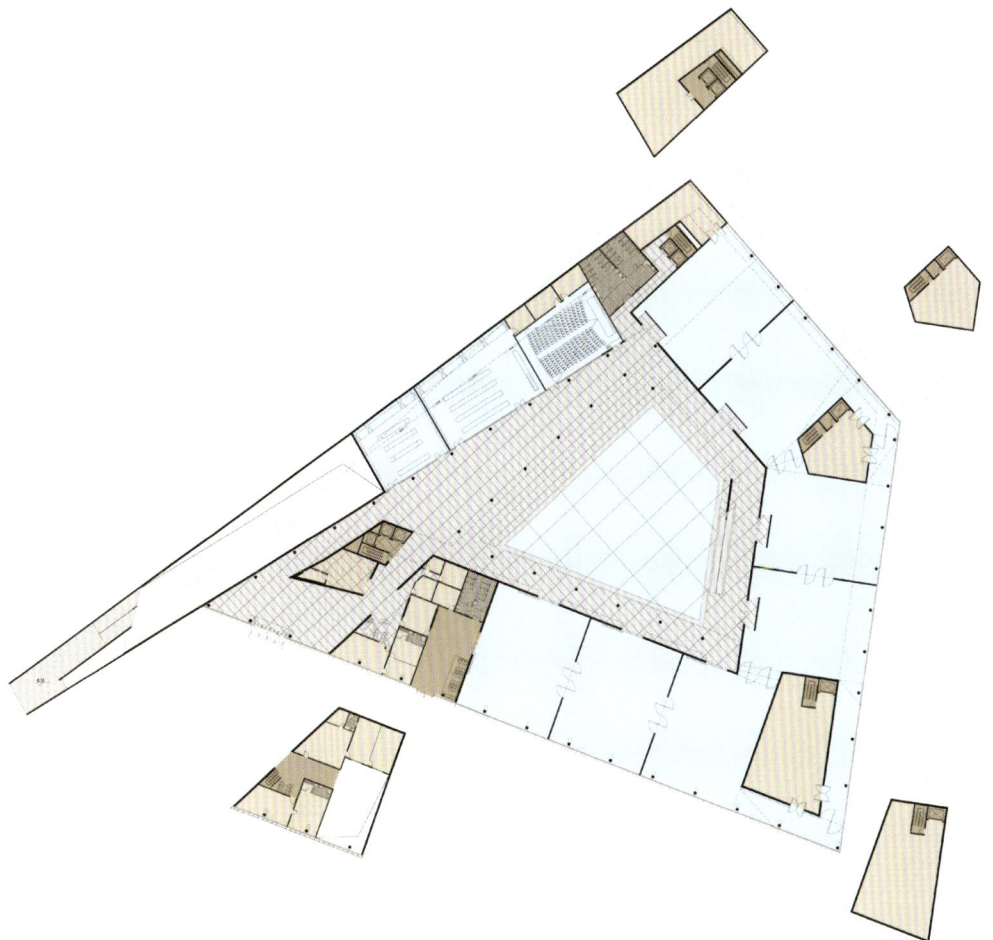

都市媒体空间

丹麦 奥尔胡斯

Schmidt Hammer Lassen Architects事务所

该建筑以其独特的七边形结构成为奥尔胡斯市的新地标。巧妙地设计结构，能够令人们从室内将窗外港口全景尽收眼底。位于建筑南端的外部休闲空间将图书馆与奥尔胡斯河有机联系在一起，自然流畅，毫无突兀之感。特殊的玻璃外观将自然光线带入室内的同时，加强室内空气流通，令室内风景若隐若现，吸引人们的前往。城市媒体空间进一步确立了项目应该作为民主的字符，图书馆设计的社会化。

↑｜入口可窥见室内全貌

项目信息   竞赛名称：都市媒体空间国际设计竞赛，参赛时间：2008年，竞赛规模：国际竞赛，竞赛所获名次：一等奖，客户：奥尔胡斯市和Realdania基金会，摄影师：Schmidt Hammer Lassen Architects事务所

↑｜图书馆大部分楼层中均设有儿童嬉戏、多媒体、阅读与游戏空间

↓｜剖面图

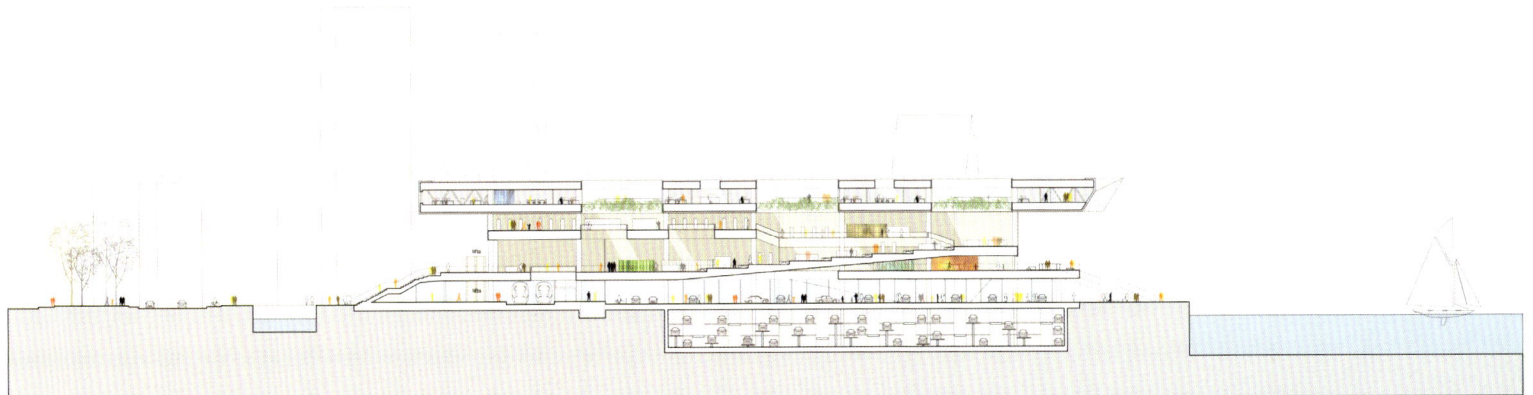

↑ | "都市媒体空间"是奥尔胡斯市的新地标
← | 广场周围巧妙地设计成水边冰块融化的景象

↗｜图书馆毗邻水畔运动俱乐部、餐厅和购物中心
→｜中庭时刻确保室内光线充足
↓｜七边形结构图书馆成为城市核心

温斯霍滕文化中心

荷兰 温斯霍滕

Dorte Kristensen and Atelier PRO工作室/多尔特·克里斯腾森，莉塞特·普卢维耶

这一功能性建筑位于温斯霍滕老城区中心和城市北郊之间。弧形建筑外观在视觉上有效地缩短了二者之间的距离。该文化中心集时尚、温雅、功能性与一体。室内所运用的材料追求简单、朴实的原则，与室外复杂的几何外观形成鲜明对比，营造出轻盈清爽之感。礼堂是整个建筑的设计焦点，而环绕其周围的环形开放区则将整个空间衔接得恰到好处。材料与色彩的选用极为慎重，以实现空间的完美衔接。

↑ | 外立面
→ | 一楼——大厅
　　二楼——图书馆
　　三楼——音乐学校

项目信息

竞赛名称：新文化中心和地下停车库设计，参赛时间：2008年，竞赛规模：欧洲竞赛，竞赛所获名次：一等奖，主办方：温斯霍滕市，客户：温斯霍滕市，总面积：文化中心8,000平方米；停车场5,000平方米，摄影师：桑德罗·德拉戈

竞赛名称：新文化中心和地下停车库设计，参赛时间：2008年，竞赛规模：欧洲竞赛，竞赛所获名次：一等奖，主办方：温斯霍滕市，客户：温斯霍滕市，总面积：文化中心8,000平方米；停车场5,000平方米，摄影师：桑德罗·德拉戈

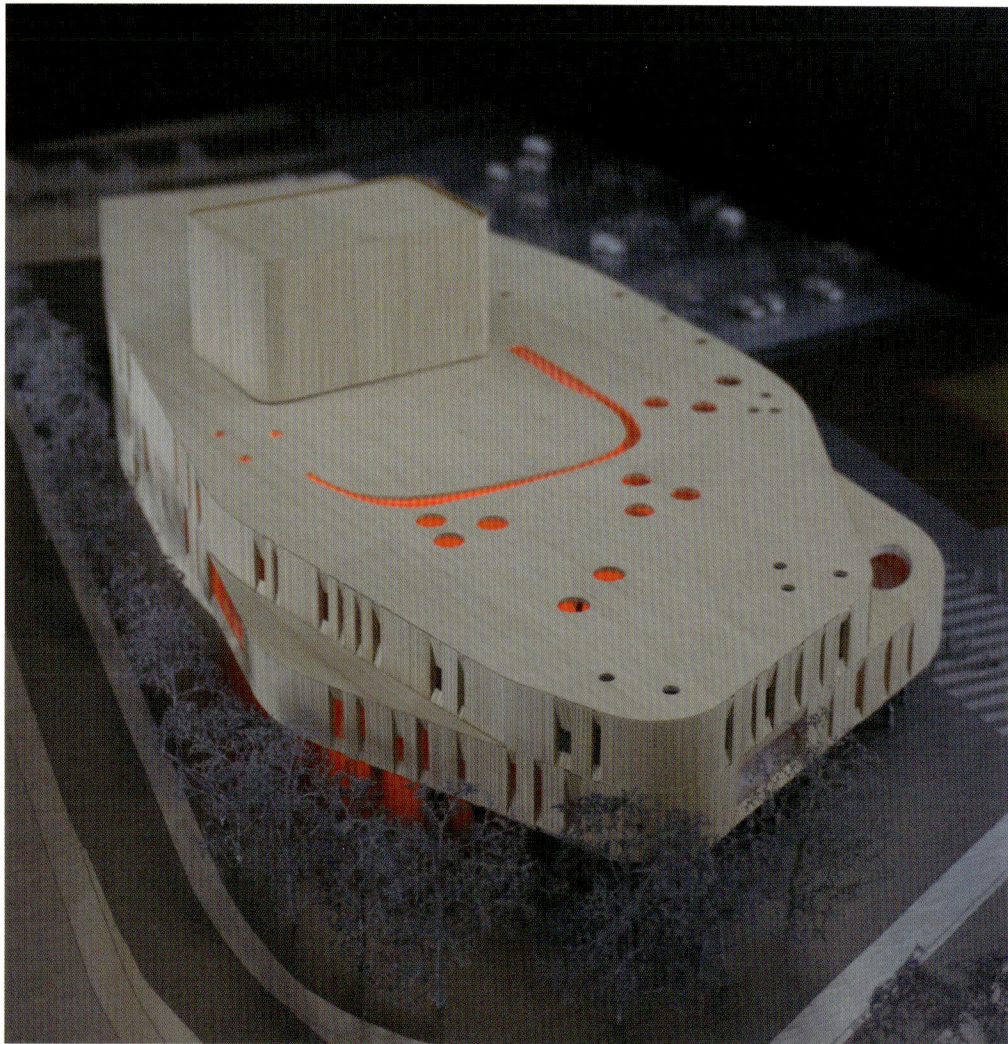

←丨模型
↓丨夜色中的文化中心

285

↑｜图书馆
↓｜剖面图

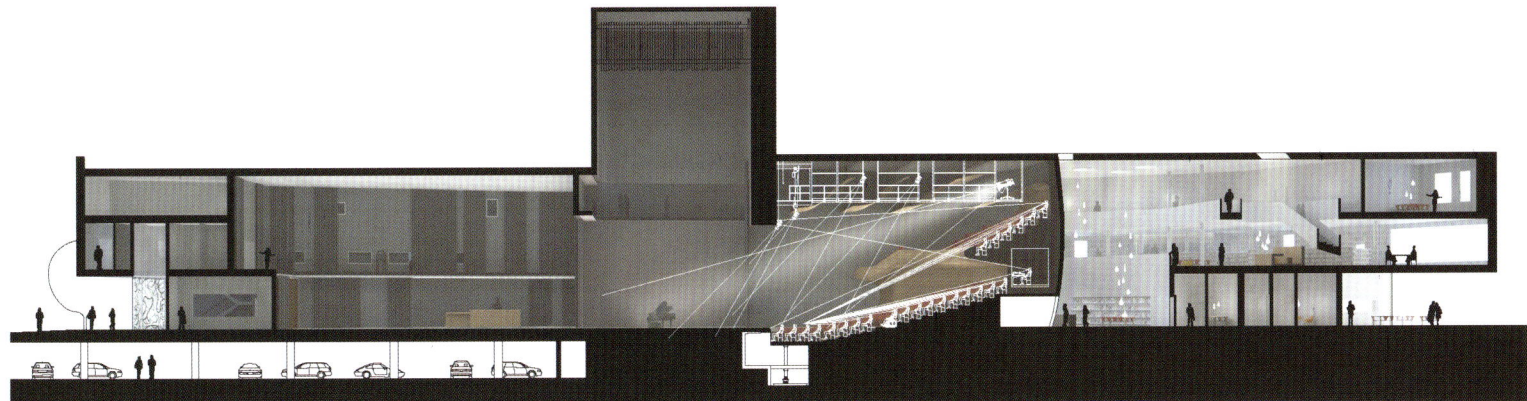

伍尔特文化和会议中心

德国 金策尔斯奥

J. MAYER H. Architects事务所

该项目是在原有建筑的基础上重新打造一个活力四射、生机勃发的文化和会议中心。四个独立的"翼型"结构巧妙地结合在一起，匠心独运，形成一道独特的风景。建筑融合演绎空间、博物馆、图书馆以及接待空间于一体，完美衔接、自然过渡。四个"翼型"结构的内部各设有一个相关的功能核心区。

↑ | 音乐厅

竞赛名称：阿道夫·伍尔特股份有限公司国际竞赛，参赛时间：2006年，竞赛规模：国际竞赛，主办方：阿道夫·伍尔特股份有限公司，客户：阿道夫·伍尔特股份有限公司，项目占地面积：14,000平方米，设计师照片提供：奥利弗·埃尔比格

↑ | 大厅
↓ | 入口

↑ | 大厅
↓ | 全景

↑ ｜ 博物馆
→ ｜ 总平面图

Plan

ning

规划

洛斯·克里斯蒂亚诺斯港口及其周边地区城市规划

西班牙 洛斯·克里斯蒂亚诺斯

AmP Arquitectos 设计事务所

在完成对港口的充分计划、测量、布局之后，该项目成功打造了一个集城市核心、港口和沿海地区于一体的连续公共空间。项目对滨海大道进行了有效延伸，从而令洛斯·克里斯蒂亚诺斯海滩和拉斯维斯塔斯海滩景致完美地结合在一起，使人流连忘返。一个大型的露天购物中心为该地区提供了一个开放灵活的商业领域，人们在清新宜人的环境中，可以尽情享受购物的乐趣。

↑ | 广场
↗ | 港务局办公大楼
→ | 模型

竞赛名称：洛斯·克里斯蒂亚诺斯港口及其周边地区城市规划招标，参赛时间：2006年，竞赛规模：国际竞赛，竞赛所获名次：第一名，主办方：圣克鲁斯特内里费港务局，阿罗纳市政府，客户：圣克鲁斯特内里费港口管理局，项目占地面积：34,300平方米

↑｜航测图
↓｜广场下方的码头

↑ ｜ 项目整体航测图
→ ｜ 总体规划

Los Cristianos

Puerto de Los Cristianos

墨西哥独立两百周年纪念广场

墨西哥 墨西哥城

设计师：Bruschi-Esposito建筑事务所/ René Caro建筑事务所/ SPRB建筑事务所

设计师意在于Concepción Chapel周围创建一个专门用来纪念墨西哥的独立和解放并可以举行仪式的最佳场所。项目采用悠长的矩形设计，通过一堵绿墙将仪式地与周围喧闹的市区环境隔离开来。内部空间划界明显，自由通畅，极少树木，没有林荫道；与之相对的外部空间则相对比较活泼，突破内部中规中矩的设计风格，在设置林荫区的同时，融入了景观植物和建筑元素，人行道入口处沟壑式设计充满动感色彩。巨大的绿色墙在外围喧闹的城市生活和内部形而上学的设计特征之间起到一个环境转换的过渡与缓冲作用。

↑ | 广场内部空间由绿墙环绕

→ | 纪念广场与墨西哥城最主要的公共场所"索卡罗"和大都会教堂相对

↓ | 进入室内的通道

竞赛名称：墨西哥独立两百周年纪念广场设计竞赛，参赛时间：2008年，竞赛所获名次：一等奖，主办方：墨西哥城，项目占
地面积：53,000平方米

↑ | 广场周围的绿化带
↓ | 总平面图

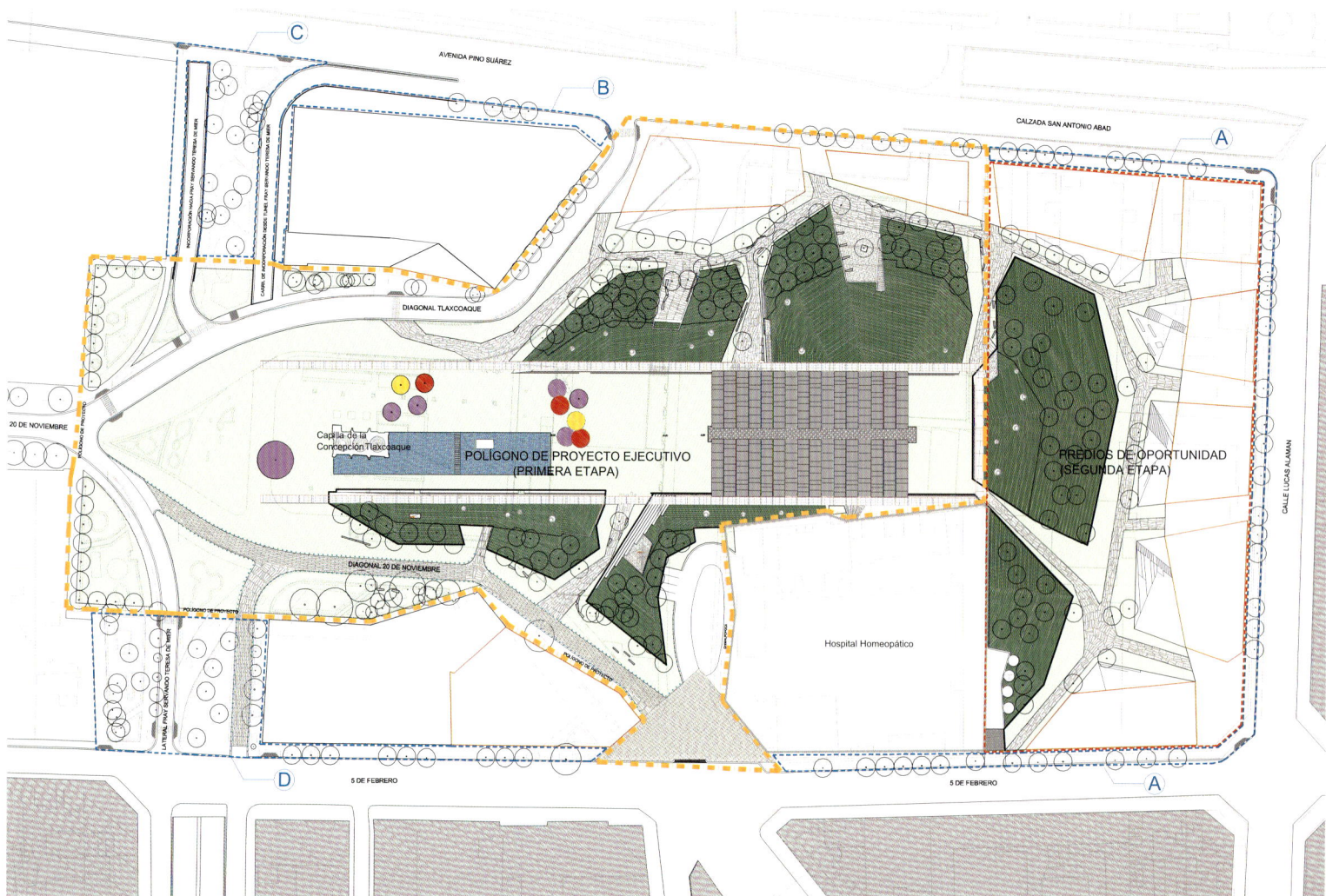

↑｜广场正面，设有Concepción小教堂和绿墙
↓｜纪念广场，"索卡罗"和大都会教堂航测图
→｜略图

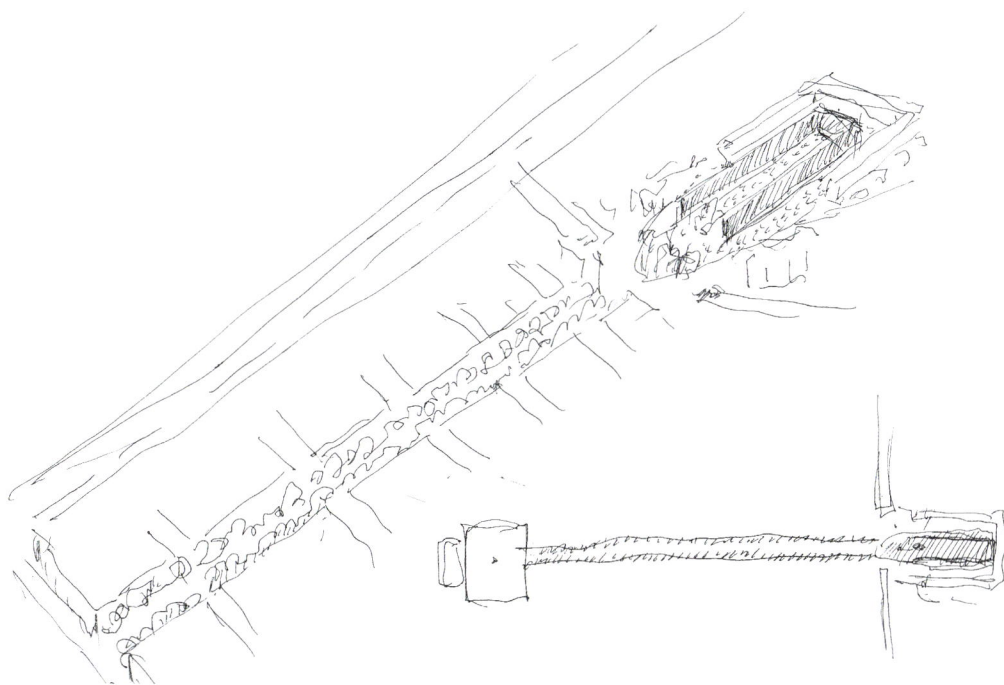

瓦伦城市景观与交通规划项目

卢森堡 迪德朗日

GROUP A建筑设计公司

该城市规划的总体目标是通过景观和交通规划，为迪德朗日市打造和谐统一的崭新形象。项目坐落于一个山谷之中，位于该城市南部地区的中心，在现有住宅区与城市中心之间扮演分水岭的角色。设计师意在通过城市规划将项目所在地与城市中心完美地融合在一起，促进二者之间的沟通与交流。山谷的中央被巧妙地勾勒出一个开放式"绿色之心"，而山谷的边缘则扩建成住宅区，最终实现规划的设计目标。

↑｜对工业遗迹的重新利用打造了独特的外观形象
→｜古老的水塔成为崭新的地标

项目信息

竞赛名称：迪德朗日空间结构概念设计，参赛时间：2009年，竞赛规模：公开预选，12个设计工作室入围，竞赛所获名次：纪念奖，主办方：迪德朗日市，项目占地面积：390,000平方米

↑ ｜ 打造迪德朗日旅游景观
← ｜ 沿线建筑区

↑ | 山谷的绿色中心区
→ | 水引流到山谷之中

Hill-versum综合社区

荷兰 希尔弗瑟姆

SeARCH建筑事务所

↑ | 建筑南端

该综合社区已停用多年，其简约传统的外观深得当地居民的欣赏。SeARCH建筑事务所在确保维持原有建筑宜静宜动的特点的基础之上，打造一个多层建筑群及一个完善的绿化区。同时，通过图案的巧妙设计令周围三个区域自然衔接，和谐统一。多层建筑群之间的假山可以巧妙地解决空间绿化问题，更为整个地区增添诗意。除此之外，绿化带与建筑之间衔接自然。

项目信息 | 竞赛名称："圆形广场"住宅、绿化和商业空间设计竞赛，参赛时间：2007年，竞赛所获名次：一等奖，客户：阿姆斯特丹 Blauwhoed Vastgoed，希尔弗瑟姆联盟，景观设计：Annemieke Diekman Landschaps建筑事务所

↑ | 从Diependaalselaan大道遥看建筑
→ | 模型西侧

↑ | 从北部遥看绿化带
↓ | 轴测投影，蓝色代表商业区

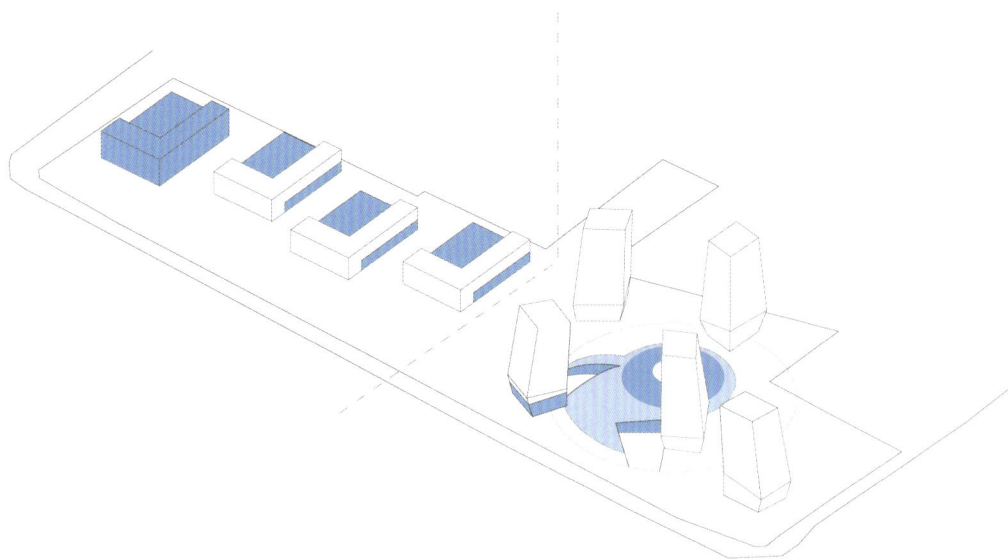

↑ | 西北部鸟瞰图
→ | 中央环形绿化带

Logroño Montecorvo生态城

西班牙 Montecorvo–Logroño市

MVRDV建筑事务所

项目旨在创建一个占地56公顷的生态园，采用可持续发展的设计理念打造住宅、体育设施、零售空间、餐厅、基础设施、公共及私人花园新空间，并与山体实现最佳的融合效果。项目绵延于Montecorvo的两座小山与Fonsalada地区之间，设计师巧妙地通过在山顶上设置风车群以及在南边的坡上搭建PV太阳能吸收板，为整个生态城提供足够的能源。生态家园的每套公寓都将朝向市中心，占该基地总体面积的10%，其余部分将建造生态园。这都将有益于保持整个生态城的资源平衡，并且还可以提高整个西班牙的节能标准。

↑ | Logroño Montecorvo 生态城采用可持续发展的设计理念，将住宅和景观及能源自给巧妙融合在一起
↓ | Logroño Montecorvo 生态城透视图

竞赛名称：Logroño Montecorvo生态城设计竞赛，参赛时间：2008年，竞赛所获名次：一等奖，主办方：西班牙政府，里奥哈自治区，合作伙伴：GRAS工作室

↑ | 公共休闲与娱乐区
↓ | 风车群为整个生态城提供足够的能源

↑｜紧凑的住宅设计实现对景观影响的最小化
↓｜平面图以及建筑和公共停车场横截面

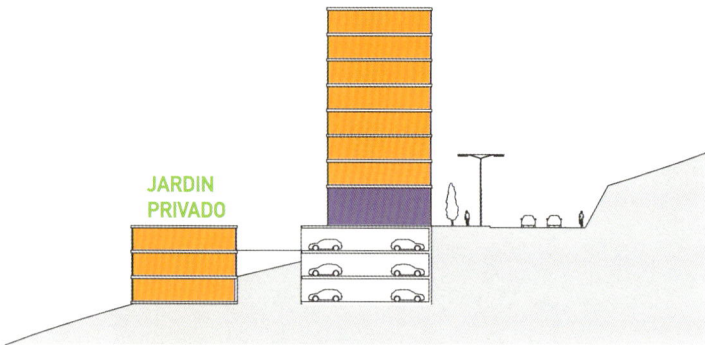

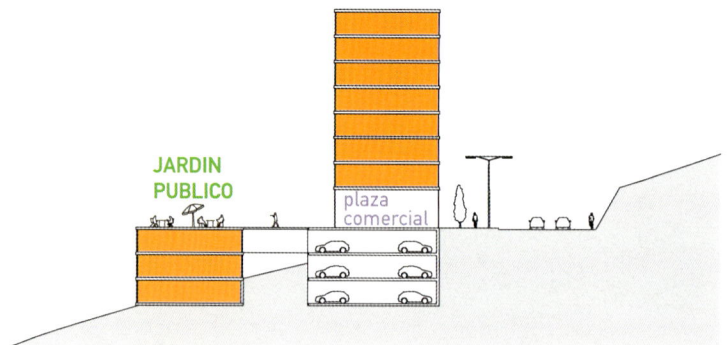

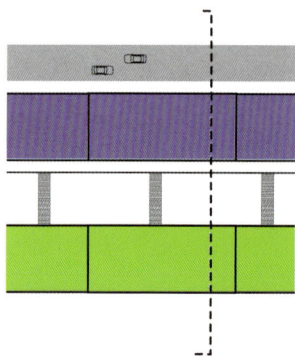

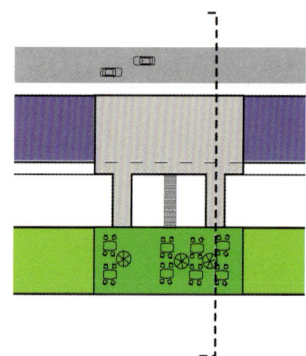

JARDIN
PRIVADO

JARDIN
PUBLICO

plaza
comercial

↑ | 公共区与生态花园相通
↓ | 横截面

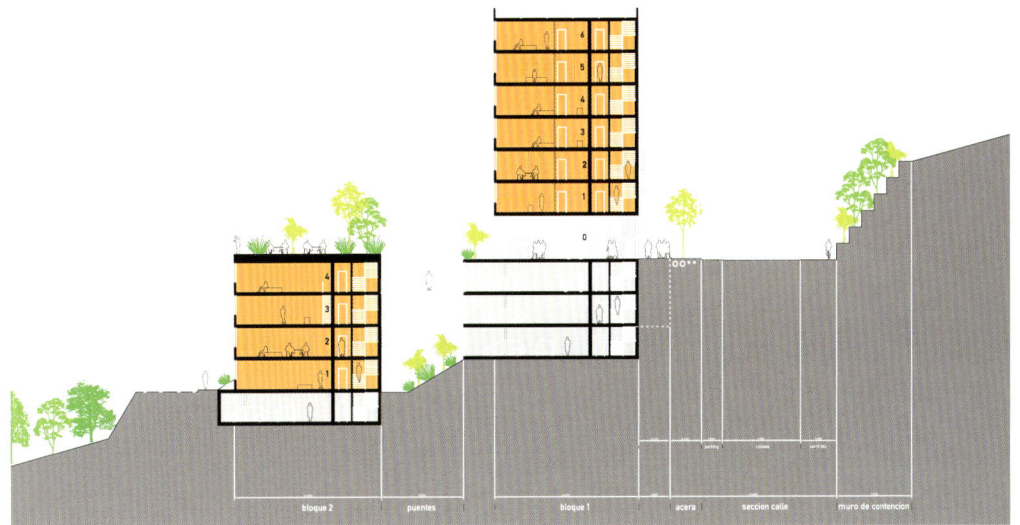

caso 1
BLOQUE VIVIENDAS
+
BLOQUE VIVIENDAS

1:250

MEtreePOLIS未来之城

美国 亚特兰大

HOLLWICHKUSHNER, LLC工作室

Metreepolis这一未来遍布树木的绿色城市，是强化自然的产物。它基于遗传学领域的发展而形成，新型的交通   ↑ | Aoaptive大楼
工具——智能型氢动力吊舱将取代现有汽车，减轻紧张的交通状况的同时，有效节省能源。光合分子与固态的
电子设备合成的半自然景观时刻为人们提供清爽怡人的空间。

竞赛名称：梦幻城市设计竞赛，参赛时间：2008年，竞赛所获名次：一等奖，主办方：历史频道——未来城市设计大赛，客户：历史频道，项目占地面积：341.2平方千米

↑｜休闲领地
→｜共生大楼

↑ | 效果图
↓ | 剖面图
↓↓ | 正面图

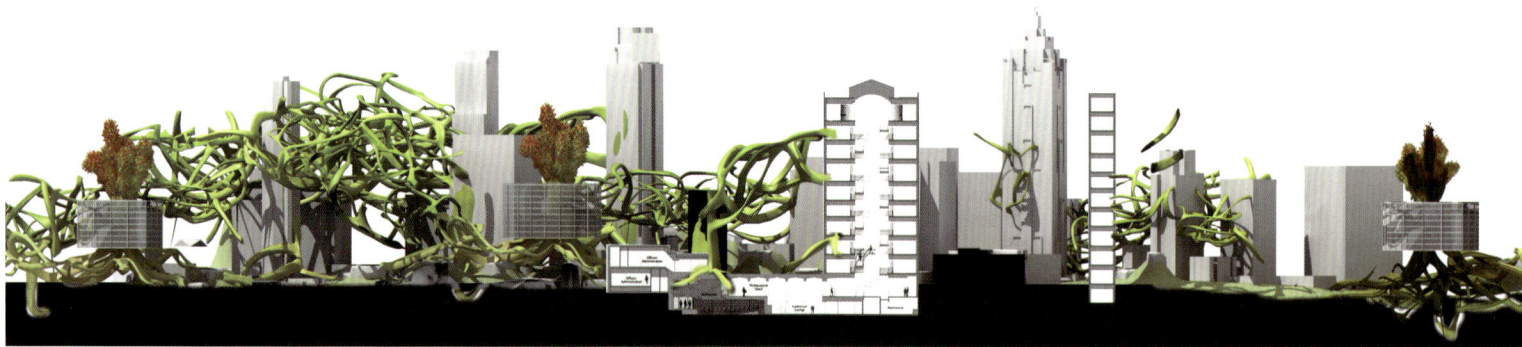

↑｜城市景观
→｜模型

新荷兰岛

俄罗斯 圣彼得堡

Foster + Partners工作室

这个项目是新旧之间创造性的对话。这些建筑历史上原本是存储木材的仓库，重建后要成为酒店、零售店，另外还有一系列的艺术性建筑。办公区弥补了铁三角中缺失的一角，将把岛屿变成集办公与休闲于一体的聚集地。一个船坞形状的室外活动场馆给岛上提供了户外活动场地，注水可划船，结冻可溜冰。原来的圆形大厅改建成可容纳400人的音乐厅，为传统的戏剧、歌剧、舞蹈表演提供场地；而演出的主要场馆——可容纳2000人的节日庆典大厅——才是最引人注目的部分。一条艺廊在地下把三个表演场馆连接起来。通过运用复杂的自然通风系统和节能策略，最大限度地利用雪的绝缘性能和周围运河的降温潜力，岛屿实现了节能与可持续发展。

↑ | 户外活动场地
→ | 大型显示屏将礼堂内的表演展示给公共广场上的观众
↓ | 中央广场上，原有的仓库和酒店位于其左侧，主要场馆则位于中心地带

项目信息

竞赛名称：新荷兰岛重建竞赛，参赛时间：2006年，项目完成时间：2010年，竞赛所获名次：一等奖，主办方：新荷兰，客户：新荷兰，设计师合作伙伴：Yuri Mityurev Studio建筑工作室，摄影师：奈杰尔·杨/ Foster + Partners工作室，模型摄影师：理查德·戴维斯，图片渲染和绘制：Foster + Partners工作室

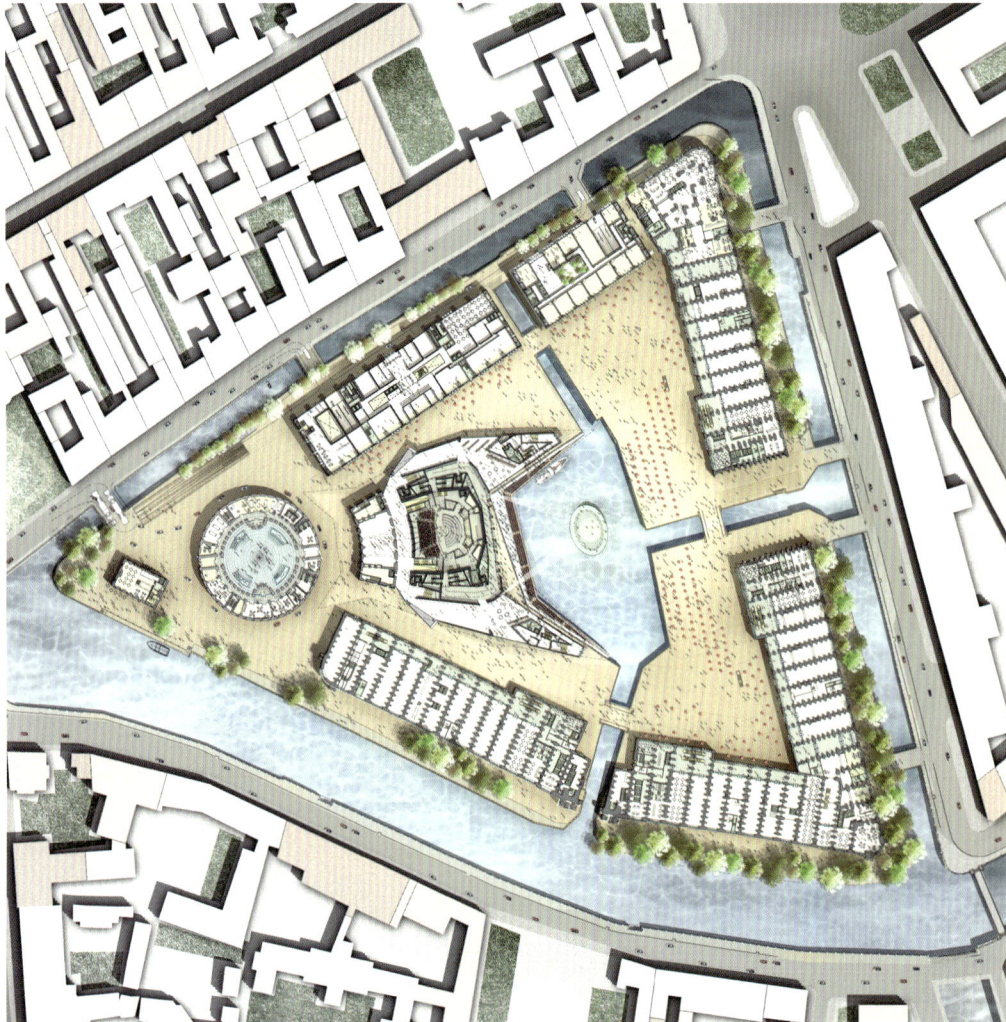

↑丨音乐大厅内部
↓丨模型

地拉那巨石建筑

阿尔巴尼亚 地拉那

MVRDV建筑事务所

↑ | 项目航测图

地拉那湖区是城市中一个重要绿地。该项目旨在于湖的北岸创建一个占地20公顷的休闲空间，通过公园、娱乐设施、公共空间和生态方式的有机结合借以改善环境。项目共涉及225,000平方米的住房建设、60,000平方米的办公空间设计、20,000平方米公共建筑、60,000平方米零售区以及占地1.5万平方米的酒店和2万平米运动娱乐设施和停车场的总体设计。项目由阿尔巴尼亚私人开发商开发，预计2010年完工，估计总投资为600亿欧元。

竞赛名称：地拉那湖岸市郊区域生态总体规划，参赛时间：2008年，竞赛规模：国际竞赛，竞赛所获名次：一等奖，主办方：地拉那城和国际评委会，客户：阿尔巴尼亚私人开发商，项目占地面积：200,000平方米

↑｜地拉那巨石建筑旁的地拉那湖散步广场
→｜示意图

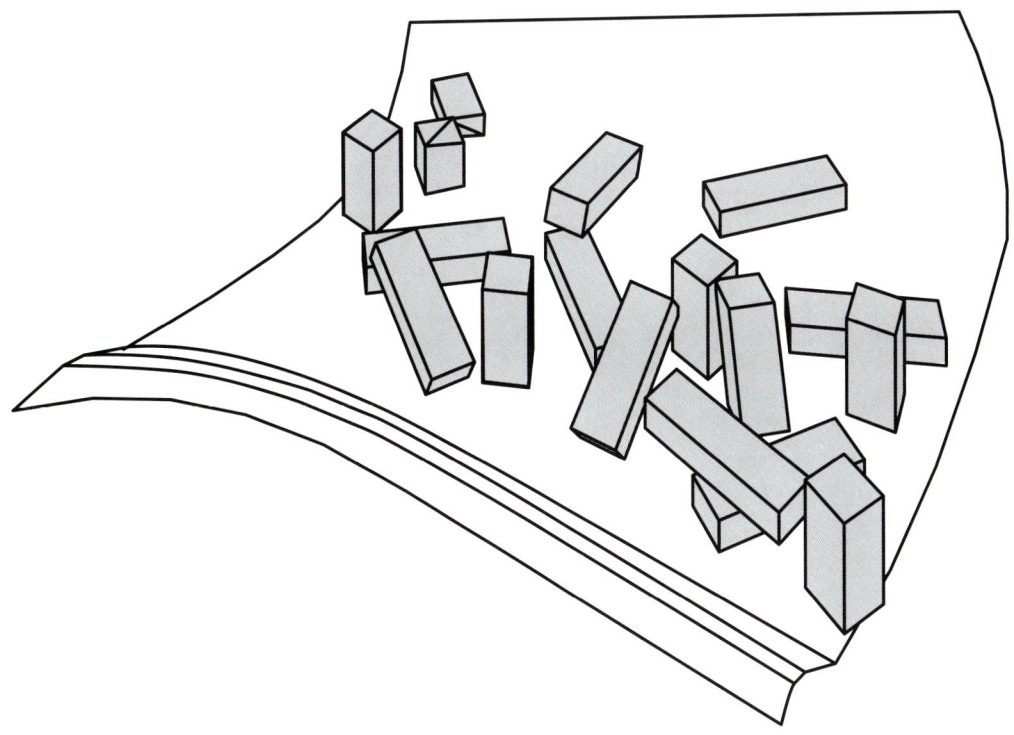

↑｜从地拉那湖遥看地拉那巨石建筑
←｜总平面图

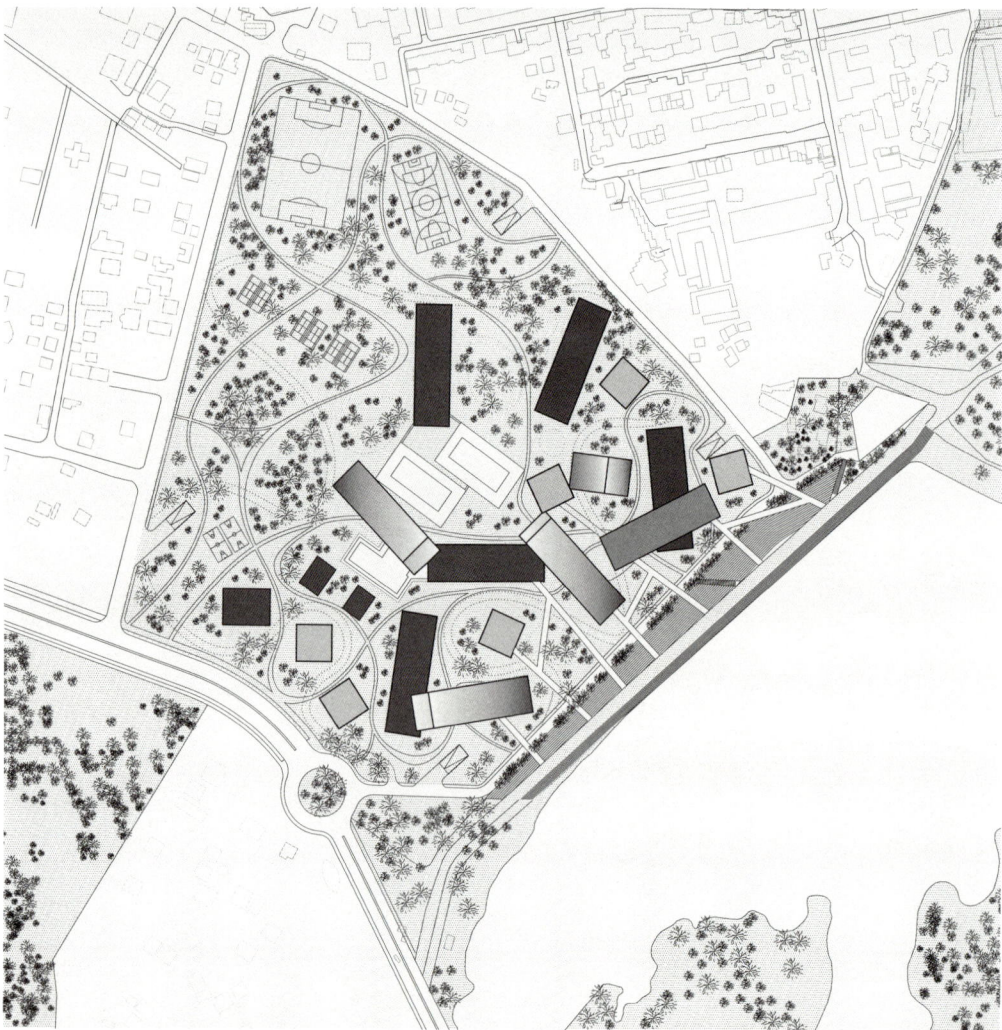

↑｜悬臂和倾斜部分为公寓、购物中心和办公提供了足够空间，并与地拉那市地形遥相呼应
→｜地拉那巨石建筑及其周围地区鸟瞰图

Public F

acilities

公共设施

水中阁楼

意大利 帕基诺

ALTRO工作室

↑ | 俯视图

在意大利，洪灾、水位上涨时有发生，尤以威尼斯最为常见。该项目为预防灾难性环境的建筑设计提供了可行性方案。该建筑采用钢筋混凝土搭配高炉熔渣结构。混凝土的结构中添加了钢筋：平台、外窗板等等，同时，当洪水来临时还可以作为系泊装置使用。室内窗户全部采用双层设计，并在中间用胶合板加护。在开口附近的玻璃窗变成小型隧道以便庭院中的水流通。建筑还设置了两个车库，包括汽车车库和临时车库。洪水来临时，汽车可以通过玻璃电梯来到临时车库，安全。

竞赛名称：2008富勒挑战赛，参赛时间：2008年，竞赛规模：国际竞赛，竞赛所获名次：提名奖，主办方：富勒学院出版社——"创意指数"，客户：萨巴蒂尼·比安卡，项目占地面积：300平方米，摄影师：安娜·丽泰·艾米莉

↗ ｜洪水中的建筑
→ ｜透视图

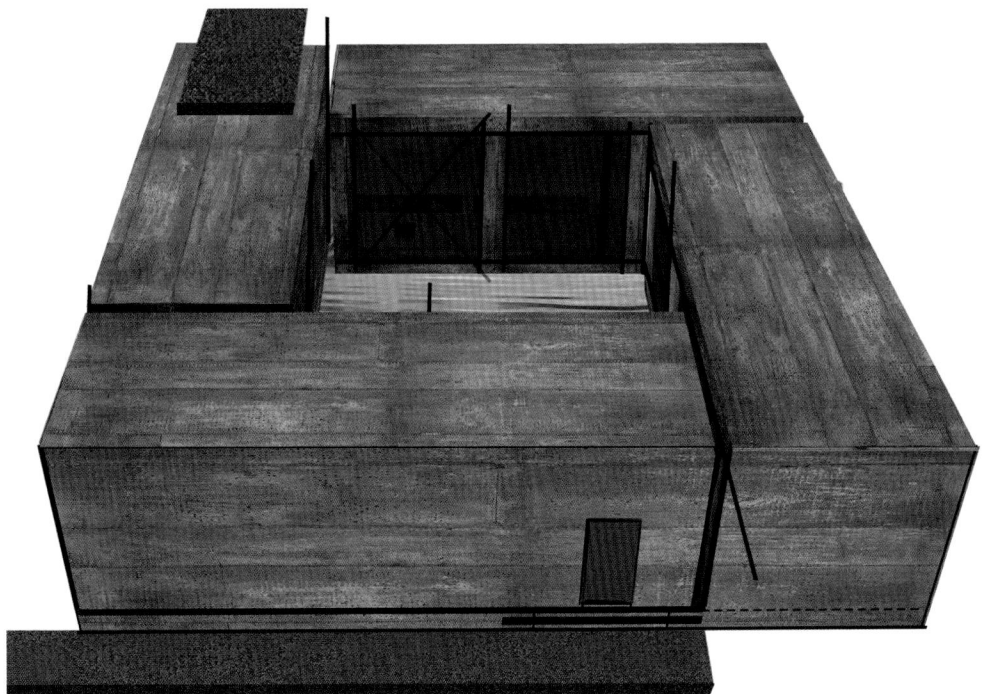

↑ | 天井
↓ | 立视图

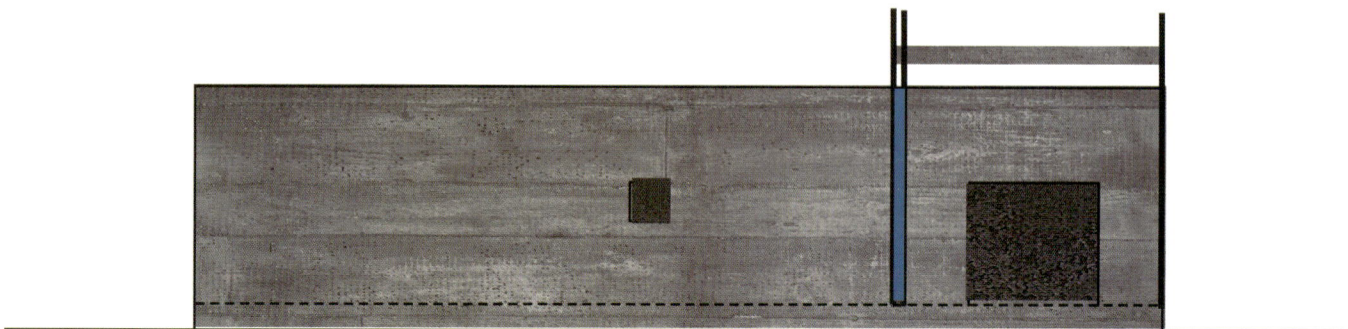

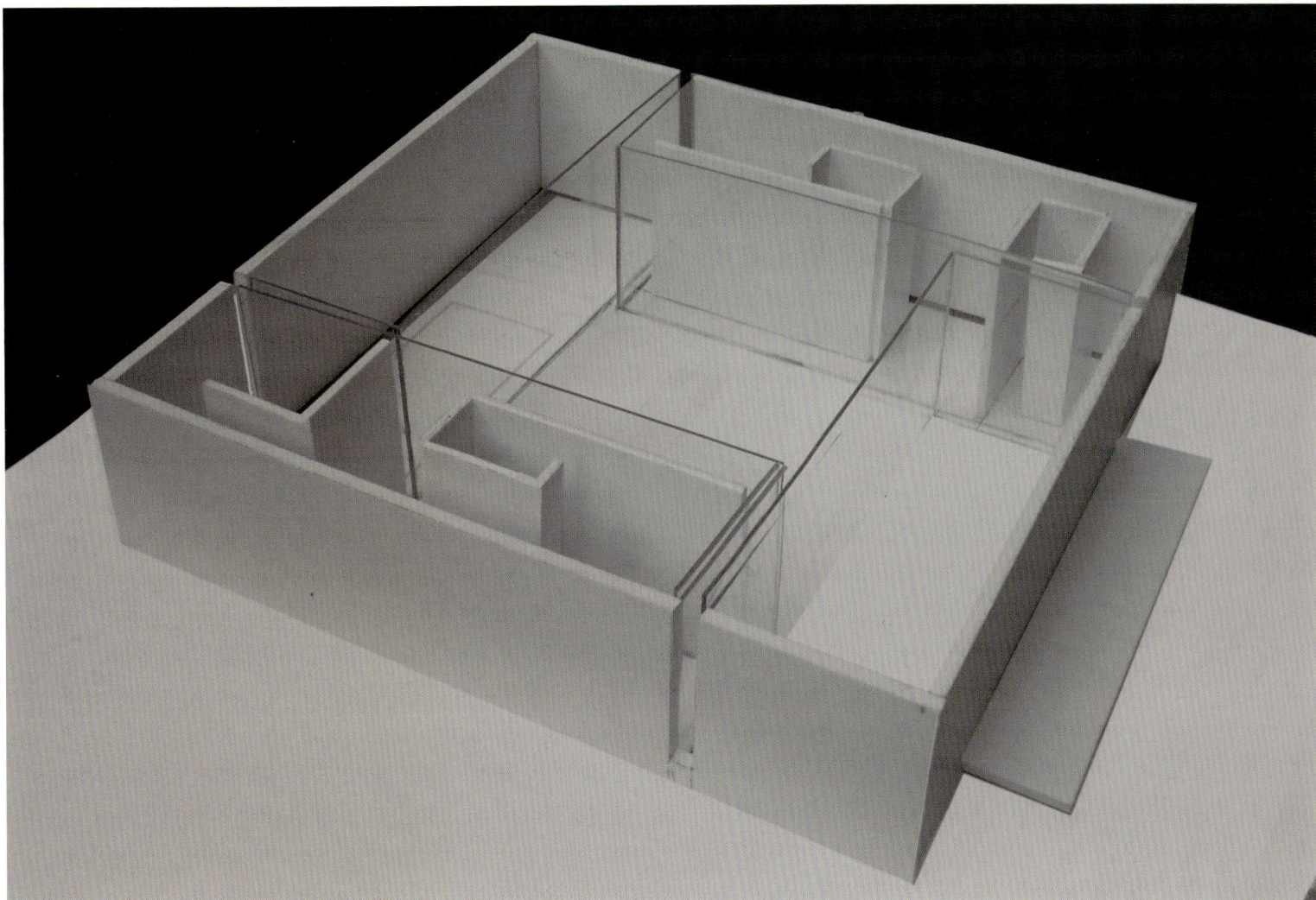

↑｜模型
→｜平面图

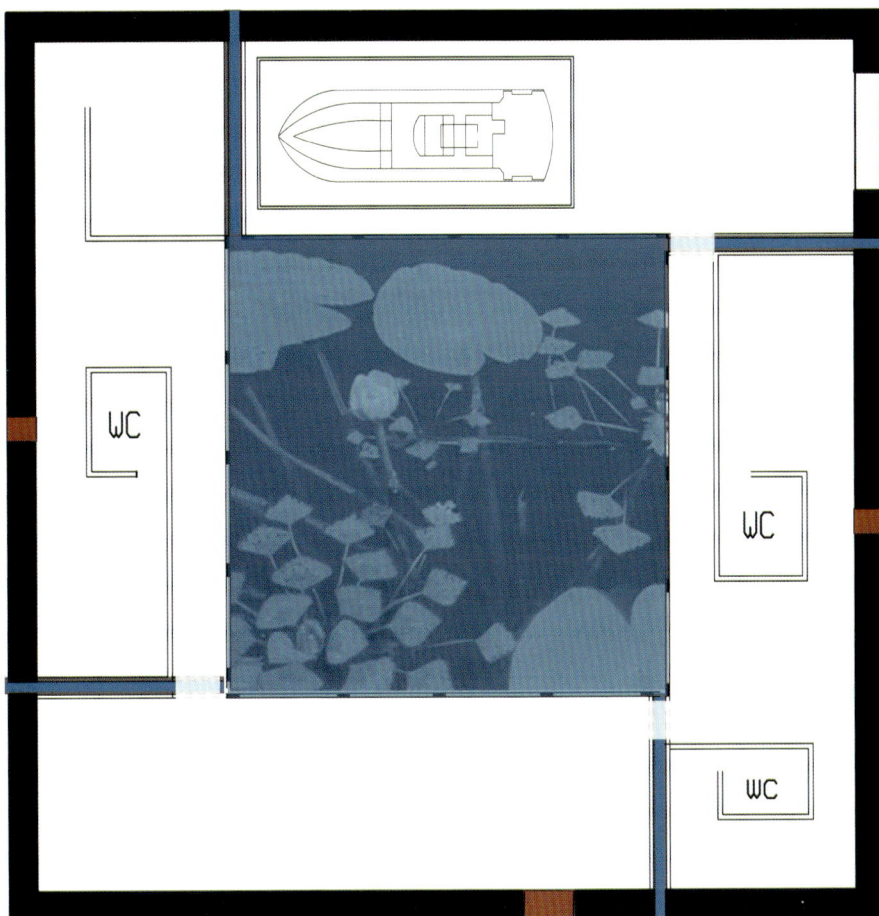

采辛恩火车站

卢森堡 采辛恩

Polaris Architects/ NIO Architecten事务所

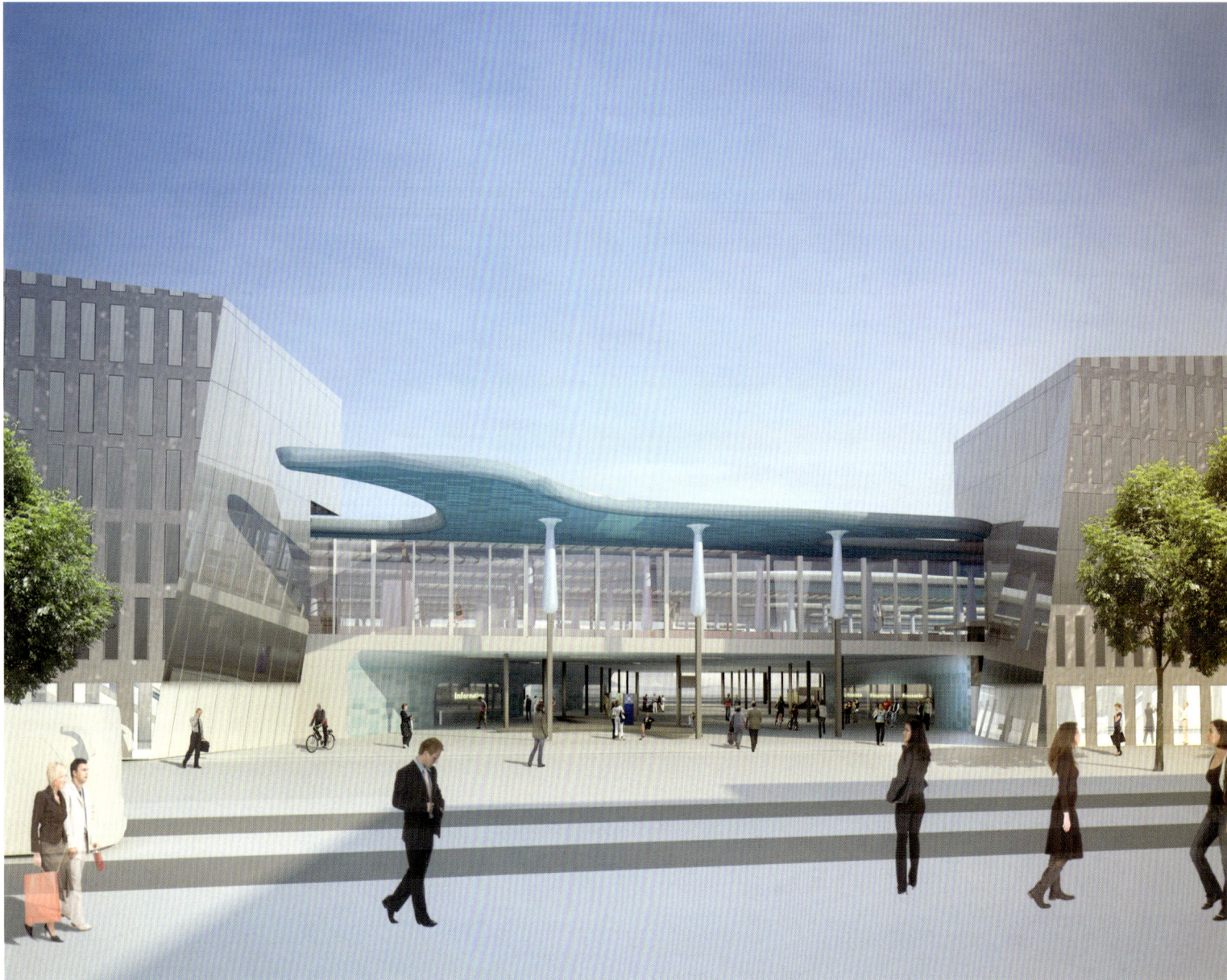

设计师巧妙地营造了一个温馨和谐的车站空间，同时有效缓解了交通与周围建筑环境之间的矛盾。从城市的角度来说，该车站与周围景观和谐统一，同时对中央火车站进行了完美补充。空间布局合理，构思巧妙、自然通畅，摆脱人流拥挤的困扰。公共入口分为两层，站台与其他通道分隔开来。通过一个内部公共街道可以直接看到轨道上的火车呼啸而过。

↑ | 北入口
→ | 街景

竞赛名称：卢森堡采辛恩车站设计国际竞赛，参赛时间：2009年，竞赛规模：国际竞赛，竞赛所获名次：决赛作品，主办方：卢森堡公共交通部，项目占地面积：100,000平方米

← | 北入口
↓ | 模型

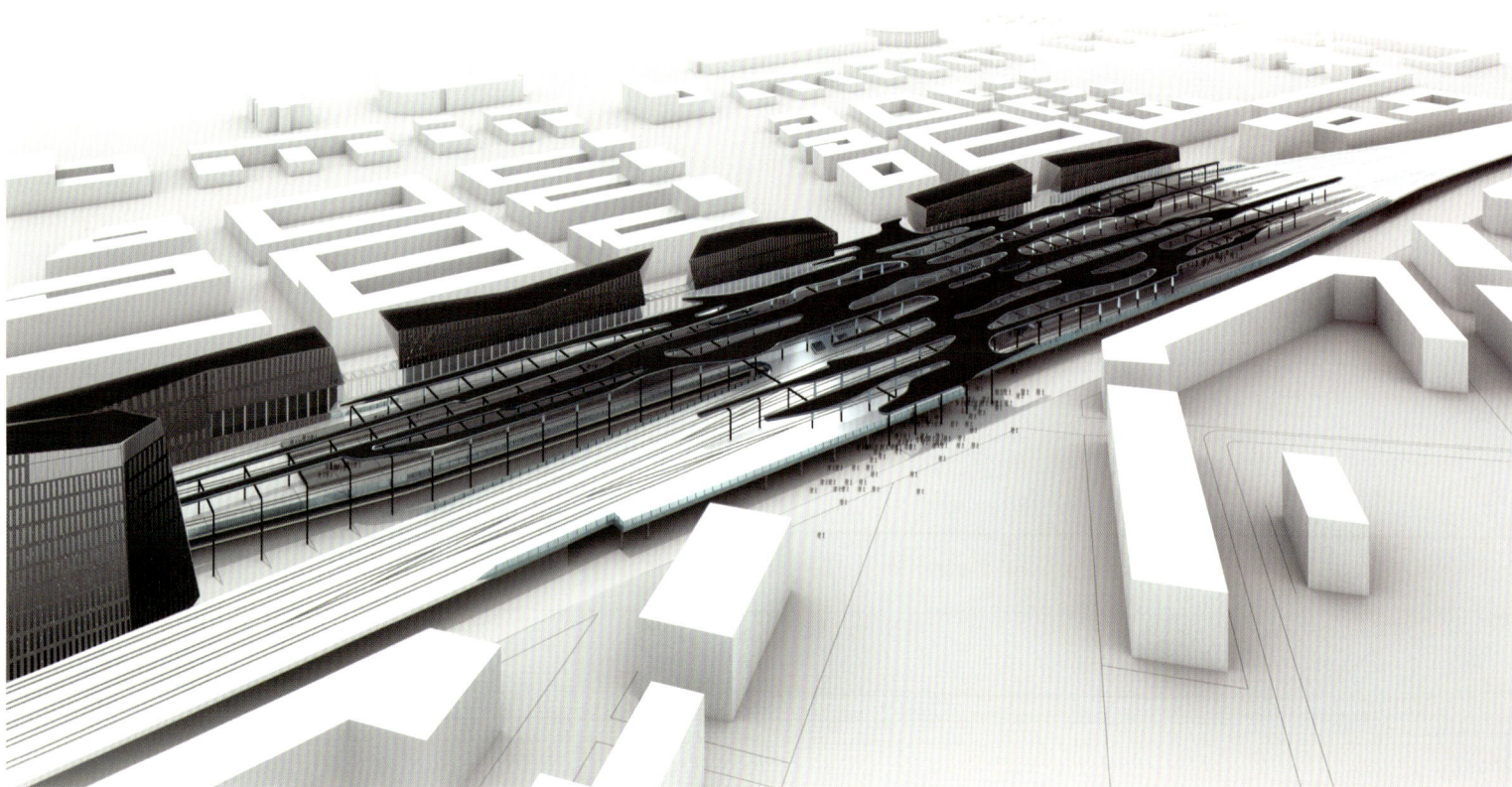

↑ | 街景，通往出入口购物区
→ | 细节图
↓ | 平面图

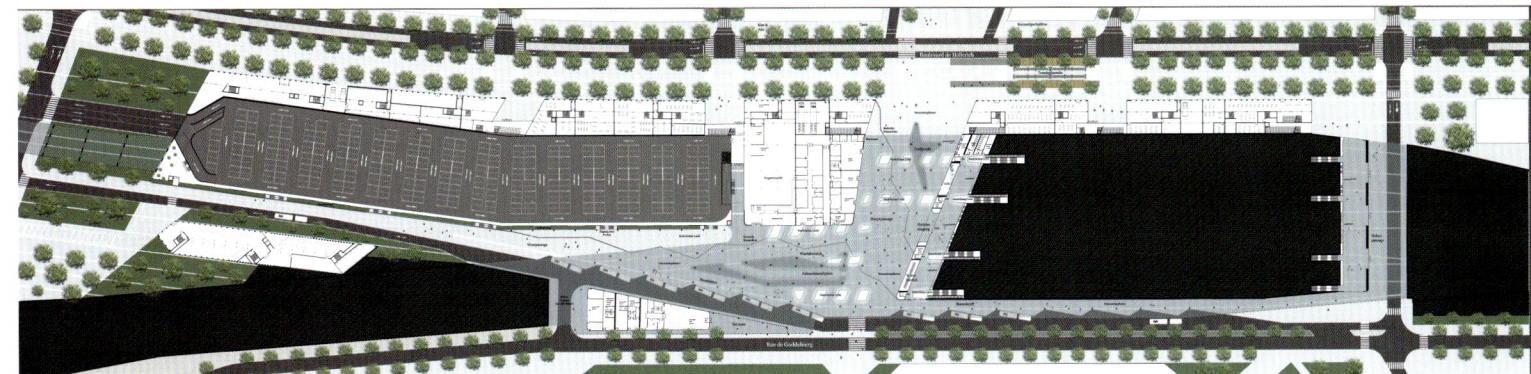

希腊雅典文化主题公园

希腊 雅典

Anamorphosis-Architects设计事务所
尼科斯·乔治艾迪斯，科斯塔斯·卡卡科扬尼斯，帕纳伊奥塔·玛玛拉齐，维奥斯·杰多诺思，安多麦琪·达马拉

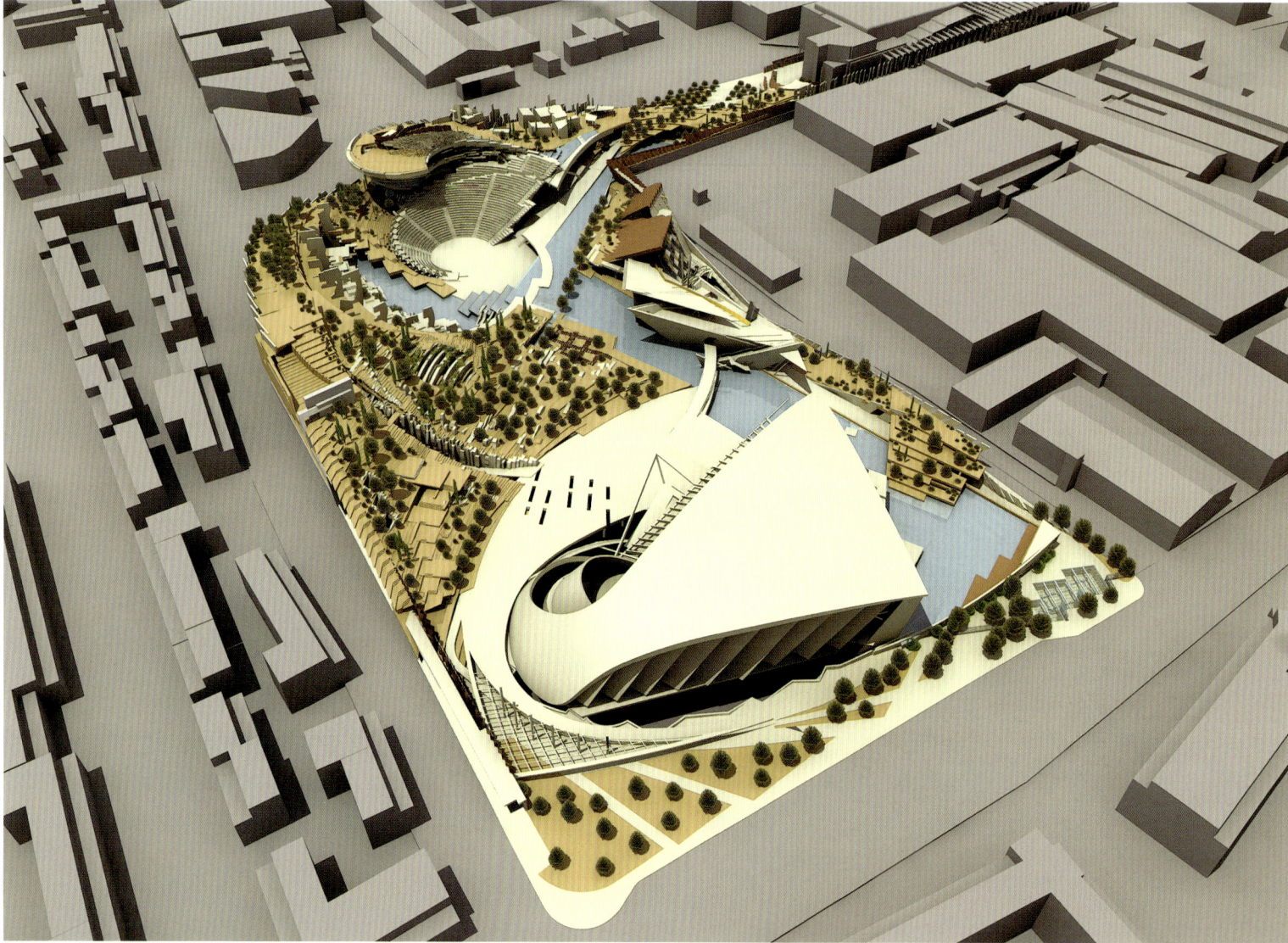

该项目位于希腊雅典的中心，占地60,000平方米。设计师计划将其打造成雅典的一个新的文化中心，并吸引来自国内外的游客到此观光。项目的规划和设计将围绕着希腊历史、神话故事和景观进行。总体设计以历史和神话故事的当代理解为基础，从方案到规划细节，将希腊历史和神话同独特的景观特点和结构完美融合是整个设计的主要原则。

↑ | 项目的城市背景

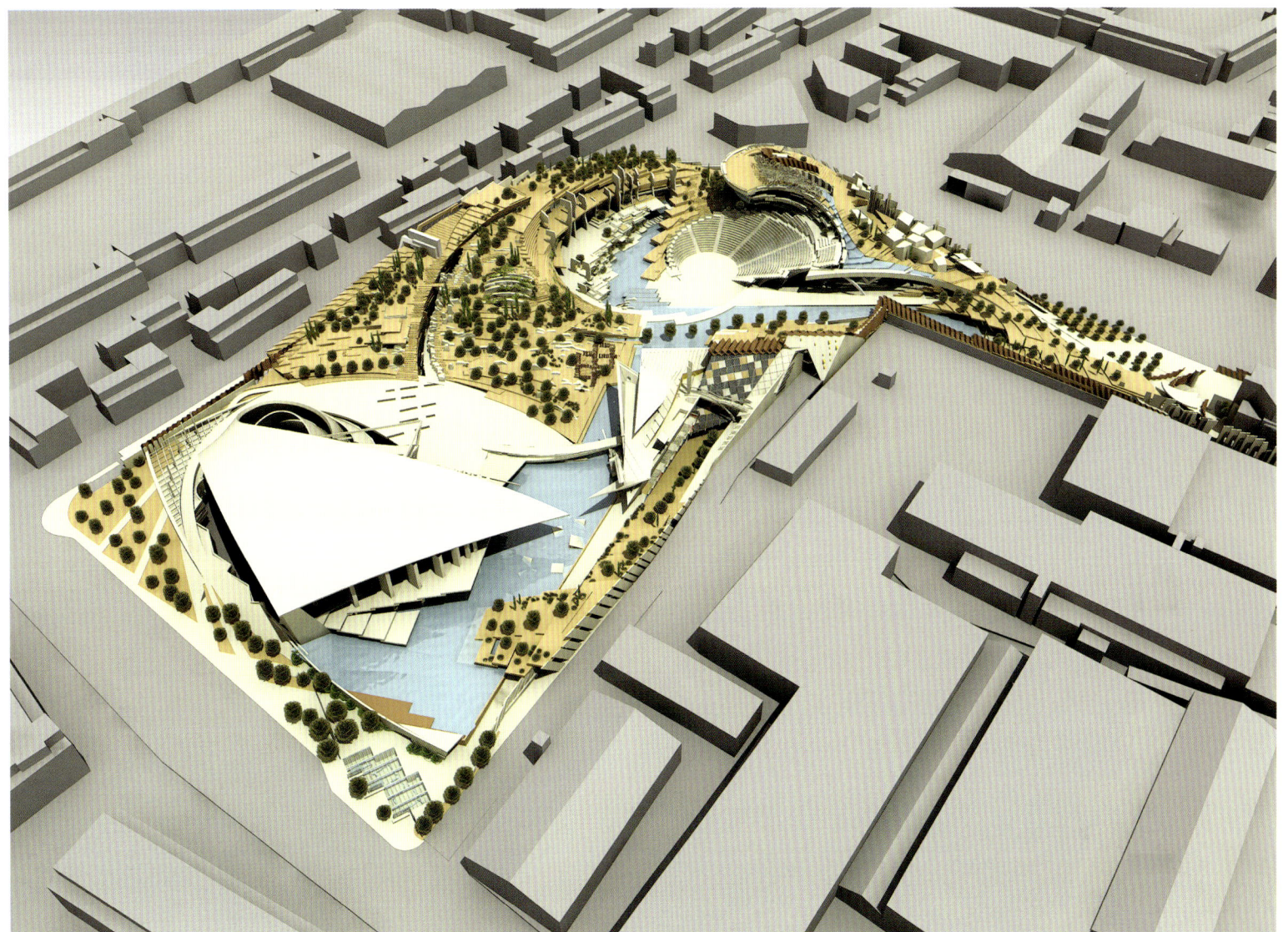

↑｜建筑南部
→｜建筑西部

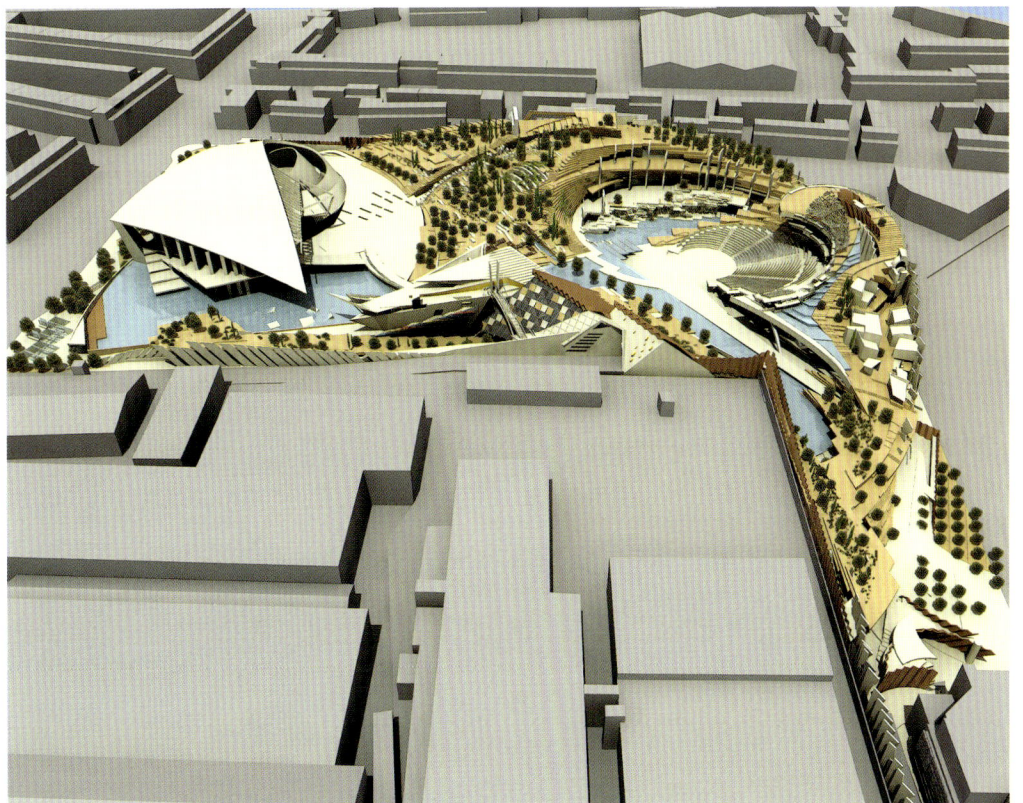

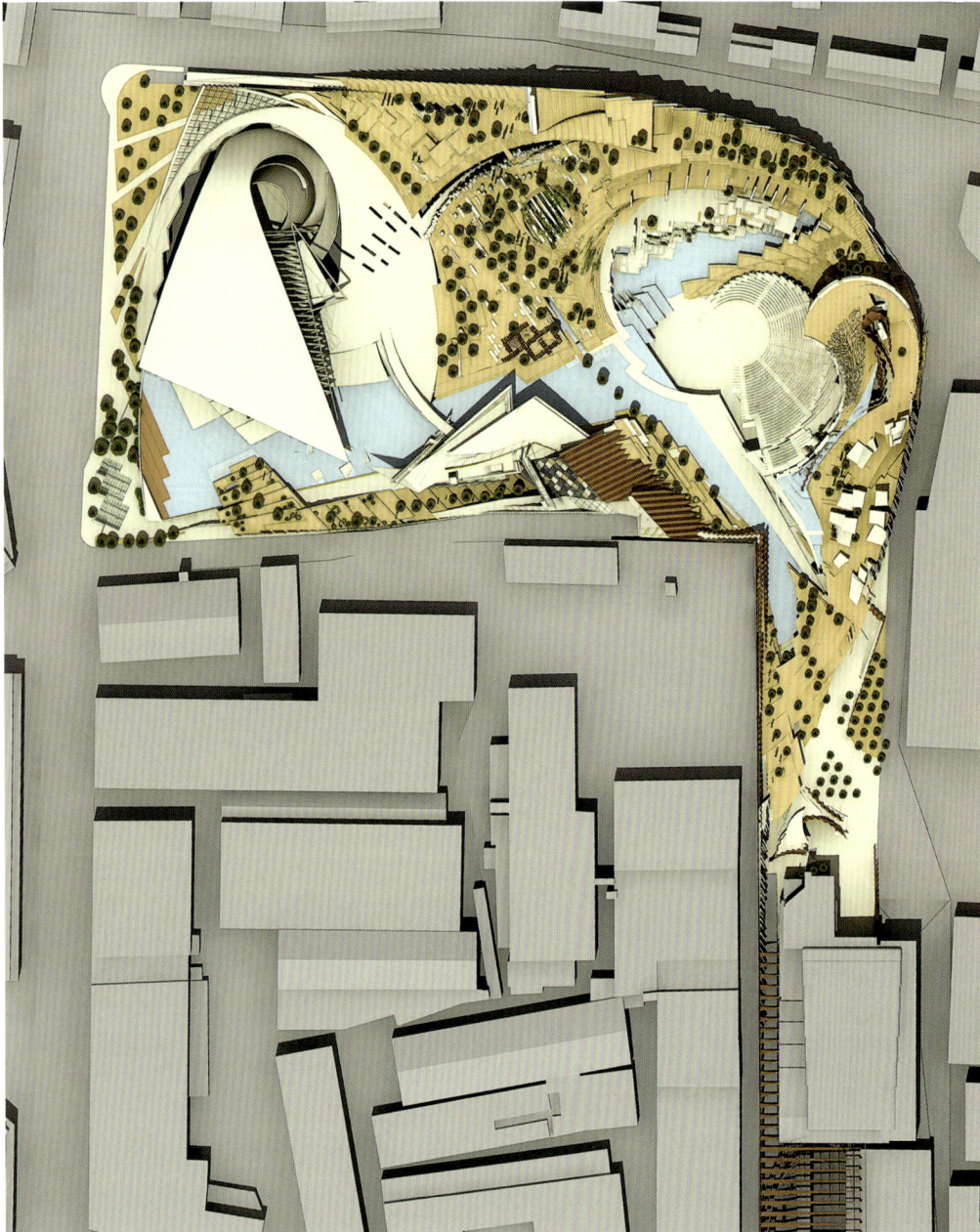

← | 古典剧院景观
↙ | 希腊雅典文化主题公园综合体
↗ | 露天剧院和研究中心
→ | 希腊雅典文化主题博物馆总设计图

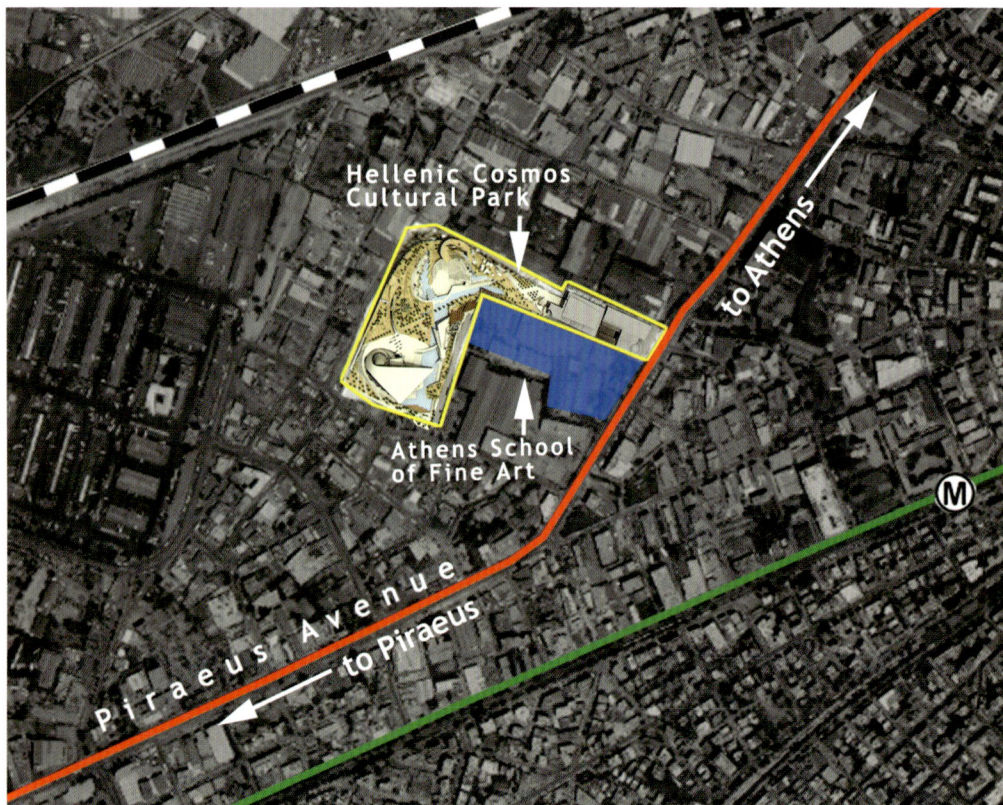

Hellenic Cosmos Cultural Park

Athens School of Fine Art

to Athens

Piraeus Avenue — to Piraeus

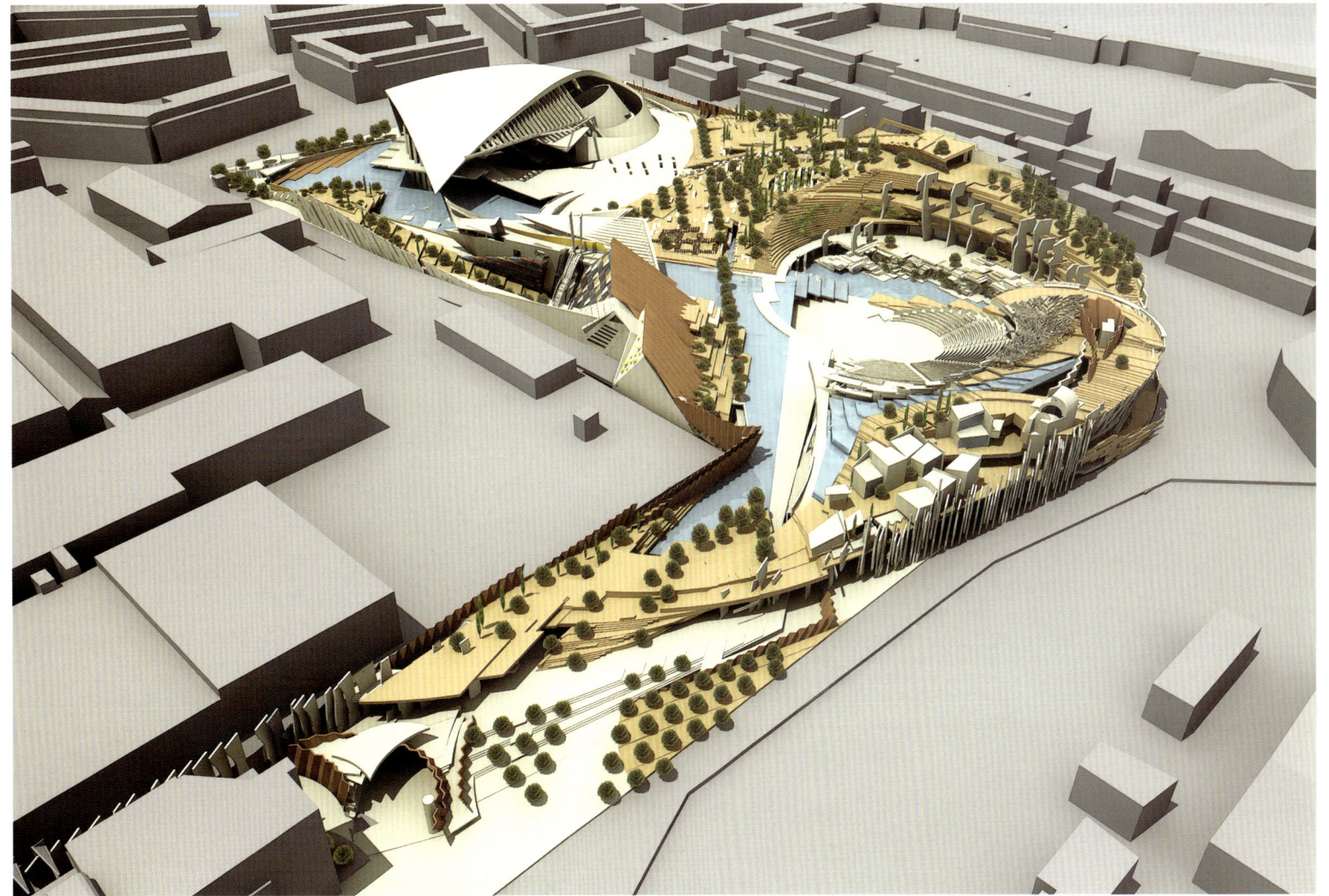

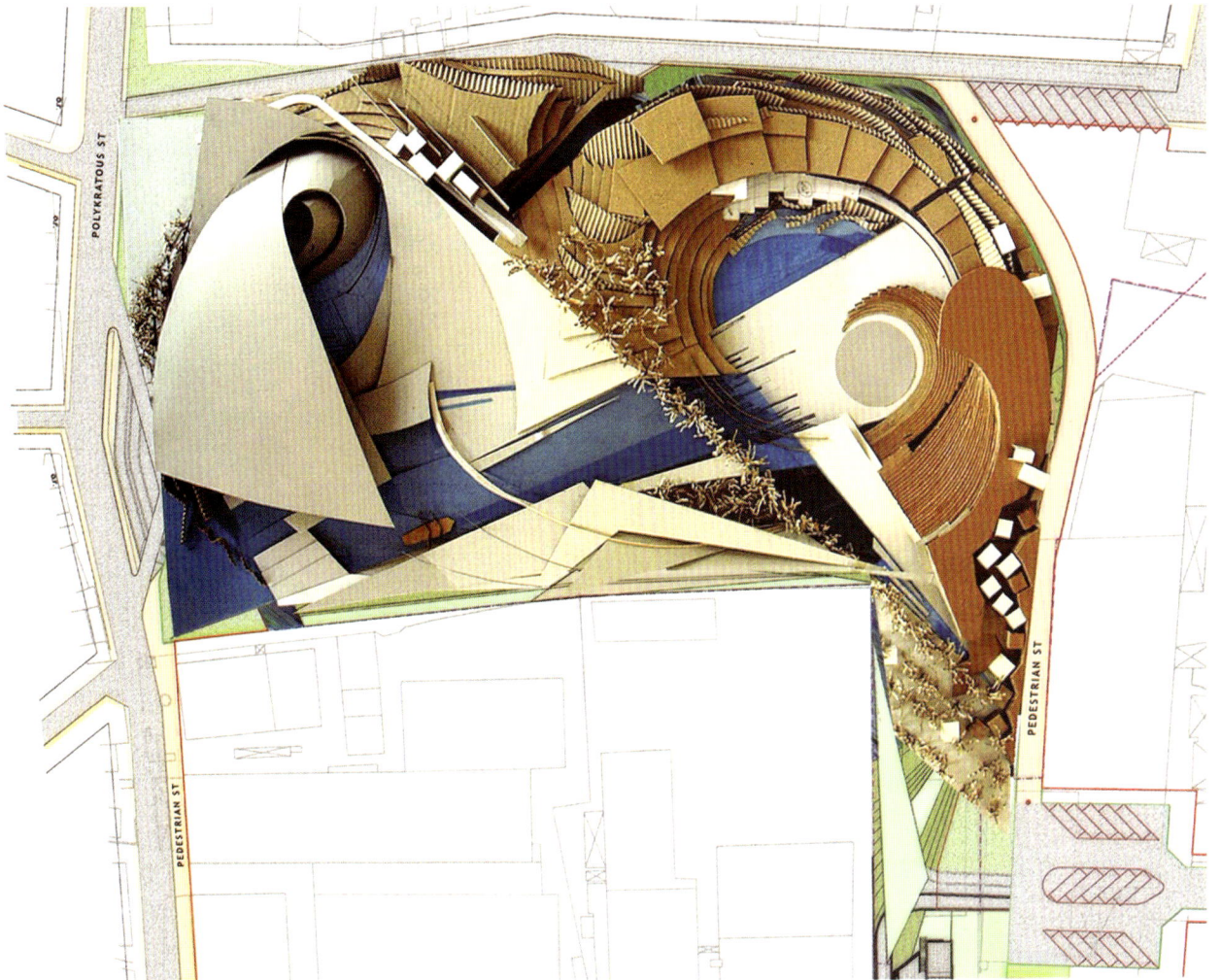

法罗卡韦公园

美国 纽约

WXY建筑设计工作室

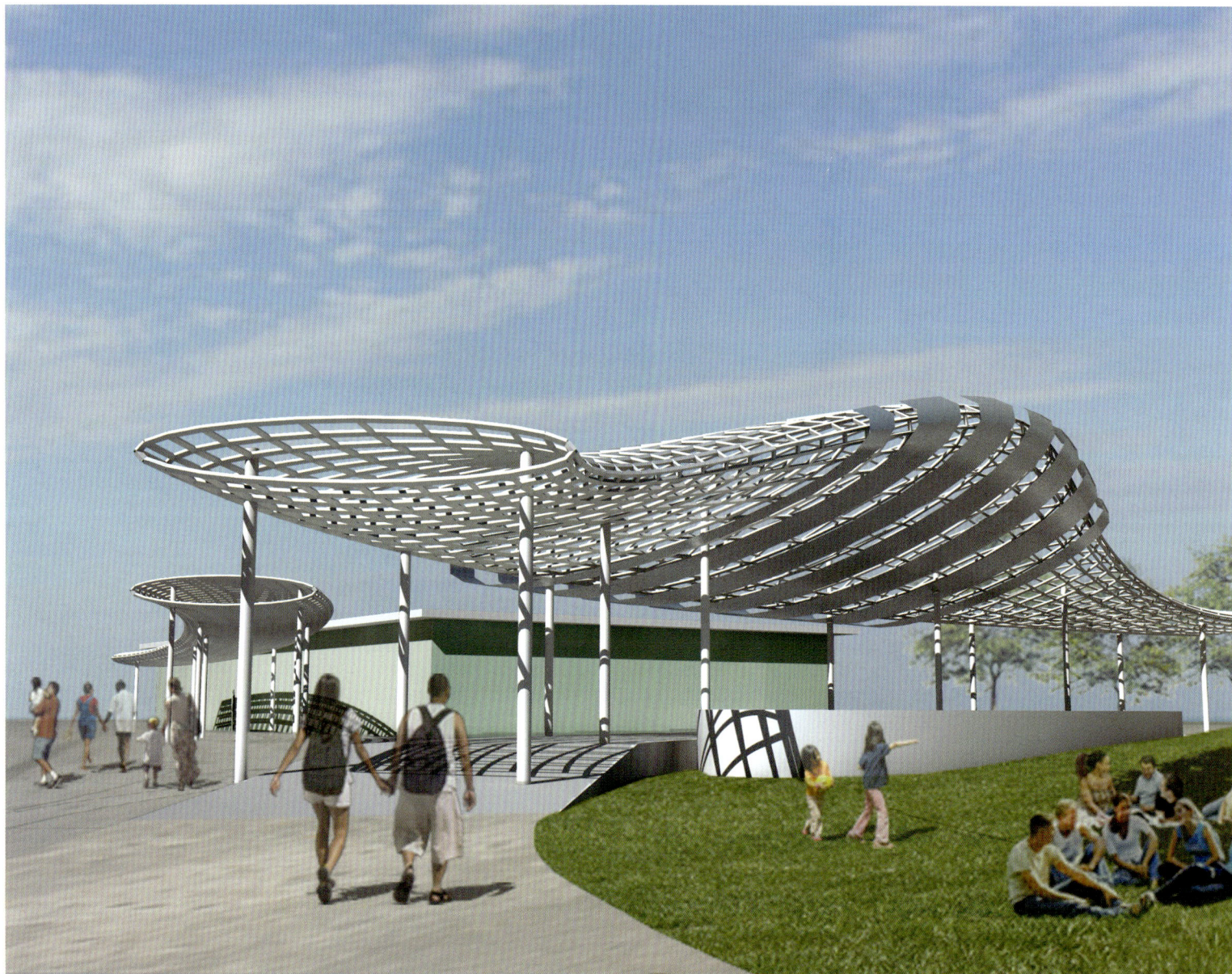

↑ | 效果图

在经过多方协商及仔细斟酌之后最终确立了公园的建设目标，即通过入口及设施的添加及改进，将公园与周边环境更好地融合在一起。WXY建筑设计工作室与Quennell Rothschild & Partners景观建筑事务所一起，为法罗卡韦公园周围的3个海滩设施提供设计：表演区；能够俯瞰第20号海滨大道的沙滩遮阳篷；第30号海滨大道休闲中心。项目设计的总体目标是打造一个热情洋溢、适合各种年龄段及阶层的理想公园，并通过精心设计将公园与周边的海滩设施完美融合在一起。新设计匠心独运，令整个公园焕然一新，从而备受游客瞩目。设计灵感源于海边风景画——色彩缤纷的太阳伞、海面低飞的海鸥，轻舞飞扬的围巾……

项目信息

竞赛名称："规划纽约"法罗卡韦公园设计，参赛时间：2008年，竣工时间：2011年，竞赛规模：国内竞赛，竞赛所获名次：一等奖，主办方：纽约市公园与娱乐部，客户：纽约市公园与娱乐部，项目占地面积：113,310平方米，园林设计：Quennell Rothschild景观设计工作室

↑｜遮阳篷下的木板路
→｜3D模型结构图

↑ | 沙滩上的遮阳亭
← | 遮阳篷结构图

↑｜木板路上遮阳篷3D模型结构图
→｜遮阳篷正面图

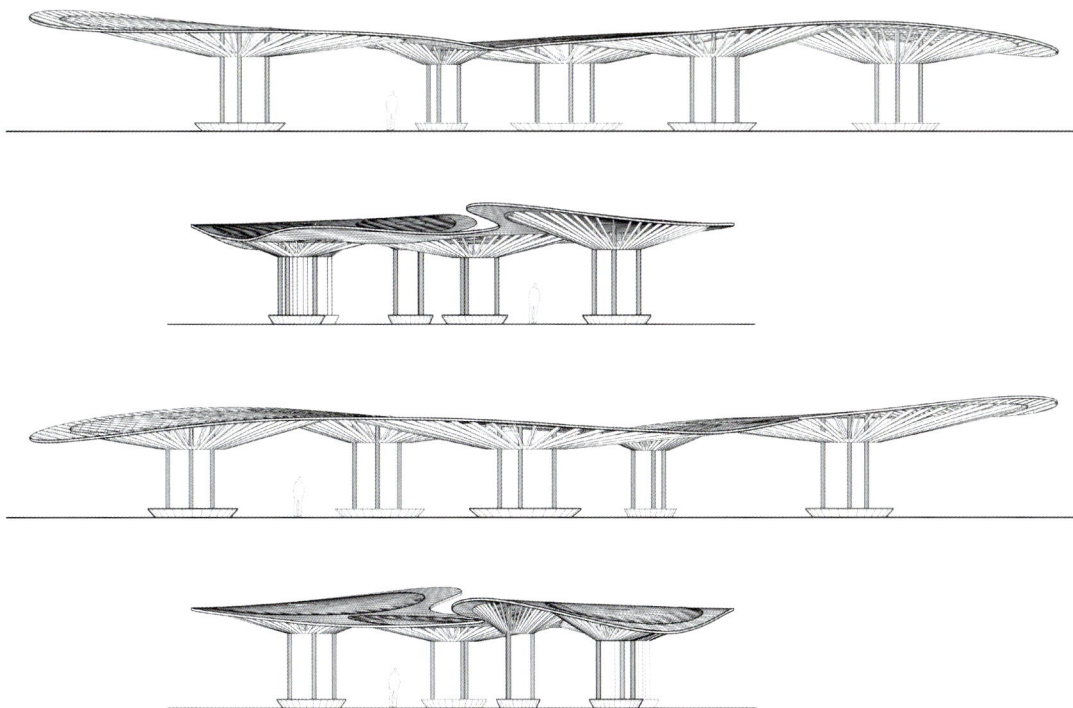

2012世博会丽水主题馆

韩国 丽水

Studio Nicoletti Associati建筑工作室

↑ | 2012世博会丽水主题馆全貌

项目以水中遨游的蓝鲸为设计灵感,完美诠释了2012年丽水世博会的主题——"海洋是地球生命之本,保护海洋,每个人都责无旁贷"。蓝鲸主题馆包括主题展示区和最佳展示实践区两个部分,彼此独立又相互影响,衔接自然。室内设计借用了童话故事《木偶奇遇记》中的场景,通过特殊的设计结构将游客带入神秘的海底世界。蓝鲸位于世博区的中心,构思精巧的"o"形标识与"港口"时刻吸引游客的靠近。此外,由蓝鲸的优美体态而激发的"动物形象设计"为"群岛"空间增添了无限活力。

竞赛名称：2012世博会丽水主题馆国际设计竞赛，参赛时间：2009年，竞赛规模：国际竞赛，竞赛所获名次：三等奖，主办方：2012年丽水世博会组委会，客户：2012年丽水世博会组委会，项目占地面积：6,000平方米，摄影师：Studio Nicoletti Associati建筑工作室

↑｜内部
→｜全视图

↑ | 夜色中的入口
← | 内部

→ ｜世博会概貌
↓ ｜俯视图和侧视图

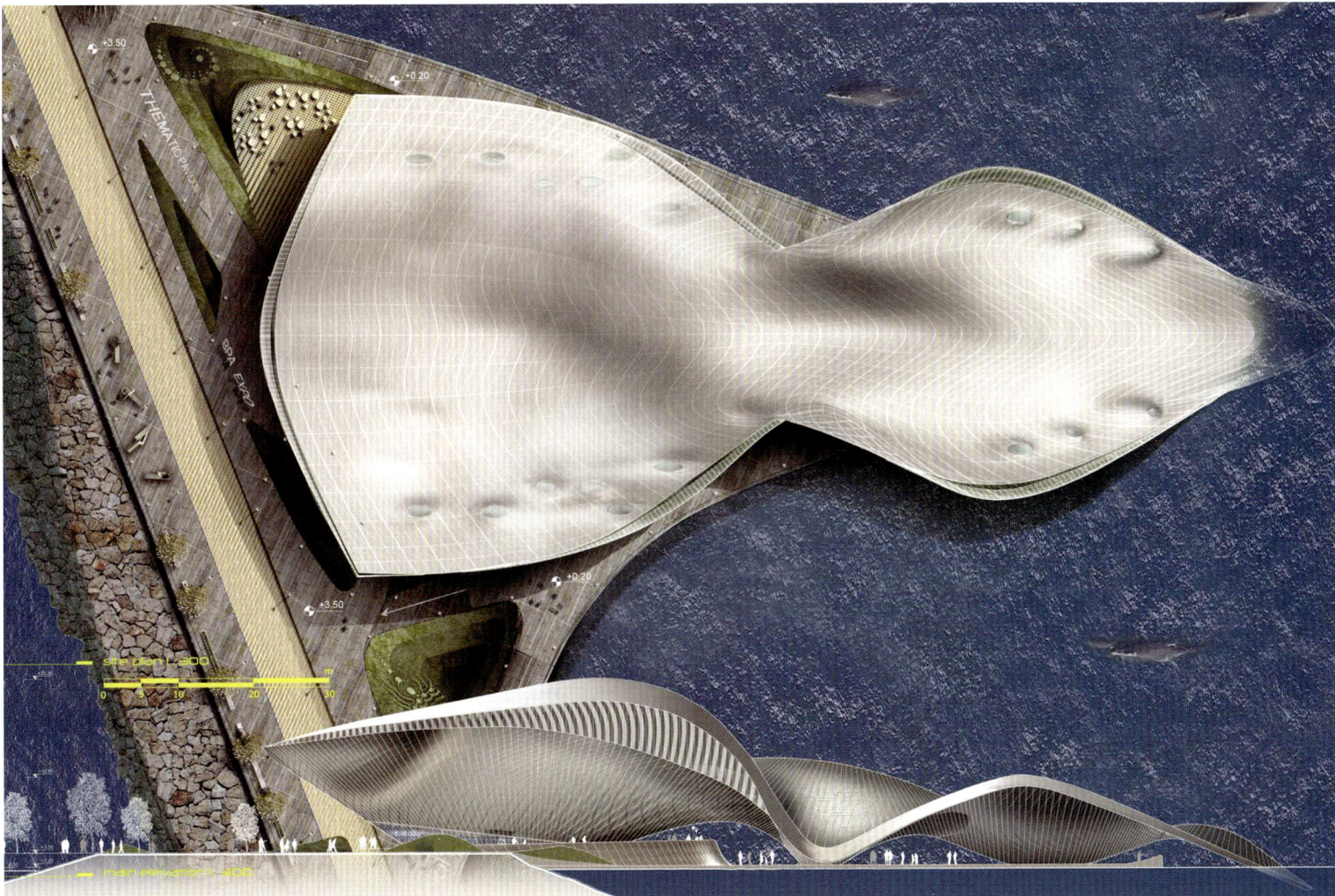

斯普利特医疗中心附属设施建设

斯普利特 克罗地亚

3LHD建筑事务所

坐落在附近的综合医院是该私人医疗中心地理位置的一大优势，而靠海的环境和新鲜空气给这座建筑带来了更大的意义。该项目严格遵守了比赛规则，从而实现技术和设备的实用性的最大化。建筑对服务台、门诊、诊所和实验室等功能区进行了垂直规划。公共区域均分布在地下室、一楼和二楼，楼上设有病房及办公中心，同时，地下设有停车库。

↑ | 医疗中心南端
↗ | 医疗中心东南端
→ | 医疗中心内部

项目信息

竞赛名称：斯普利特私人医疗中心附属设施建设项目，参赛时间：2009年，竞赛规模：邀请赛，竞赛所获名次：一等奖，主办方：Krupa d.o.o.公司，客户：斯普利特Krupa d.o.o.公司，项目总面积：2,086平方米，总建筑面积：8,365平方米，3D效果制作：鲍里斯·格莱塔

↑ | 医疗中心内部
← | 地形分析

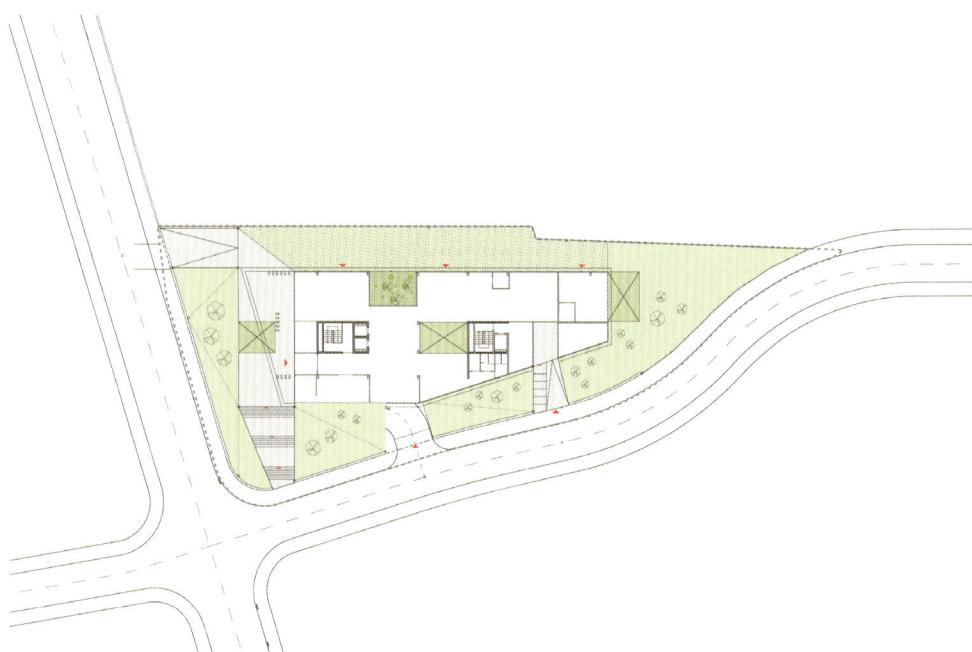

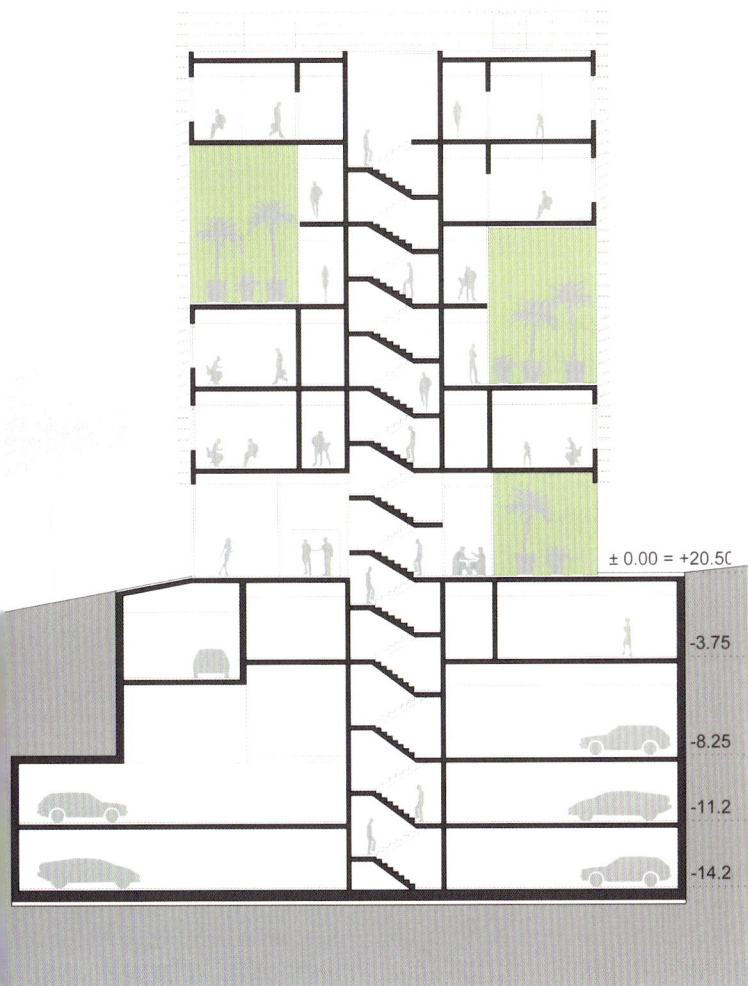

± 0.00 = +20.50

-3.75

-8.25

-11.2

-14.2

↑ | 略图
←↓ | 剖面图

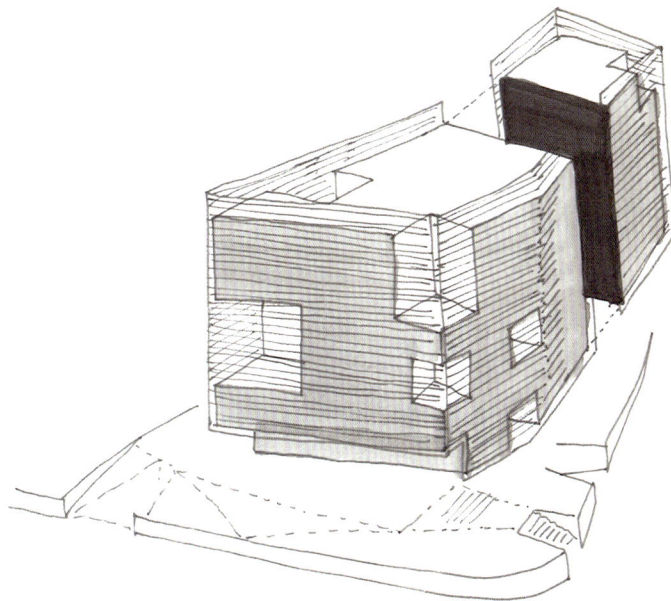

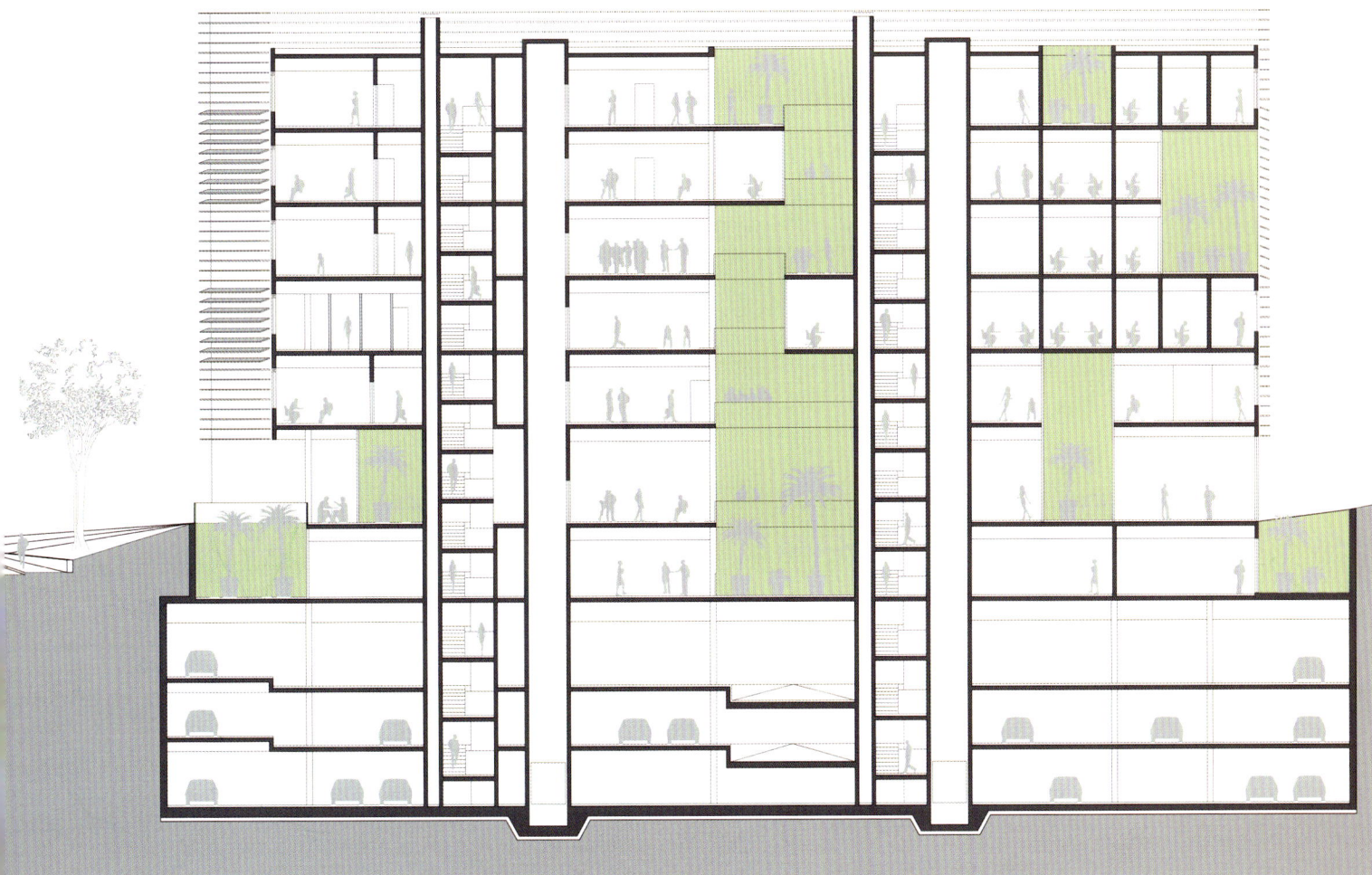

密尔公园游廊设计

美国 斯坦福

WXY建筑事务所

设计要求游廊能够为游客提供林荫休息场所，游客于此可以饱览河边美景，同时，配有小食亭、休息室等设施。游廊的设计外观与迂回曲折的河流遥相呼应，相映成趣。特殊的格式结构为整个公园空间增添些许情调。螺旋式框架结构使内外空间自然融合，和谐统一。格式结构将户外风景带入内部，同时也为野生动植物提供优雅栖息场所。建筑材料全部采用自然材料，依据就近原则，环保便捷。

↑ | 廊柱和树荫构成了密尔公园游廊的入口

竞赛名称：密尔公园游廊设计竞标方案，参赛时间：2008年，竞赛规模：国际竞赛，竞赛所获名次：入围最终候选名单，主办方：斯坦福城建中心及密尔公园，客户：斯坦福城建中心及密尔公园，项目占地面积：185平方米

↑ | 从运动场遥看螺旋式玻璃框架结构
→ | 模型展示凉亭下方的座位和周围景观

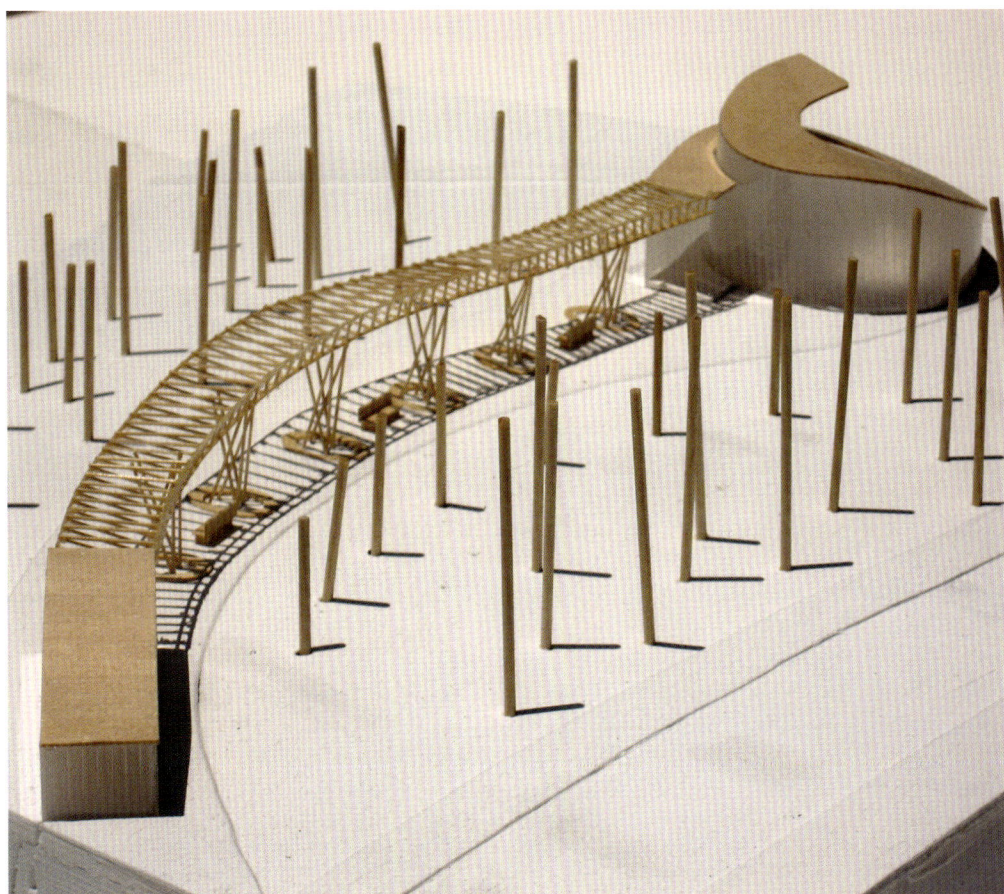

↑ | 效果图演示廊柱与樱桃树打造的入口
← | 树林俯视图和亚克力模型

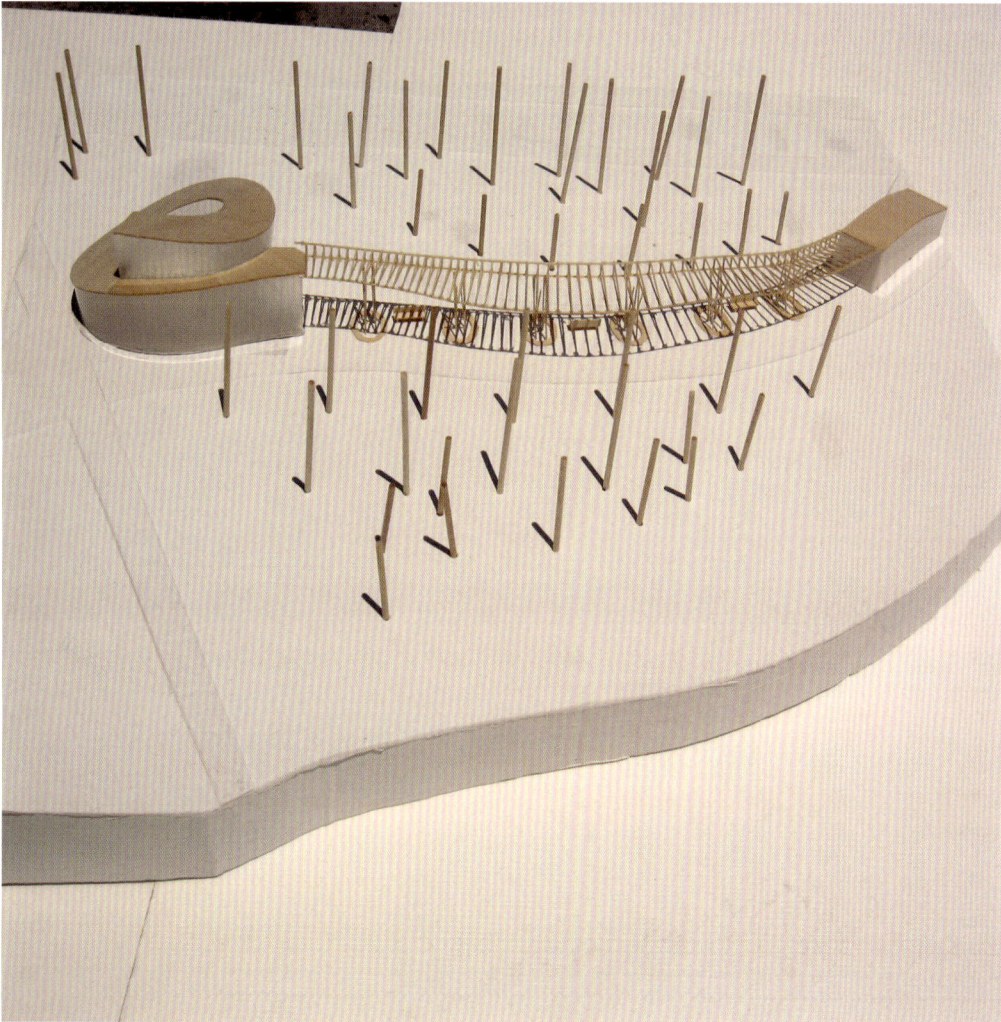

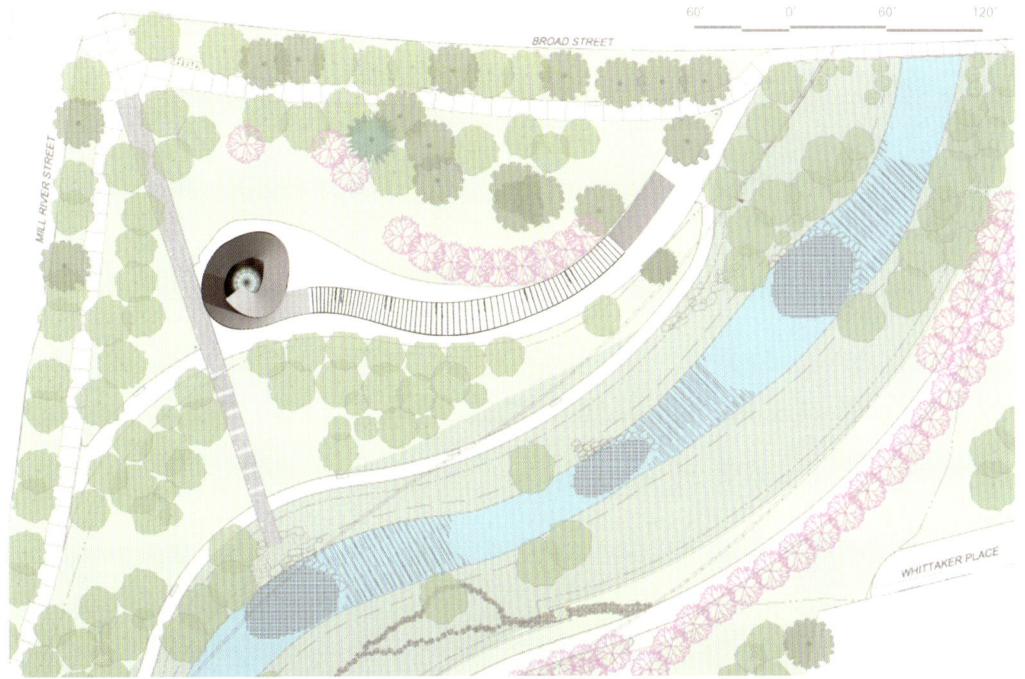

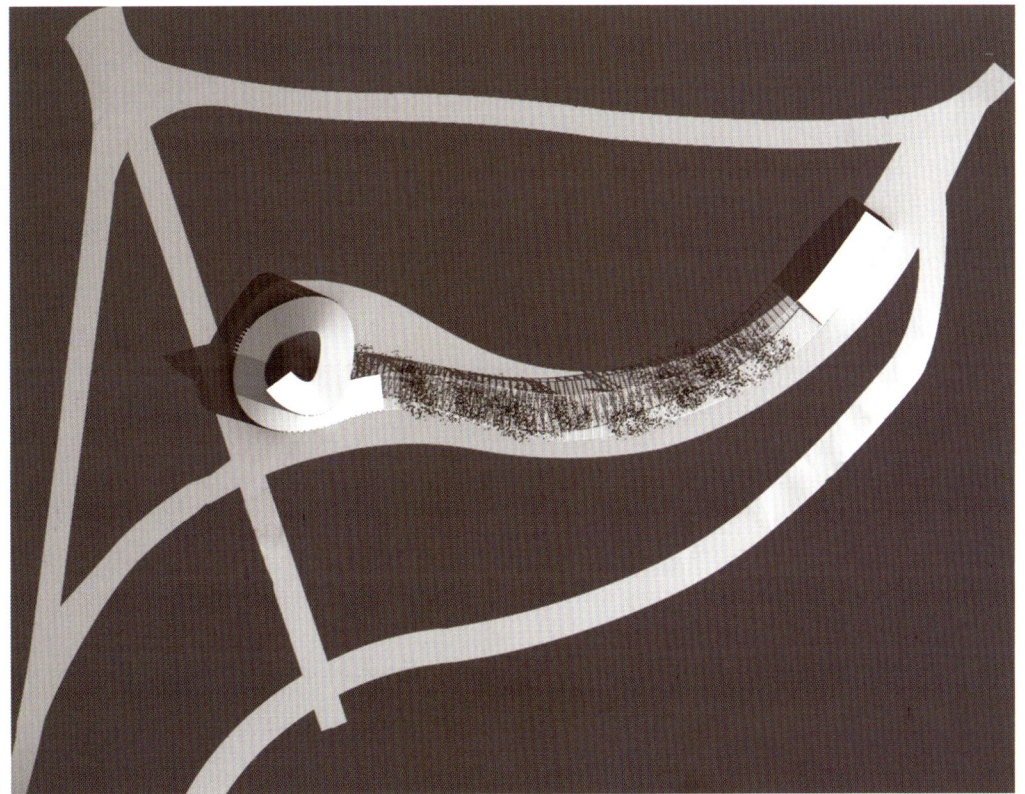

↗ ｜效果图
→ ｜项目俯视图
↘ ｜模型展示两个亭台的自然衔接

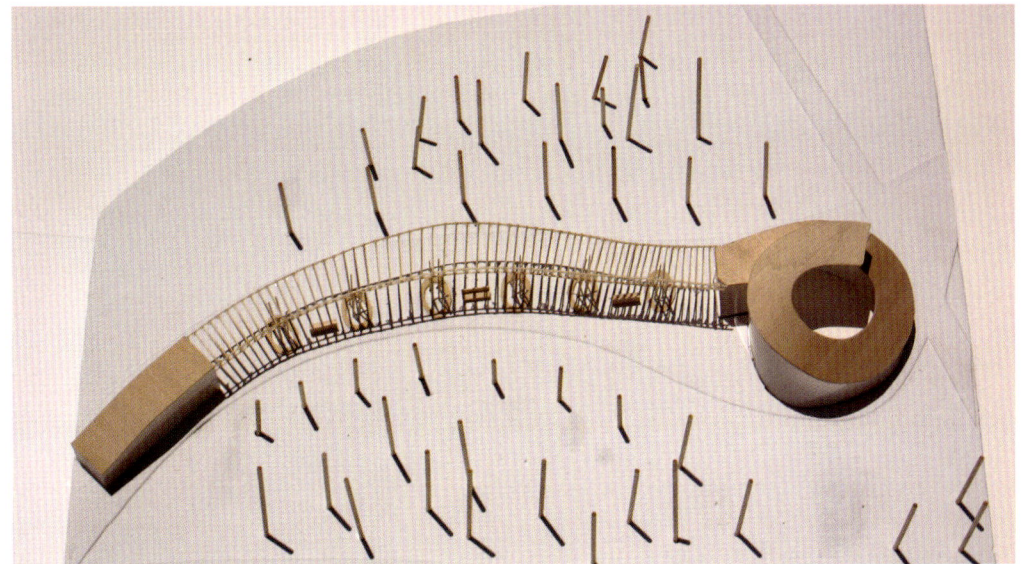

奥斯陆中央火车站

挪威 奥斯陆

奥拉夫·延森，博雷·斯科温，托伦·戈尔贝格
托尔施泰·因科赫，托马斯·基尼格，海尔格·兰德，达格芬·赛金，

奥斯陆中央火车站是挪威最重要的火车站，日益强大的铁路运输为本已拥挤的中央车站带来了压力。为打造一个舒适、宽敞的候车空间，设计师一改原有的建筑结构，巧妙地将车站的主要区域建于地铁隧道的斜面之上。斜面从街道一直延伸至车站广场，贯穿南北。楼层间形成的斜面纵横交错，人流通道穿梭于其中，自然衔接。从入口处可以将内部设计尽收眼底，设计结构简单合理。

↑ | 火车站俯视图

项目信息　　参赛时间：2008年，竞赛规模：国际竞赛，竞赛所获名次：提名奖，主办方：挪威国家铁路，客户：ROM Eiendom，项目占地面积：120,000平方米，摄影师：Jensen & Skodvin Arkitektkontor建筑事务所，Arne Henriksen Arkitekter建筑事务所和C-V Holmebakk Arkitek建筑事务所

↑｜广场
→｜航测图

↑｜航测图
←｜入口

↑ | 大厅
→ | 天台景观

佩德罗生态馆

巴西 里约热内卢

HOLLWICHKUSHNER, LLC建筑事务所

建筑由三层构成，每一层因功能不同而各异。顶层是生态公园和山坡。公园下方的主楼层中设有永久和临时展览空间、讲堂、儿童游乐区、咖啡厅、信息台、绿色图书馆。穿过观众席是为公园和团体准备的旋转展示品空间。临近展示空间的是室内和室外森林咖啡厅。绿色能源空间和书库设于出口。从结构上，简约的混凝土结构由一簇细长的廊柱所支撑。跨越尺度尽量保证最小化以降低建设成本，廊柱约能够承受50厘米厚的地板和天花板重量。

↑ | 山中景致

参赛时间：2008年，竞赛规模：国际竞赛，竞赛所获名次：提名奖，主办方：里约热内卢，客户：里约热内卢，项目占地面积：1,100平方米

↑｜入口
→｜湖边景致

↑ ｜ 走廊
↓ ｜ 平面图
↓↓ ｜ 剖面图

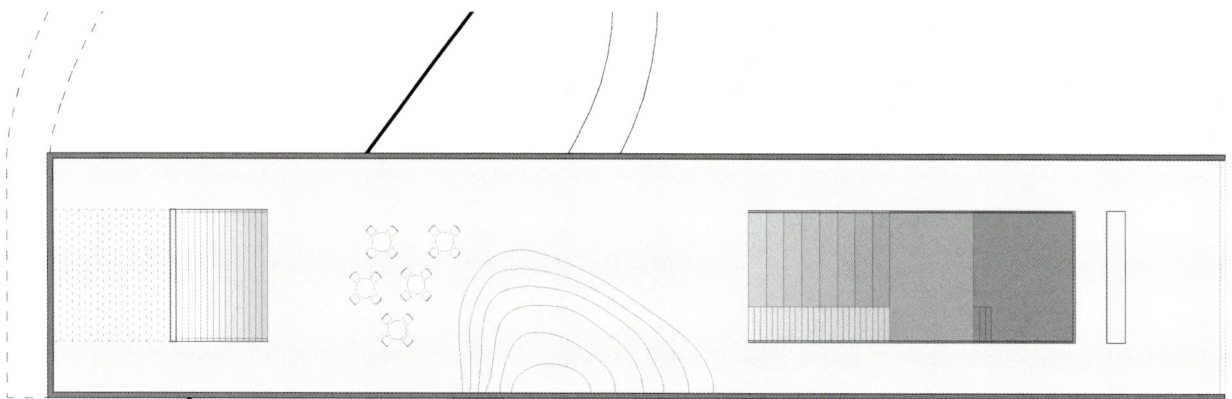

↑｜航测图
→｜礼堂

深圳机场

中国 深圳

Massimiliano and Doriana Fuksas建筑事务所

深圳国际机场总体规划旨在提供世界一流的运输服务。航站楼和中央大厅在整个机场规划中占据重要地位，在塑造乘客深刻印象的过程中扮演了重要角色。影响乘客印象的因素涉及作业时间、步行距离、清楚简洁的指示系统、拥挤和公共设施的可及性等等。上述每一项在航站楼和中央大厅的设计过程中均经过仔细思考。航站楼的设计遵循通透的设计理念，屋顶天棚采用单一结构，伴有纹理图案的双层钢制和玻璃结构外墙能够避免阳光直射，有效减少能源消耗，创造优雅的氛围，为航空旅客提供舒适、非凡的感官与视觉体验。

↑ | 鸟瞰图
↓ | 内部

竞赛名称：深圳机场设计竞赛，参赛时间：2007年，项目完成时间：2035年，竞赛规模：国际竞赛，竞赛所获名次：一等奖，主办方：深圳市规划局，深圳机场（集团）有限公司，客户：深圳机场（集团）有限公司，项目占地面积：400,000平方米，摄影师照片提供：莫里吉奥·马卡图

↑ ｜ 夜色中的建筑
→ ｜ 模型

↑ | 鸟瞰图
↓ | 平面图

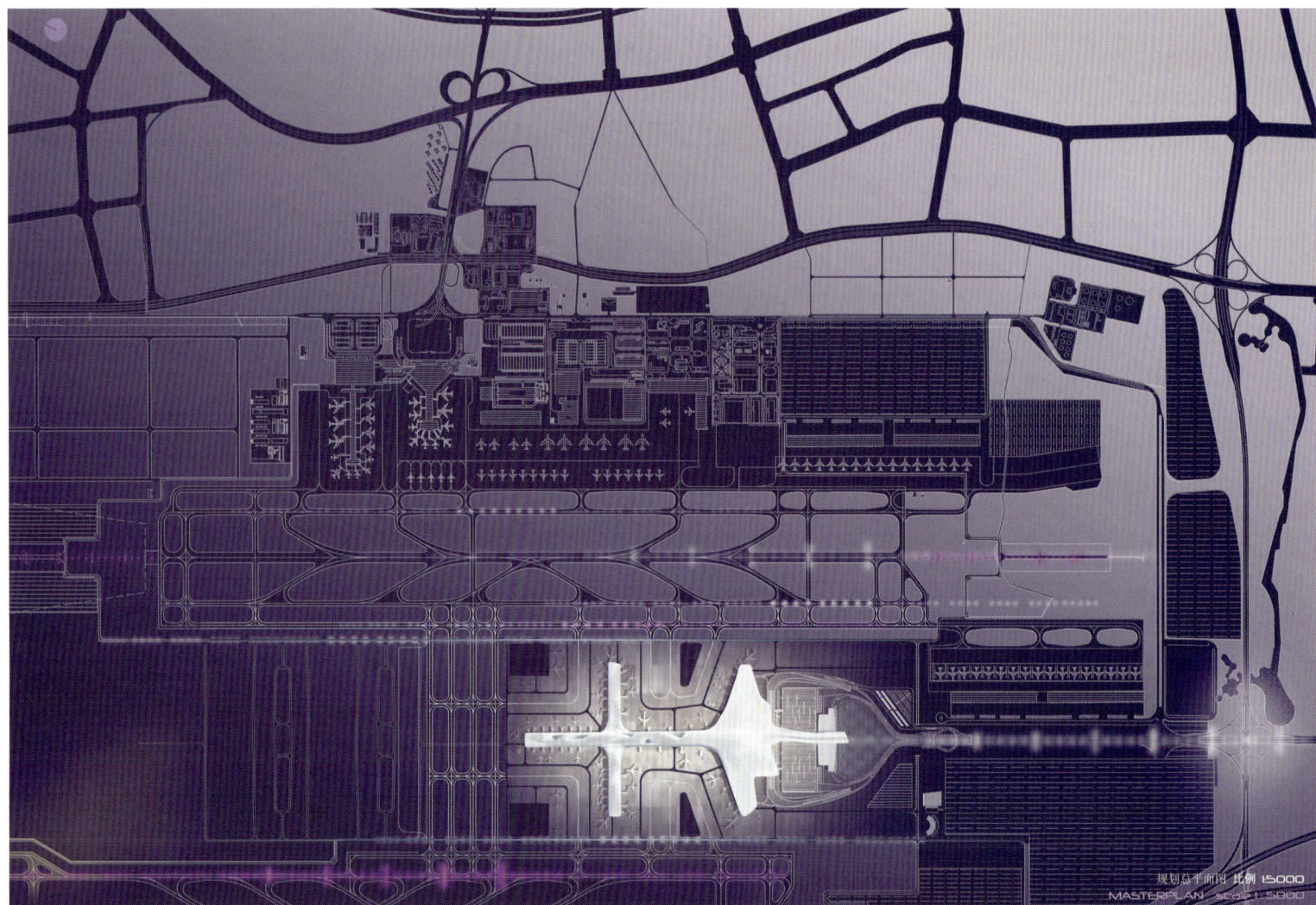

规划总平面图 比例 1:5000
MASTERPLAN scale 1:5000

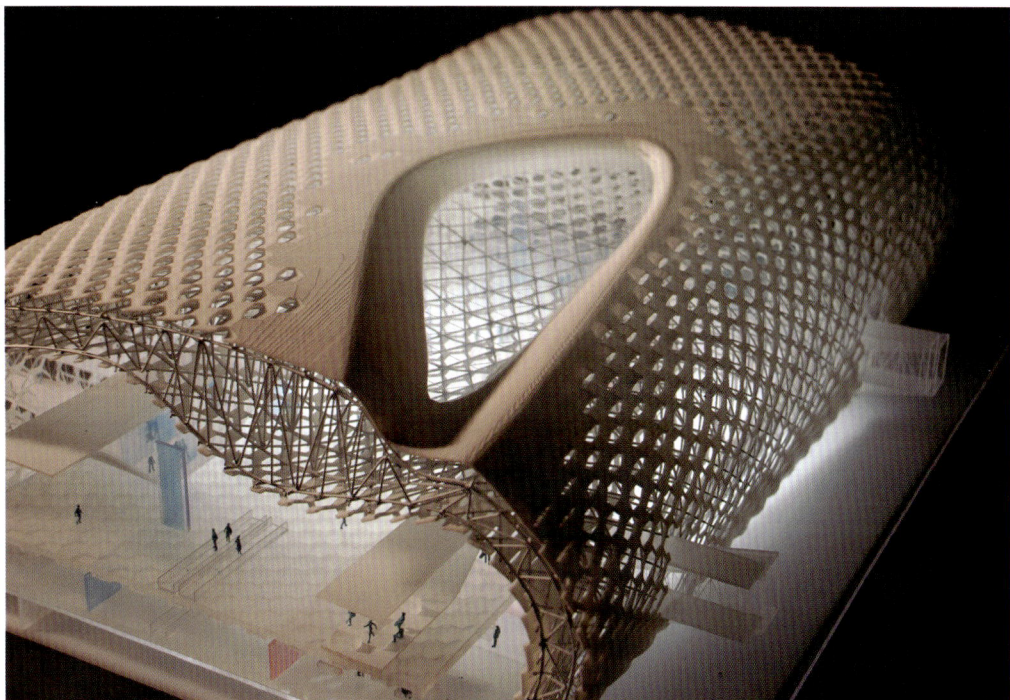

→↗ | 模型细节图
↓ | 内部

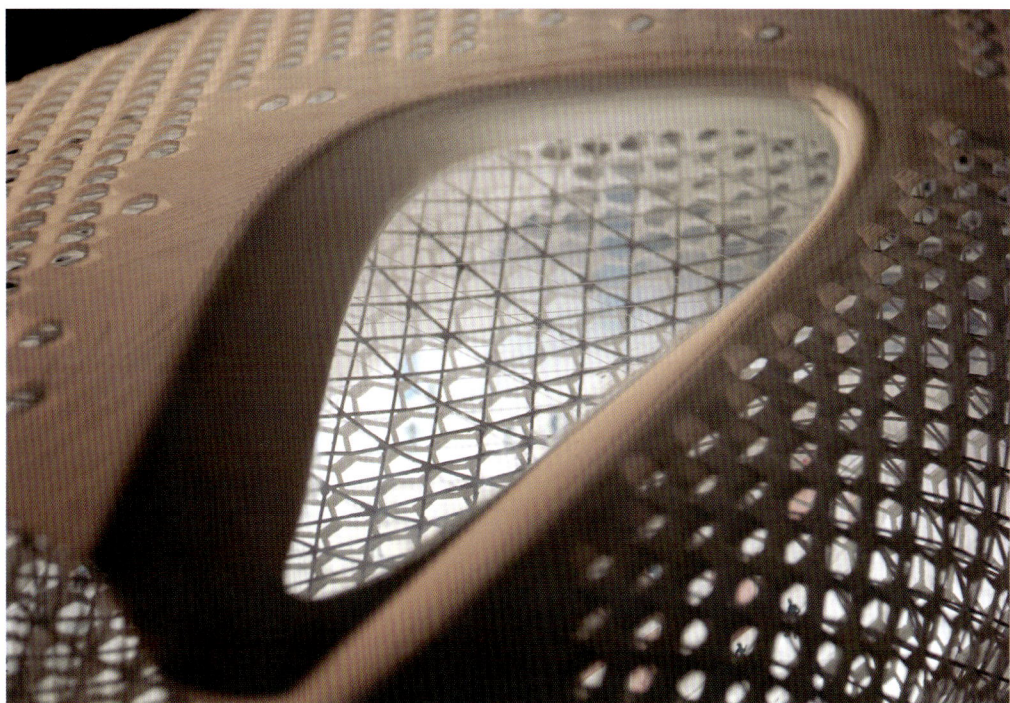

C站

日本 千叶

直道仓田，金子真也，安田浩志，文隆高木

该项目的设计理念是打造一个剧院舞台式车站，并使之与其周围环境自然融合，与广场进行有效衔接。位于新车站一楼的候车大厅采用高度透明材料设计，打造通透的广场——车站空间。舞台式车站从火车站台穿过室内候车室和旅游信息中心一直延伸至大银杏树荫下，带给候车旅客独特的贵宾般体验。除候车区以外，该项目同时还设置了社区中心，广场为各种活动的举办提供充足空间，并向当地居民销售具有地方特色的美食佳肴。

↑ | 正视图
→ | 侧视图

参赛时间：2004年，建筑面积：221平方米，总建筑面积：404平方米，基地面积：3,980平方米，结构：钢筋混凝土+钢，建筑师：宫原照雄，建筑设计师：直道仓田，金子真也，安田浩志，文隆高木，计算机绘图设计师：爱军，摄影师：桑德罗·德拉戈

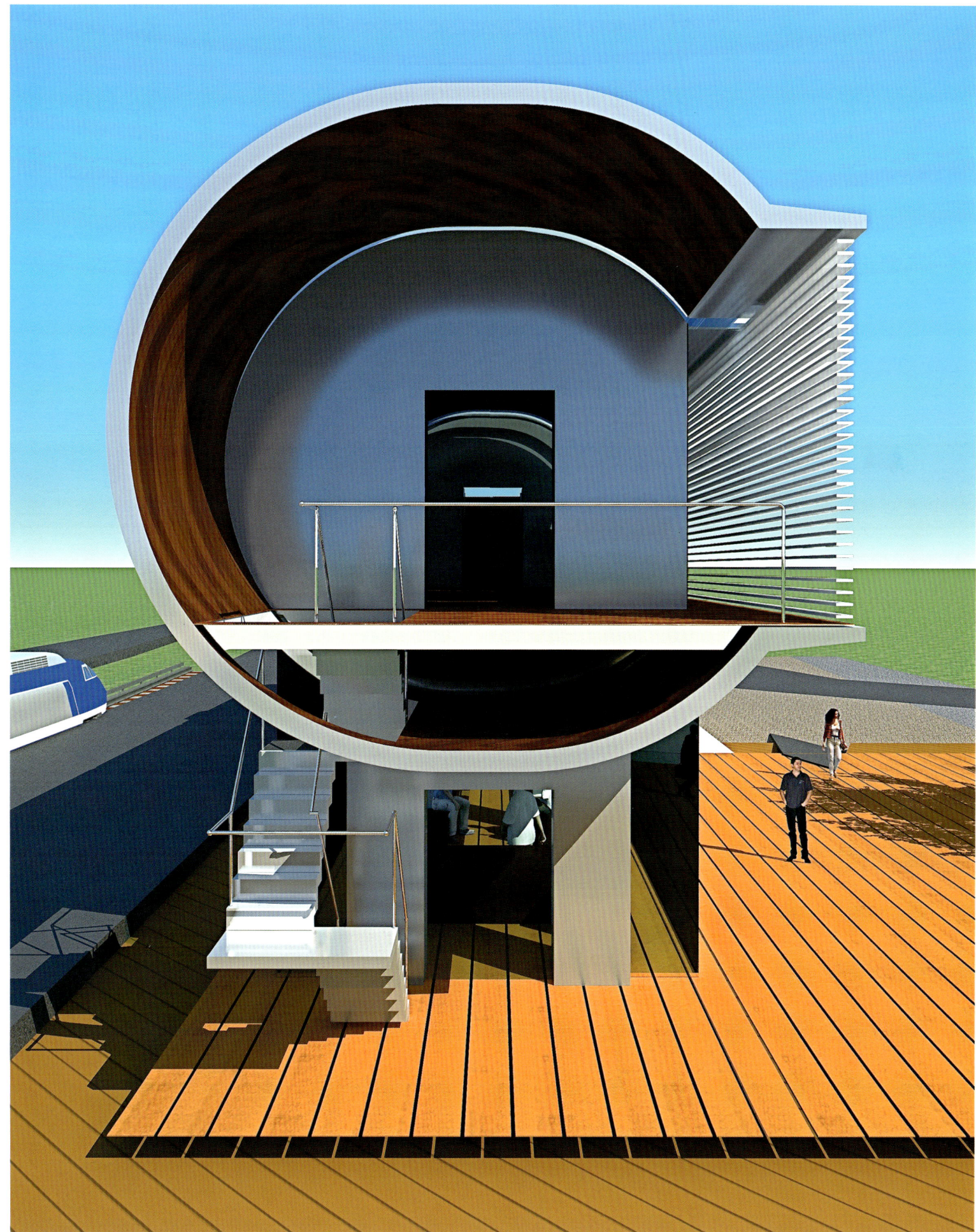

↑｜俯视图
↓｜南向立面图
↓↓｜剖面图

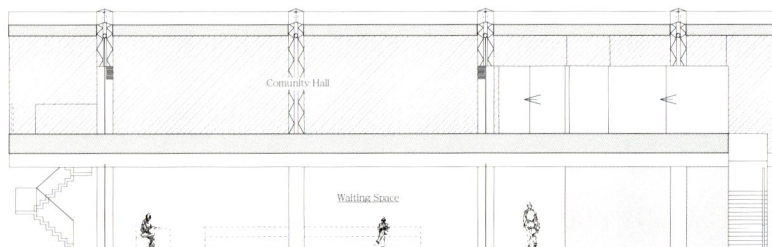

Comunity Hall

Waiting Space

↑｜正视图
→｜模型

Resi

住宅

dence

"农业化"建筑

中国 武汉

Knafo Klimor建筑事务所

↑ | 中庭

该项目是第二届国际建筑竞赛可持续住宅设计中国主题的获奖作品。这一可种植的概念建筑通过垂直暖房的设计对全球化及城市化问题进行了深入探讨。该多层花园建筑中的居民可以随意种植蔬菜、水果或无土基质香料作物,减少对环境影响的同时改善社区的绿化空间。建筑坐北朝南,为植物的种植提供优越的生长空间。该项目为改善居住空间与农业环境提供了新途径。

竞赛名称：Living Steel国际建筑竞赛，参赛时间：2007年，竞赛规模：国际竞赛，竞赛所获名次：一等奖，主办方：Living Steel组织，客户：Living Steel组织，项目占地面积：10,000平方米

↑｜暖房
→｜屋顶

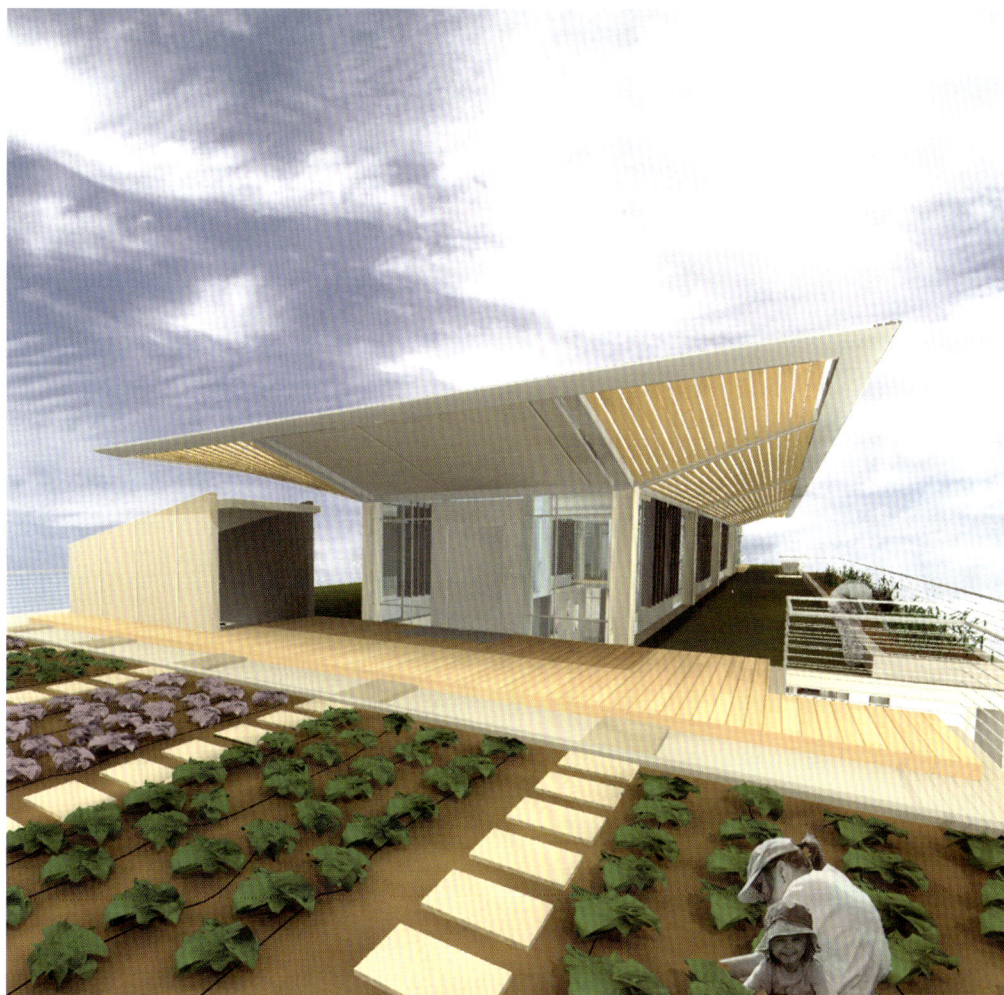

↑｜露台立面
←｜阳台

↑｜后视图
→｜南向立面
↓｜平面图

巴斯尼·韦特罗夫商住项目

俄罗斯 克拉斯诺达尔边疆区

Piuarch设计工作室

克拉斯诺达尔边疆区Gelenjik地区是黑海著名的海滨度假胜地，其凭借美丽的沙滩海景而驰名中外，而集住宅与商用于一体的综合性建筑"风塔"就坐落于此。项目占地约80,000平方米，住宅、商业和娱乐三个独立塔均衡地分布在一个大型基座之上，每个塔高为100米，其中住宅总面积为3万平方米。建筑的外观随着楼层的增加而不断变化，充满活力与灵动之感，同时唤起人们对多层次石头古建筑的思考，颇耐人寻味。

↑ ｜ 东向海边全景
→ ｜ 建筑东端

竞赛名称：商住两用建筑设计，参赛时间：2007年，竞赛规模：国际竞赛，竞赛所获名次：一等奖，主办方：城市物业管理公司，客户：城市物业管理公司，项目占地面积：80,000平方米

↑ ｜ 阁楼空间内部
← ｜ 剖面图

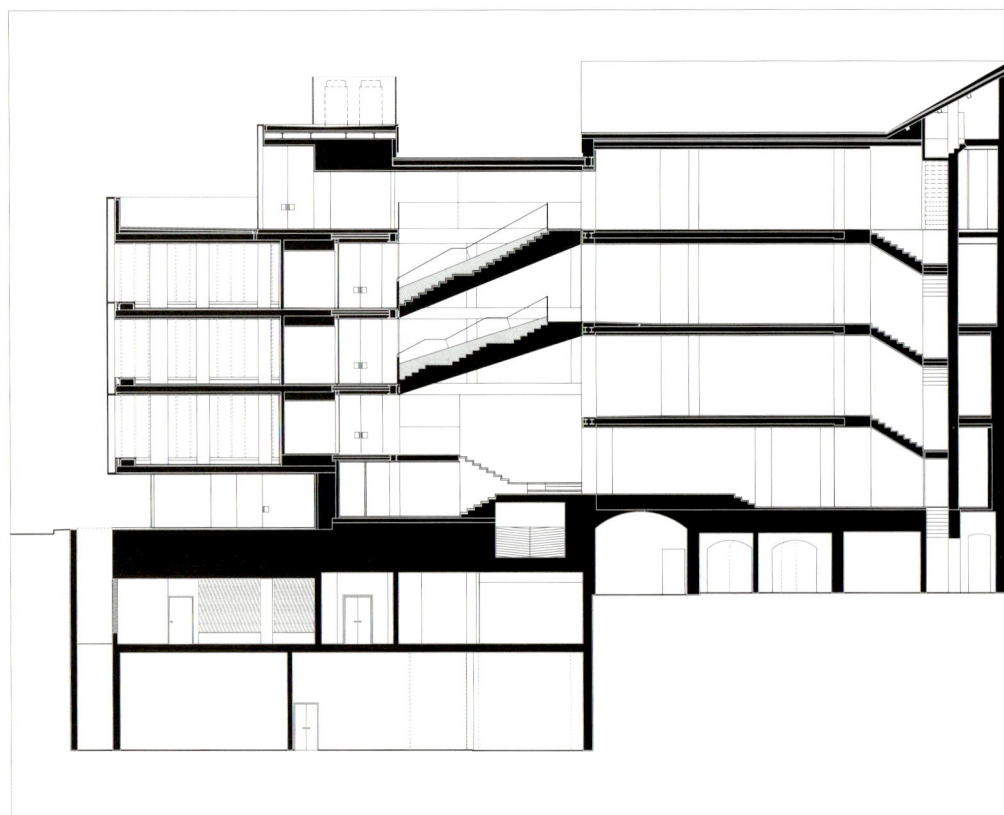

↑｜设有活动遮阳系统的外立面
→｜购物商场入口

DK2——豪华酒店式公寓

越南 河内

ICE – Ideas for Contemporary Environments设计事务所

建筑的设计灵感源自越南恬静优美的山水景观，花园中鸟语花香，湖水波光粼粼，生机盎然。两个建筑风格各异，一个临水而立，一个依园而居，别致的天桥将二者自然衔接在一起。依园而居的建筑中设有公园和康乐设施、儿童游乐场。天桥之上则设有公寓服务会所，包括休息大厅、商务设施、图书馆、户外健身房、户外游泳池等，为人们提供温馨宁静的休闲空间。

↑｜建筑远景

项目信息

竞赛名称：Doan Ket——西湖豪华酒店式公寓设计大赛，参赛时间：2009年，项目完成时间：2009年，竞赛规模：邀请赛，竞赛所获名次：三等奖，主办方：JSC项目管理，客户：Doan Ket Village有限公司，项目占地面积：150,000平方米

381

→｜空中尊贵会所
↓｜基台附近会所与泳池

↑ ｜ 基台模型
← ｜ 总平面图

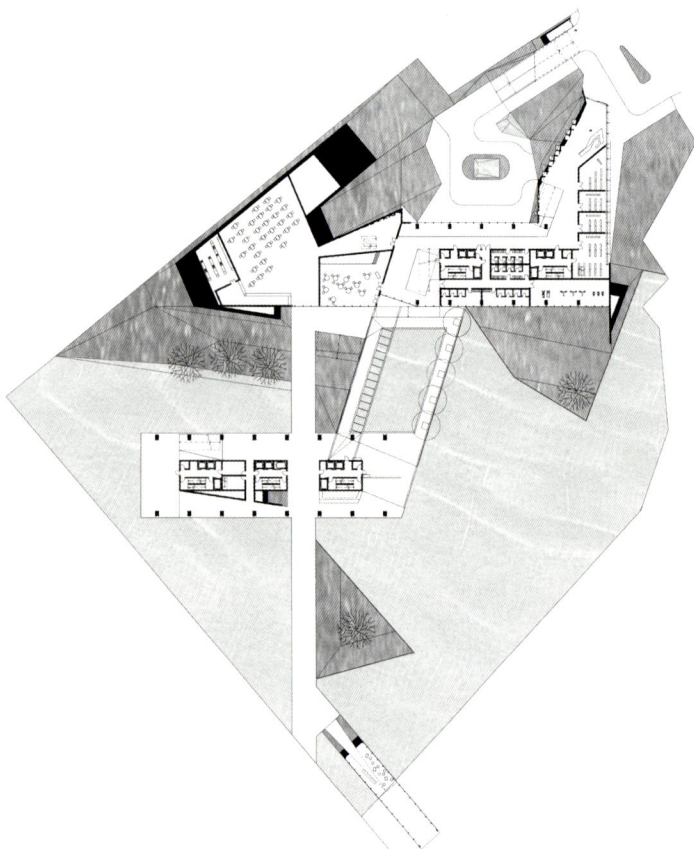

↑ | 入口广场
→ | 泳池下方

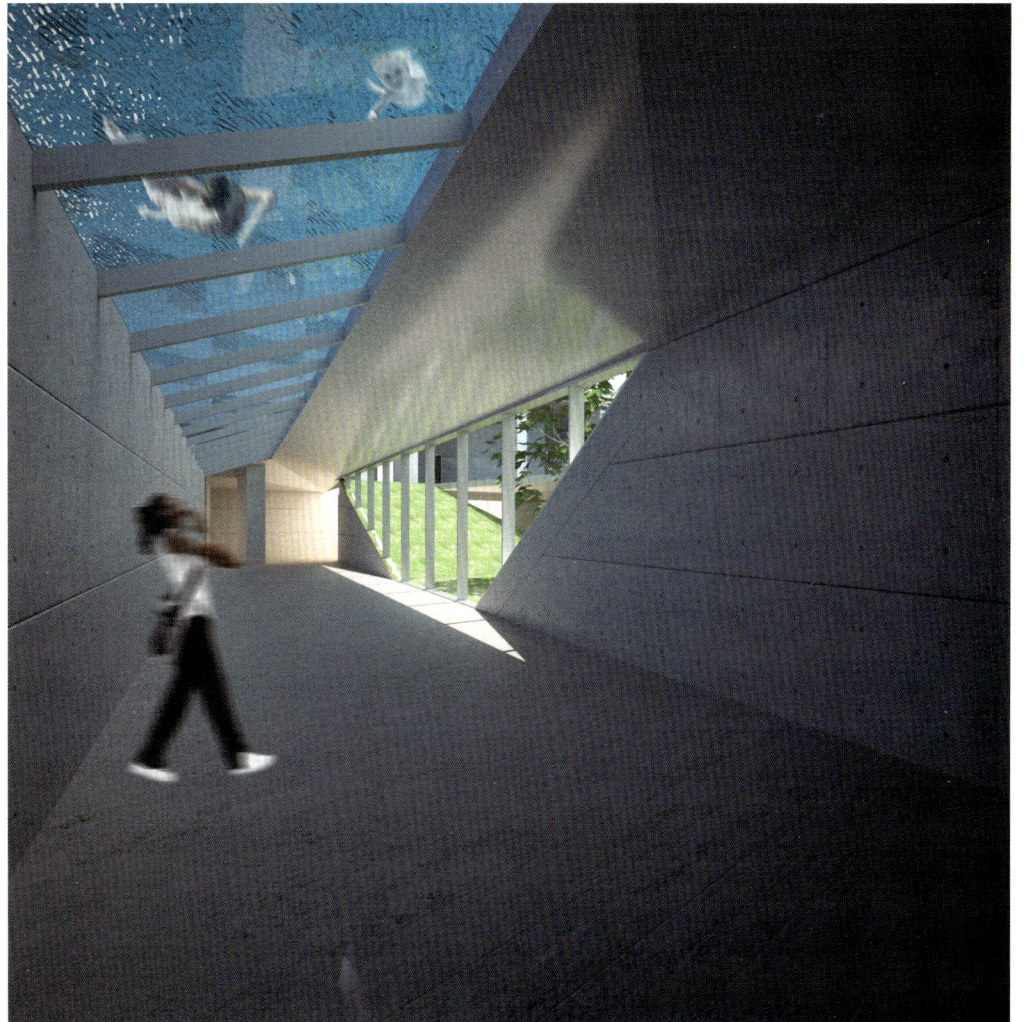

商住两用空间

荷兰 阿尔梅勒

Sponge建筑事务所

↑ | 交通线

建筑通过精心的布局巧妙地将风景区与住宅区以及住宅区与商业区融合在一起。几个大型石柱将建筑有力地托起，下端形成了一个大型公共空间，与周围环境自然衔接。内部空间布局合理，一楼设有各种商铺，二楼则为人们提供多样化住宅空间，宁静优雅的氛围能够为老年人提供最佳的修养环境。商铺的楼上，介于两个住宅区之间的空间可以停车，实现空间利用的最大化。

项目信息

竞赛名称：阿尔梅勒市斯普特区超市，参赛时间：2008年，主办方：阿尔梅勒市，客户：阿尔梅勒市，项目占地面积：11,500平方米

↑｜外部结构
→｜水中建筑

住宅

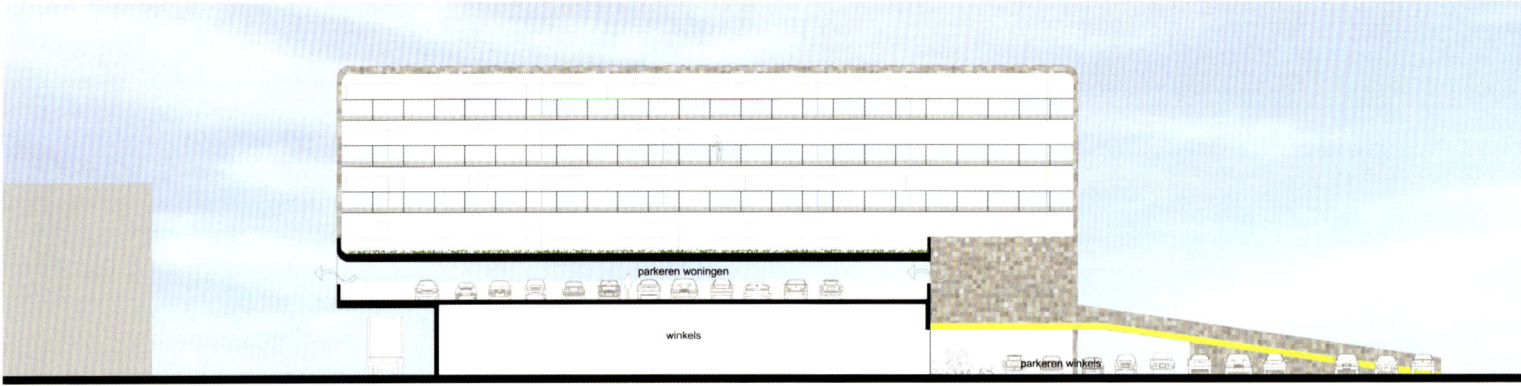

parkeren woningen

winkels

parkeren winkels

↑｜建筑横截面
↓｜交通线

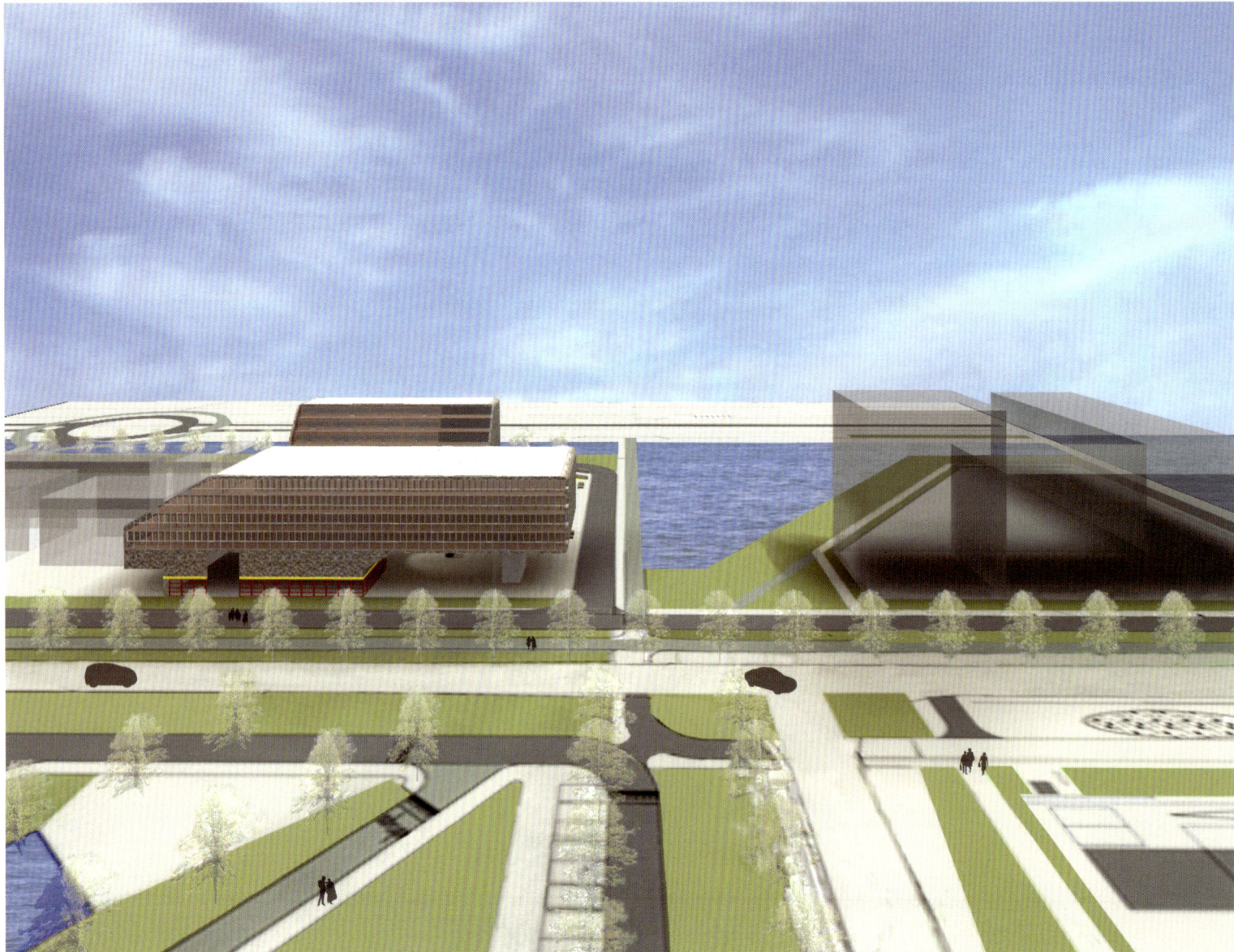

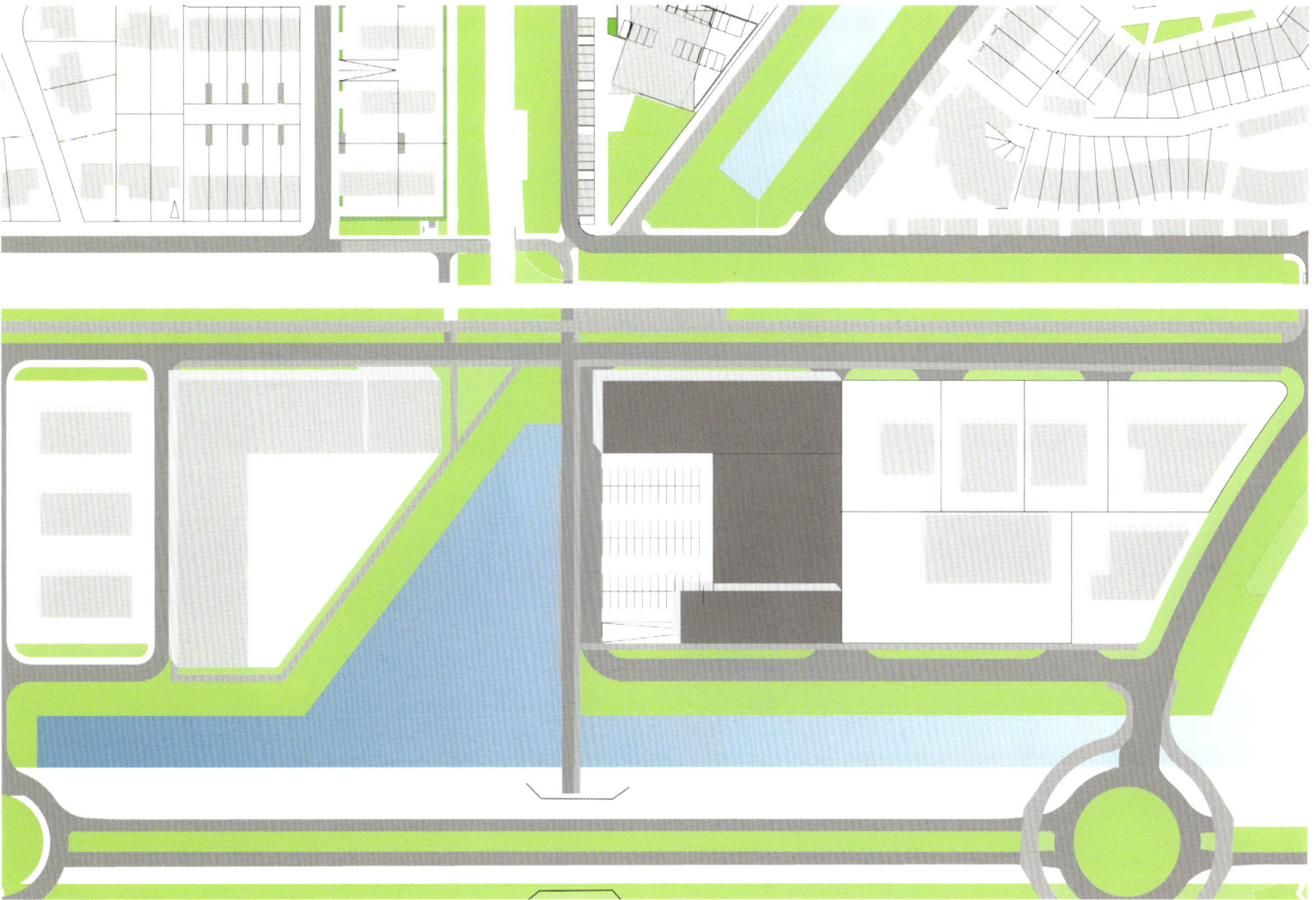

↑ | 平面图
→ | 横截面

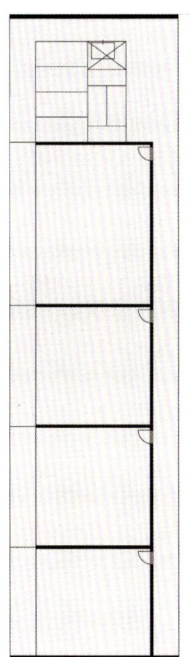

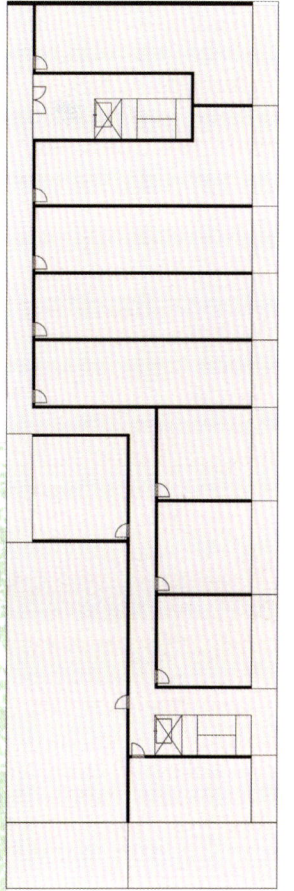

推动达拉斯

美国 得克萨斯州

Atelier DATA建筑事务所，MOOV建筑事务所

该项目的设计目标是打破传统框架，使用先进技术获得风能、太阳能、水资源和地热能，创建一个自然、和谐并能够自给自足的社区空间，为全球城市可持续发展的设计提供典范。设计师通过"山坡"模块的巧妙设计，将整个建筑置身于山谷和山顶之中，"山谷"里栽有各种树木，"山顶"上装有各种设备，能采集太阳热能、光能和风能。

↑｜建筑南部
→｜建筑北部

项目信息

竞赛名称：达拉斯"Re:Vision"绿色建筑设计大赛，参赛时间：2009年，竞赛规模：国际竞赛，竞赛所获名次：一等奖，主办方：达拉斯Urban Re: Vision组织，达拉斯中央社区发展公司，客户：达拉斯中央社区发展公司，项目占地面积：43,926平方米

↑ | 绿化屋顶
← | 鸟瞰图

↑｜平面图
→｜立面图

LBBW房地产公司总部

德国 斯图加特

KSV建筑事务所

独特的封闭式中庭和中庭花园设计令整个建筑分外引人注目。构思精巧的几何形外观营造出别样的视觉效果。颇具匠心的双回路设计运用简单的设计原理成功打造出城市的新型地标性建筑。室内办公空间、服务区、住宅区的设计均采用环保材料，营造温馨健康的氛围。同时，该综合性建筑内还设有会议区、娱乐中心、零售区、美食广场、住宅区、停车库等等。

↑丨巴黎广场主入口
→丨中庭与主通道

竞赛名称：斯图加特巴黎广场LBBW房地产新建筑，参赛时间：2008年，竣工时间：2011年，竞赛规模：国际竞赛，竞赛所获名次：一等奖，主办方：LBBW房地产公司，客户：LBBW房地产公司，项目占地面积：44,695平方米

↑ ｜模型东侧立面/ Lissabonner大街
← ｜住宅区与就餐区

↑ ｜模型鸟瞰图
↓ ｜LBBW房地产公司总部平面图

海中楼阁

希腊 桑特

FORMODESIGN工作室/杰德拉·埃伦，安斯基·斯基吉恩

该住宅专为那些想要独立生活的人租住而设计，只能通过水路到达。它位于希腊桑特岛西北海岸的Navagio海滩。混凝土核心与悬挑钢结构组成整个建筑主体。一个坐在海床桩基系统上的混凝土配重基座是整个建筑的核心，而与向上台阶相接的底层甲板，借助核心结构上的轨道可以跟随海水上下浮动。顶层的甲板可以供居住者日常使用。

↑ | 内部空间，遵循简约的原则，对比鲜明
↓ | 侧面图，以游艇为设计参照物

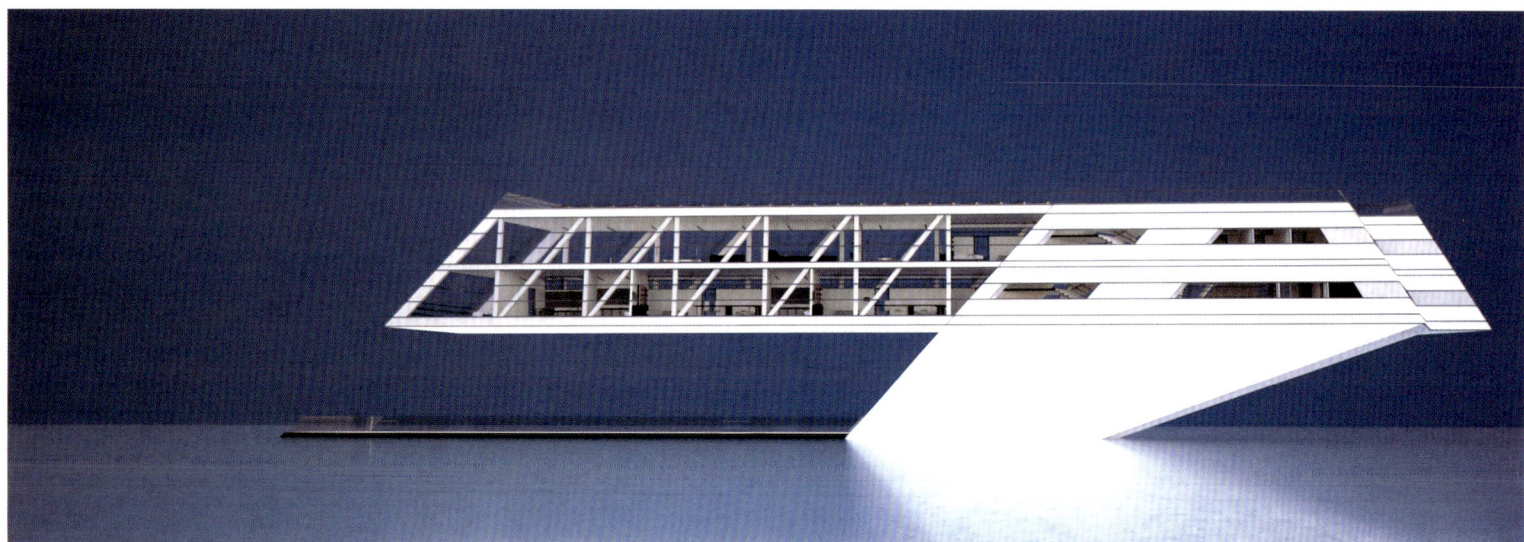

↑｜顶层休闲区，楼板厚度为10厘米
↓｜空间框架结构横截面，内置花园

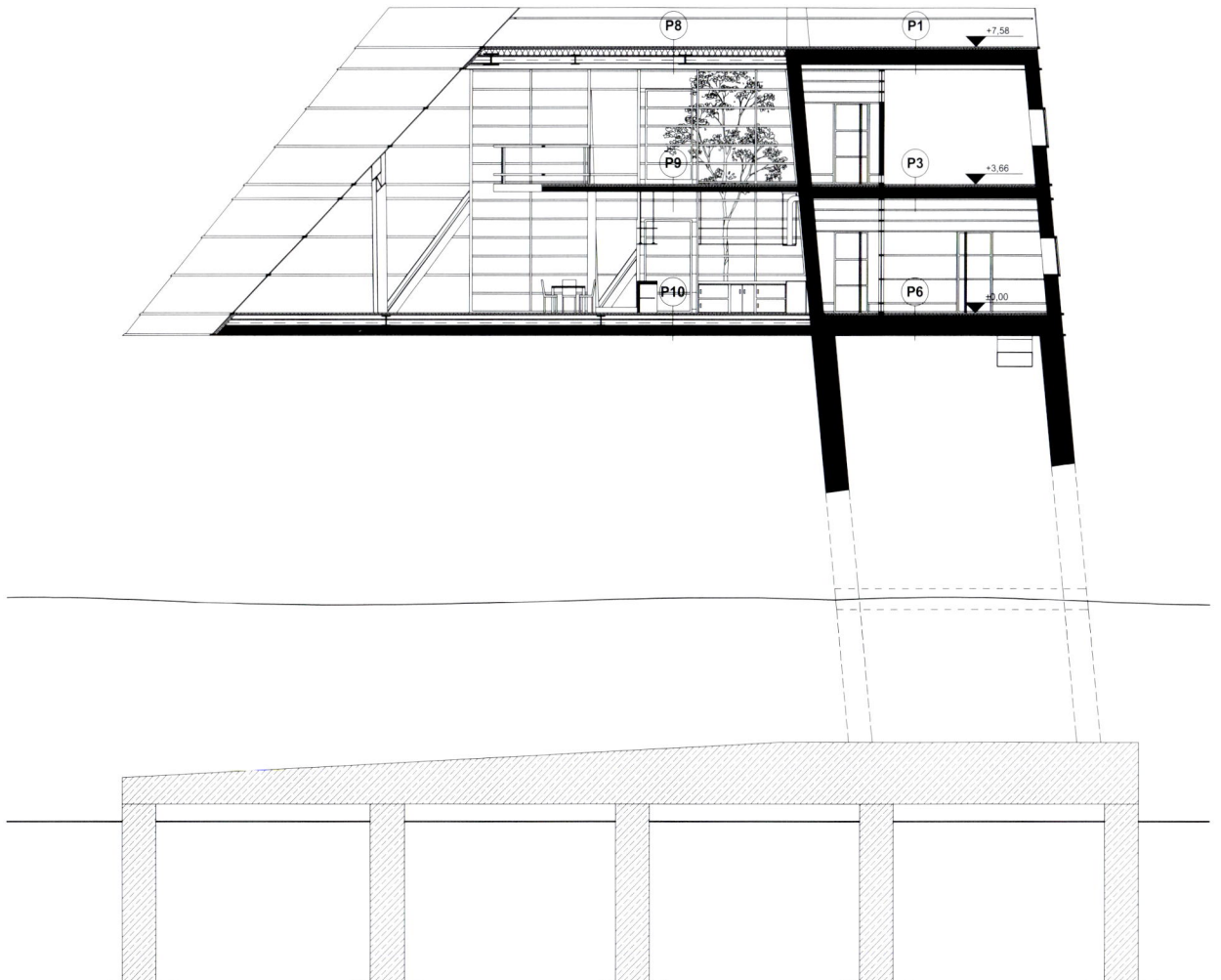

↑↑ l 濒临大海，真正实现建筑与自然的融合
→ l 室内风光，面向海滨，从而确保居住环境的私密性
↓ l 横切面，钢铁悬梁结构与混凝土芯结构相结合

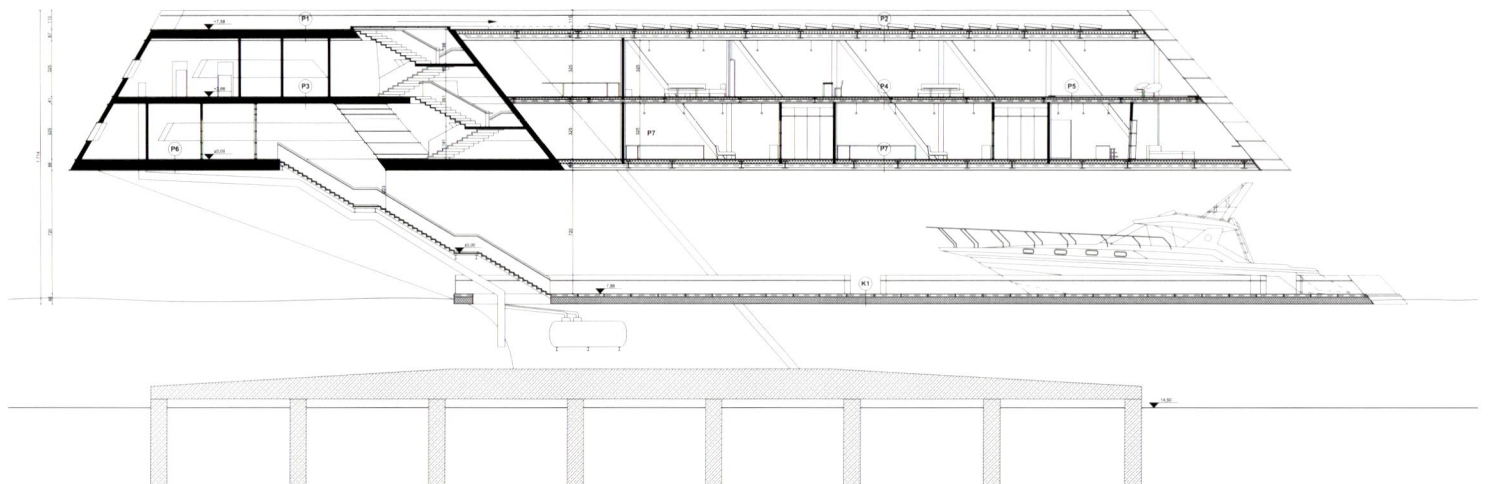

↑↑｜悬臂、码头以混凝土芯为中心彰显动态之美
↑｜效果图，展现室内外环境
→｜建筑紧邻水岸

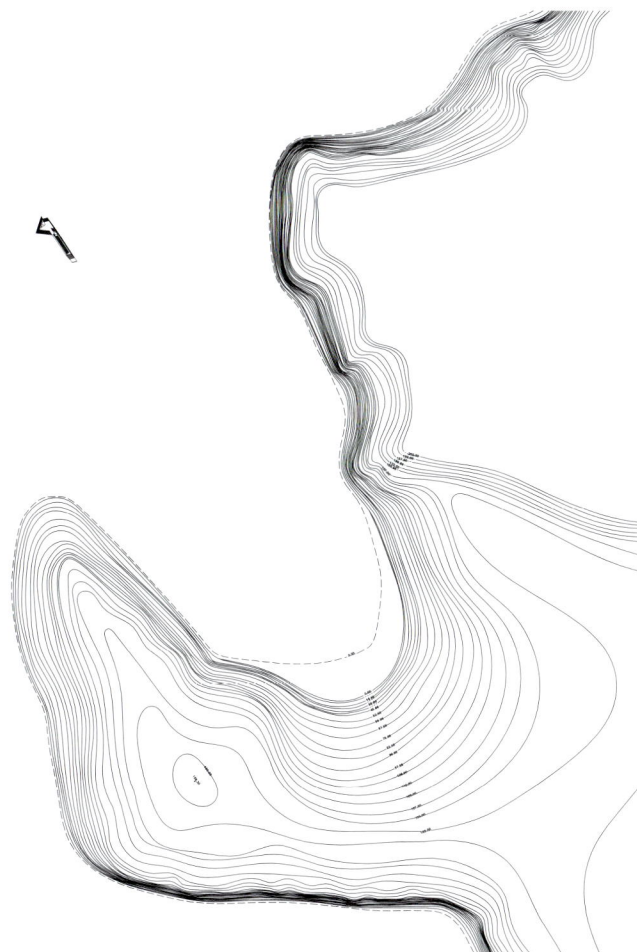

吉隆坡普特拉贾亚第四区海滨开发项目

马来西亚 吉隆坡

Studio Nicoletti Associati工作室，Hijjas Kasturi Associates建筑事务所

公园、小桥、流水为当地居民和游客营造了一个自然惬意的放松空间。目前已规划出高达12层的海滨建筑群。项目的设计要求建筑物的高度介于5至8楼之间，最高不能超过15层。而作为滨海开发项目"灵魂"的公共空间，诸如咖啡馆、美术馆、国际美食餐厅、时尚精品店等场所更将该地区烘托得分外生动、活泼。同时，大型办公空间、精品酒店、公寓的建立也为该地注入了勃勃生机。独具特色的建筑物外观彰显普特拉贾亚城的"花园城市"建设主题。

↑ | 建筑远景
→ | 屋顶花园

项目信息

竞赛名称：普特拉贾亚第四区海滨开发项目大赛，参赛时间：2008年，竞赛规模：国际竞赛，竞赛所获名次：第一名，主办方：布城控股有限公司，客户：布城控股有限公司，项目占地面积：280,000平方米

↑｜全景图
←｜总设计图

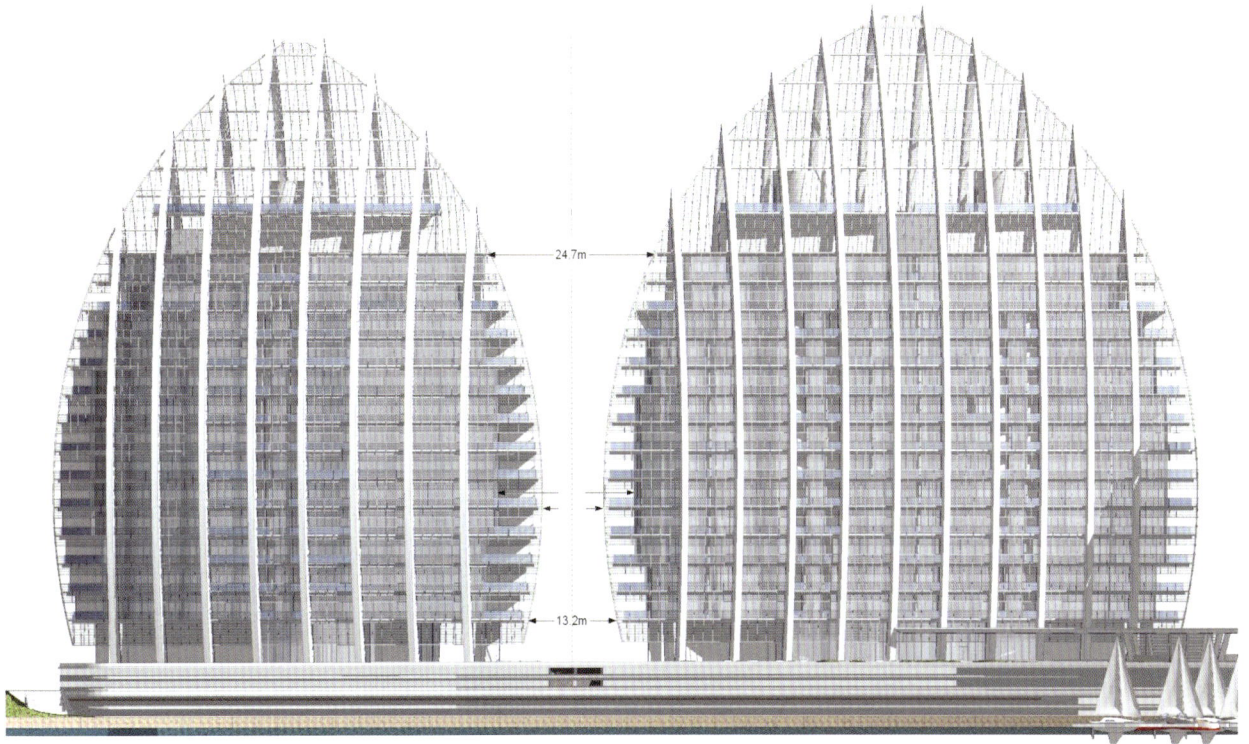

24.7m

13.2m

↑｜立面
↓｜咖啡厅

纽约摩天住宅大楼

美国 纽约

bluarch architecture + interiors设计事务所

该项目为综合性住宅建筑，采用特殊钢质构造，具有很低的硬度，又有很好的韧性。用于驱动楼层的旋转需要很大的能量，然而这幢大厦的建成并不会给当地的能源问题带来压力，因为它的所有能量皆来自于风力。这座高耸的大厦不仅能完全依靠风力旋转，还能利用多余的风力制造能源，提供给大楼的用户。除了风能，大厦的屋顶还装配有大型太阳能板，能够充分利用太阳能。

↑｜建筑西北部
→｜东部特写

项目信息   竞赛名称：2008年"建筑奖"新方案，参赛时间：2009年，竞赛规模：国际竞赛，竞赛所获名次：一等奖，主办方：国际建筑师和工程师联合会，客户：国际建筑师和工程师联合会，项目占地面积：27,870平方米，摄影师：桑德罗·德拉戈

住宅

↑ | 从公园遥看建筑
← | 建筑南部

→ | 建筑北部
↓ | 住宅单元平面图

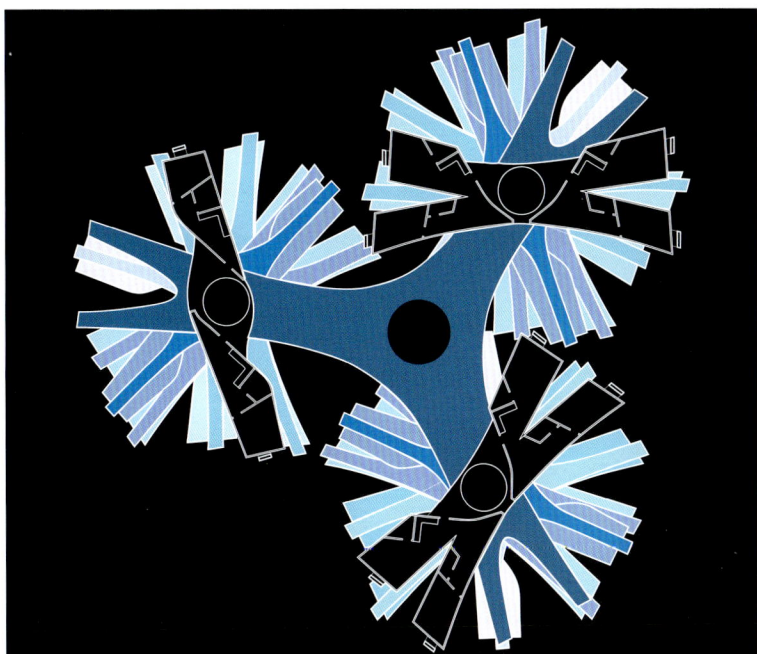

设计师索引

ch

3DReid

West End House, 11 Hills Place
London W1F 7SE
T +44.20.72975600
F +44.20.72975601
marketing@3DReid.com
www.3DReid.com

→ 168

3LHD

Nikole Bozidarevica 13/4
Zagreb 10000
T +385.1.2320200
F +385.1.2320100
info@3lhd.com
www.3lhd.com

→ 12, 106, 144, 346

5+1AA, Alfonso Femia, Gianluca Peluffo

Genova 16124 via interiano 3/11
Switzerland
T +39.10.540095
F +39.10.5702094
comunicazione@5piu1aa.com
www.5piu1aa.com

→ 176

ABSTRAKT Studio Inc. / Voytek Gorczynski Architect

Voytek Gorczynski Architect
OAA
T 416.8303160
F 416.4846495
voytek.gorczynski@abstraktstudio.ca
www.abstraktstudio.ca

→ 274

Alessandro Mangione, Alessandro Orsini, Manuela Priori

The Empire State Building, 50 Fifth Avenue Suite 4518
New York, NY10118
T +917.361.4078
F +917.438.6831
a.orsini@architensions.com
www.architensions.com

→ 114, 218

Alricgalindez Arquitectos

Catamarca 2292 Martínez Buenos Aires
CPA B1640BGP
T +011.51977802
info@alricgalindez.com.ar
www.alricgalindez.com.ar

→ 106

ALTRO_STUDIO

libetta n.15, 00154, roma
T +39.0645434108
F +39.0645434108
altro_studio@fastwebnet, it
www.altro-studio.it

→ 326

AmP arquitectos

AP arquitectos, S.L.C/ Bethencourt Alfonso (San Jose), 2 atico 38002 Santa Cruz de Tenetife

T +34.922245149, +34.922244033
F +34.922247173
administracion@amparquitectos.com
www.amparquitectos.com

→ 292

Anamorphosis-Architects Nikos Georgiadis, Kostas Kakoyiannis, Panagiota Mamalaki, Vaios Zitonouls, Andromachi Damala

27 Mithymnis st, Athens 11257, Greece
T +30.210.8674200, +30.210.8673968
F +30.210.8668276
info@anamorphosis-architects.com
www.anamorphosis-architects.com

→ 334

Architectenbureau Paul de Ruiter bv

Valschermkade 36 D
1059 CD Amsterdam
T +31.20.6263244
F +31.20.6237002
maartje@paulderuiter.nl
www.paulderuiter.nl

→ 60

Architects Lahdelma & Mahlamäki/ Professor Ilmari Lahdelma and Professor Rainer Mahlamaki

Tehtaankatu 29 a FI-00150 Helsinki Finland
T +358.9.2511020
F +358.9.25110210
info@arklm.fi
www.arklm.fi

→ 152

Arkhenspaces

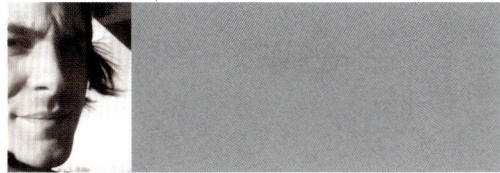

ARKHEnSPACES (architecture)
Paris
T +33.1.53340469
F +33.1.53340469
arkhenspaces@gmail.com
www.arkhenspaces.net

→ 132, 230

Arman Bahram, Donnie Duncanson, Abreowong Etteh, Brian Tobin, James White

Leeds, United Kingdom
T +44.78.30231579
F +44.78.30231579
abre.etteh@googlemail.com
www.behance.net/AbreEtteh

→ 116

Atelier DATA/MOOV

Rua Damascena Monteiro 21A RC1170-109 Lisboa, Portugal
T +351.218123838
F +351.218121976
office@atelierdata.com
moov.email@gmail.com
www.atelierdata.com

→ 388

Belzberg Architects

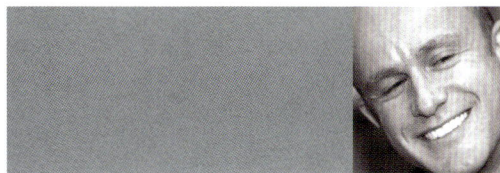

1507 20th Street, Suite C Santa Monica CA 90404

T +310.4539611
F +310.4539166
hb@belzbergarchitects.com
www.belzbergarchitects.comv

→ 184

BIG-Jakob Lange

Nørrebrogade 66d, 2nd floor
2200 Copenhagen N, Denmark
T +45.72217227
F +45.3512.7227
dp@big.dk
www.big.dk

→ 98

bluarch architecture + interiors

118 WEST 27TH STREET, FLOOR 11
NEW YORK CITY 10001
T +212 929 5989
F +212 656 1626
info@bluarch.com
www.bluarch.comv

→ 404

Brininstool + Lynch

225 N. Columbus Drive Suite 100,
Chicago, IL 60601
T +1.312.8815999
F +1..4698130
dwangberg@bklarch.com
http://www.bklarch.com

→ 164

Bruschi-Esposito architettos

Magenta 65 Monopoli (BA), Italia
T +080747970
F +1782224764
ant.esposito@iscali.it

→ 296

C. F. Moller Architects

Europaplads 2, 11 800 Arhus C, Danmark
T +45.87305300
F +45.87305399
cfmoller@cfmoller.com
www.cfmoller.com

→ 48

Chris Dyson Architect

Incelet Street Spitalfields London E1 6QH United Kingdom
T +44.20.72471816
F +44.20.73776082
info@chrisdyson.co.uk
www.chrisdyson.co.uk

→ 128

David Carvalho, Filipe Nascimento

Calle Jose Del Llano Zapata # 331
Miraflores. Lima - PERU
T +511.4414071
F +511.4414065
dstein@arquitectum.com
www.arquitectum.com

→ 222

DESUNIQUE(S)/Paris, Romain VI-
AULT/Architect, LANDOR/ Paris, Nico-
los WOZNIAK/Director Design Brond
Enviroment

9 villa des fleurs
94220 CHARENTON LE PONT
T +33.6.33319785
F +33.1.43784081
romainviault@yahoo.fr
Maguelone.pare-harroch@landor.com
http://desuniques.free.fr

→ 16

Diamond and Schmitt Architects KB ViPS Architects

384 Adelaide Street W. Suite 300,
Toronto, ON   M5V 1R7
T +416.8628800
F +416.8625508
info@dsai.ca
www.dsai.ca

→ 210

Dorte Kristensen and Atelier PRO Dorte Kristensen and Lisette Plou- vier

Postbus 85616
NL-2508 CH The Hague
T +070 350 6900
F +070 351 4971
info@atelierPRO.nl
www.atelierpro.nl

→ 282

EMERGENT Tom Wiscombe, LCC

2404 Wilshire Boulevard, Suite 8D
Los Angeles, CA 90057
T 213.3851475
twiscombe@emergentarchitecture.com
www.emergentarchitecture.com

→ 250

FORMODESIGN – Jedrzej Lewand- owski, Lukasz Skirzynski

ul. Zielona 8 95-200 Pabianice, Polska
T +48 42 215 50 14
F +48 42 215 50 14
pracownia@formodesign.pl
www.formodesign.pl

→ 396

Foster + Partners

Riverside, 22 Hester Road
London SW11 4AN
T +44.20.77380455
F +44.20.77381107
www.fosterandpartners.com

→ 24, 140, 316

Garduño Arquitectos

Corregidores 823-B Col. Lomas Virreyes
México, D.F. C.P.11000
T +52.55.55203589
F +52.55.55402654
info@gardunoarquitectos.com
gardunoarquitectos.com

→ 8, 28

GROUP A

Pelgrimsstraat 3
3029 BH Rotterdam, Netherlands
Tel: +31.102440193
Fax: +31.102449990
rookje@groupa.nl
www.GroupA.nl

→ 242, 300

Hackenbroich Architekten

Projektbüro Mariannenplatz 23
10997 Berlin-Kreuzberg Germany
T +49.30.39742949
F +49.30.39742950

info@hackenbroich.com
www.hackenbroich.com

→ 180

HENNING LARSEN ARCHITECTS

Vesterbrogade 76
1620 Copenhagen V Denmark
T +45.82333000
www.henninglarsen.com

→ 32

HOLLWICHKUSHNER, LLC

131 Varick Street in Studio 911
New York City
T +1.212.6252320
F +1.646.6075081

mh@hwkn.com
www.hwkn.com

ICE - Ideas for Contemporary Environments

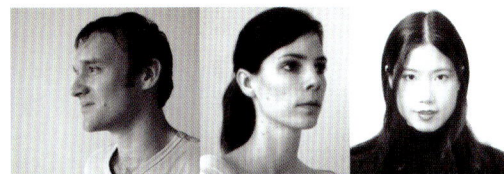

Klopstockstrasse 32
10557 Berlin, Germany
T +49.30.30208771
F +49.30.81878875
claudia@icehk.com
www.icehk.com

International Architecture Development

EMILIO MUÑOZ 3, 1º
28037 MADRID, SPAIN
T +34.915758760
F +34.915759059
info@groupiad.com
www.groupiad.com

J. MAYER H. Architects

Bleibtreustrasse 54
10623 Berlin, Germany
T +49.30.644907700
F +49.30.644907711
news@jmayerh.de
www.jmayerh.de

Jan Olav Jensen, Borre Skodvin, Torunn Golberg, Torstein Koch, Thomas Knigge, Helge Lunder, Dagfinn Sagen with Arne Henriksen Arkitekter and C-V Holmebakk Arkitek

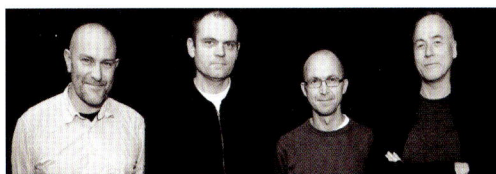

Jensen & Skodvin Arkitektkontor AS, Fredensborgveien 11
0177 Oslo
T +47.22994899
F +47.22 994888
Publication@jsa.no
www.jsa.no

Juan Carlos Baumgartner

Blvd. Adolfo Lopez Mateos 2777 piso 1 col. Progreso
Mexico city, 01050 Mexico
T +52.25.56839551
F +52.25.56839567
erika.romero@thinkspace.biz
www.spacemex.com

Kimmel Eshkolot Architects

27 Chelouche St. Tel Aviv
65149. ISRAEL
T +972.3.5176059
F +972.3.5100950
etan@kimmel.co.il
www.kimmel.co.il

Kjellgren Kaminsky

Ekmansgatan 3
411 32 GÖTEBORG Sweden
T +46.730.533233
F +46.31.7612001
www.kjellgrenkaminsky.se

Knafo Klimor Architects

14 Karlibach St.
Tel Aviv 67133 Israel
T 972.3.5624262
F 972.3.5628262
tlv@kkarc.com
www.kkarc.com/default.aspx

KSV Krüger Schuberth Vandreike

Brunnenstraße 196
D-10119 Berlin-Mitte
T +49.30.28303113
F +49.30.28303110
ksv@ksv-network.de
http://www.ksv-network.de

Laboratory for Visionary Architecture

72 Campbell Street, Surry Hills
Sydney NSW 2010 Australia
T +61.2.92801475
F +61.2.92818125
directors@l-a-v-a.net
www.l-a-v-a.net

MAD

3rd Floor, West Building No.7, BanQiaoNanXiang, BeiXinQiao,
Beijing, China. 100007
T +86.10.64026632 / 64031080
F +86.10.64023940
www.i-mad.com

Manuelle Gautrand Architecture

36, bvd de la Bastille,
75012 Paris, FRANCE
T +33.156950646
F +33.156950647
contact-com@manuelle-gautrand.com
www.manuelle-gautrand.com

→ 36

Massimiliano and Doriana Fuksas Architects

Piazza del Monte di Pietà, 30
I-00186 Roma
T +39.0668807871
F +39.0668807872
office@fuksas.it
85 rue du Temple
F-75003 Paris
T +33.144618383
F +33.144618389
m.fuksas@fuksas.fr

→ 198,362

Michel Rojkind Arquitectos with BIG

Campos eliseos#432, Col. Polanco, Mexico D.F., 11560
T +52.25.52808369, +52.25.52808521
F +52.25.52808021
info@rojkindarquitectos.com
www.rojkindarquitectos.com

→ 214

Milieu Architects

74-77 White Lion Street
London N1 9PF, UK
T +44.207.1936125
F +44.70.92876201
info@milieuarchitects.com
Website: www.milieuarchitects.com

→ 56

Moore Ruble Yudell

933 pico boulevard, santa monica
california 90405
T +1.310.4501400
F +1.310.4501403
info@mryarchitects.com
www.mryarchitects.com

→ 70

MVRDV

Dunantstraat 10 3024 BC Rotterdam NL
Postbus 63136 3002 JC Rotterdam NL
T: +31.10.4772860
F: +31.10.4773627
www.mvrdv.nl

→ 308, 320

Naomichi Kurata , Shinya Kaneko , Koshi Yasuda , Fumitaka Takagi

2-23-1-349, Yoyogi Shibuya-ku
Tokyo Japan
T +81.3.53045075
F +81.3.53045710
miyahara@miyahara-arch.com
http://www.miyahara-arch.com

→ 366

OFIS arhitekti

TAVCARJEVA 2
1000 LJUBLJANA . SI
T +386.1.4260085 / 4260084
F +386.1.4260085
www.ofis-a.si

→ 44

Piuarch

via Palermo, 1
20121 Milano
tel +39 02 89096130
fax +39 02 875506
www.piuarch.it

→ 40, 156, 376

Plasmastudio/ Groundlab Lu

Lanerweg/ Via Laner 18, Regent studios, u 51, 8 Andrews Road, 39030 Sexten/ Sesto (I)
E84QN London (UK)
T +39.04.74712217
F +44.20.78129875
uh@plasmastudio.com
www.plasmastudio.com

→ 160

Polaris Architects/ NIO Architecten

Polaris Architects sàrl, 38 rue Arthur Herchen
L-1727 Luxembourg-Belair
T +352.26389910
F +352.26389911

tom@polaris-architects.com
www.polaris-architects.com

→ 330

René Caro arquitectura

Durango 325-304 Col
Roma
T +55.52074108
F +55.52074108
info@rccrb.net
www.renecaro-arq.com

→ 296

Saucier + Perrotte architectes

7043 RUE WAVERLY MONTRÉAL
QUÉBEC CANADA H2S 3J1
T 514.2731700
F 514.2733501
WWW.SAUCIERPERROTTE.COM

→ 202

schmidt hammer lassen architects

Aaboulevarden 37 PO box 5117
8000 Aarhus C Denmark
T +45.87 32 52 43
F +45.86 18 45 13
lbd@shl.dk
www.shl.dk

→ 136, 148, 172, 278

schneider+schumacher

Poststraße 20

D-60329 Frankfurt am Main
T +49.69.25626262
F +49.69.25626299
Inga.Pothen@schneider-schumacher.de
www.schneider-schumacher.de/

→ 246

SeARCH

Hamerstraat 3
NL - 1021 JT Amsterdam
T +31.20.7889900
F +31.20.7889911
info@search.nl
www.search.nl

→ 94, 304

SMAQ in Berlin

Grosse Hamburger Strasse 28
D-10115 Berlin
T +49.30.69208634
F +49.30.22197215
mail@smaq.net
www.smaq.net

→ 124, 234

Sponge Architects

tt neveritaweg 15-n
1033 wb Amsterdam
T +31.20.4223711
F +31.20.4220458
mail@sponge.nl
www.sponge.nl

→ 258, 384

SPRB arquitectos

Torre La Paz/ Colonias 221, 6° piso
Americana MX-44160 Guadalajara
T +33.38258713
F +33.38258713
info@sprb.net
www.sprb.net

→ 296

STAR strategies + architecture

Delftsestraat 27, 3013 AE Rotterdam
The Netherlands
T +31.102400171
beatrizramo@s-t-a-r.nl
www.s-t-a-r.nl

→ 266

Studio Nicoletti Associati

Via di San Simone, 75
00186 Roma
T +39.06.68805903/45479498
F +39.06.6892394
studio.nicoletti@inwind.it
www.manfredinicoletti.com

→ 190, 342, 400

Studio Pali Fekete architects (SPF:a)

8609 Washington Boulevard
90232 Culver City, CA
T +1.310.5580902
F +1.310.5580904
dafna@spfa.com
www.spfa.com

→ 206

Tony Owen Partners UPA Planning

Unit 2, 5-11 Queen Street
Chippendale NSW 2008
T +61.2.96982900
F +61.2.83990243
info@tonyowen.com.au
www.tonyowen.com.au

→ 66

UNStudio

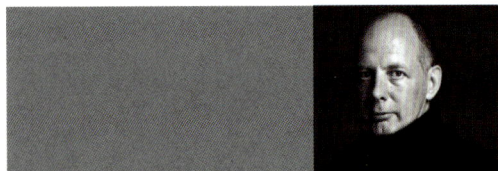

Stadhouderskade 113
PO Box 75381 1070 AJ Amsterdam
T +31.20.5702040
F +31.20.5702041
k.murphy@unstudio.com
www.unstudio.com

→ 86, 120, 238, 262

WXY Architecture

224 Centre Street, Fifth Floor
New York, NY 10013
T +212.2191953
F +212.2741953
office@wxystudio.com
http://www.wxystudio.com

→ 338, 350

Xavier Vilalta Studio

xavier@xvstudio.com
www.xvstudio.com

→ 194

c/ Roger de Flor, 216 Ppal 1a
08013 Barcelona
T 93.1657314
F 93.1620892